W0288125

myBook+

Ihr Portal für alle Online-Materialien zum Buch!

Arbeitshilfen, die über ein normales Buch hinaus eine digitale Dimension eröffnen. Je nach Thema Vorlagen, Informationsgrafiken, Tutorials, Videos oder speziell entwickelte Rechner – all das bietet Ihnen die Plattform myBook+.

Ein neues Leseerlebnis

Lesen Sie Ihr Buch online im Browser – geräteunabhängig und ohne Download!

Und so einfach geht's:

- Gehen Sie auf **https://mybookplus.de**, registrieren Sie sich und geben Ihren Buchcode ein, um auf die Online-Materialien Ihres Buchs zu gelangen
- **Ihren individuellen Buchcode finden Sie am Buchende**

Wir wünschen Ihnen viel Spaß mit myBook+!

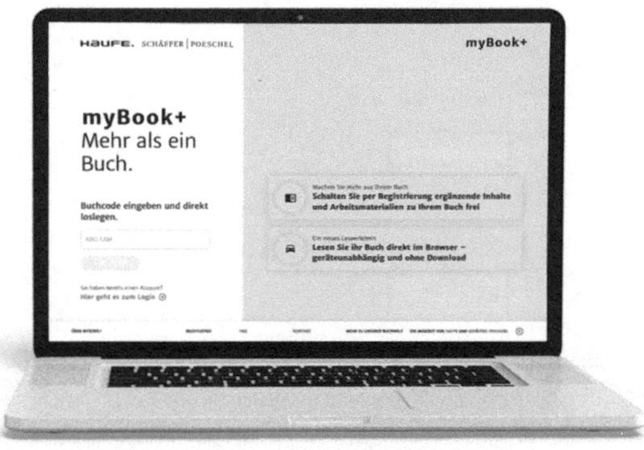

Hybrides Arbeiten in Unternehmen

Johanna Bath, Katrin Winkler

Hybrides Arbeiten in Unternehmen

Wie HR Hybrid Work erfolgreich organisiert und weiterentwickelt

1. Auflage 2024

Haufe Group
Freiburg · München · Stuttgart

Bibliografische Information der Deutschen Nationalbibliothek

Die Deutsche Nationalbibliothek verzeichnet diese Publikation in der Deutschen Nationalbibliografie; detaillierte bibliografische Daten sind im Internet über http://dnb.dnb.de/ abrufbar.

Print:	ISBN 978-3-648-17682-5	Bestell-Nr. 14183-0001
ePub:	ISBN 978-3-648-17683-2	Bestell-Nr. 14183-0100
ePDF:	ISBN 978-3-648-17684-9	Bestell-Nr. 14183-0150

Johanna Bath, Katrin Winkler
Hybrides Arbeiten in Unternehmen
1. Auflage 2024, März 2024

© 2024 Haufe-Lexware GmbH & Co. KG, Freiburg
www.haufe.de
info@haufe.de

Bildnachweis (Cover): © martin-dm, iStock

Produktmanagement: Dr. Bernhard Landkammer
Lektorat: Ursula Thum, Text + Design Jutta Cram, Augsburg

Dieses Werk einschließlich aller seiner Teile ist urheberrechtlich geschützt. Alle Rechte, insbesondere die der Vervielfältigung, des auszugsweisen Nachdrucks, der Übersetzung und der Einspeicherung und Verarbeitung in elektronischen Systemen, vorbehalten. Alle Angaben/ Daten nach bestem Wissen, jedoch ohne Gewähr für Vollständigkeit und Richtigkeit.

Sofern diese Publikation ein ergänzendes Online-Angebot beinhaltet, stehen die Inhalte für 12 Monate nach Einstellen bzw. Abverkauf des Buches, mindestens aber für zwei Jahre nach Erscheinen des Buches, online zur Verfügung. Ein Anspruch auf Nutzung darüber hinaus besteht nicht.

Sollte dieses Buch bzw. das Online-Angebot Links auf Webseiten Dritter enthalten, so übernehmen wir für deren Inhalte und die Verfügbarkeit keine Haftung. Wir machen uns diese Inhalte nicht zu eigen und verweisen lediglich auf deren Stand zum Zeitpunkt der Erstveröffentlichung.

Inhaltsverzeichnis

Einleitung

Johanna Bath

Ein sehr anerkanntes Konzept, das den Umgang mit Innovationen beschreibt, ist die Diffusionstheorie nach Rogers. Die Idee ist: Je interessanter eine Innovation für den Markt ist, desto schneller wird sie von Nutzer:innen adaptiert und dadurch über die Nutzenden im Markt verbreitet. Dabei werden die Nutzerklassen – je nach Geschwindigkeit der Adaption – in verschiedene Gruppen eingeteilt, wie zum Beispiel die »Innovatoren« und »Early Adopters«, die eine Innovation auch um der Innovation willen nutzen und auch dann, wenn bestimmte Aspekte noch unausgereift sind und die Nutzung noch Investitionen an Geld und Zeit fordert (Rogers, 2003). Betrachtet man das Remote- und hybride Arbeiten vor der Pandemie, so stellt man fest, dass zwar die Nutzung orts- und zeitflexibler Modelle durchaus vorhanden war. Aber sowohl die Anzahl der Nutzenden als auch die Art der Nutzung ließen darauf schließen, dass hybrides Arbeiten noch nicht im Mainstream angekommen war. Nach Rogers werden diese Mainstream-Nutzenden als »Early Majority« und »Late Majority« bezeichnet – sie stellen die Mehrheit dar, sind schwer zu überzeugen und agieren nur dann, wenn die »Early Adopters« sehr klare Vorteile durch die Nutzung der Innovation aufzeigen können.

Im Fall des hybriden Arbeitens wurde dieser Punkt nicht natürlich erreicht. Sowohl technologische als auch kulturelle Gründe wurden vor der Pandemie als zu große Adaptionshürden wahrgenommen. Durch die Pandemie und die damit verbundenen Lockdowns wurde die Rogers-Kurve massiv beschleunigt. Plötzlich landeten Majority-Nutzende in einer Innovator- und Early-Adopter-Welt. Auf gut deutsch bedeutet das: Das Produkt ist noch nicht ausgereift! Wir müssen noch Zeit und Geld in die Adaption investieren! Und wir müssen uns für Veränderung öffnen!

Und für dieses »Wir« ist dieses Buch geschrieben. Die HR-Bereiche der Unternehmen haben nun die einmalige Chance, den Veränderungen des hybriden Arbeitens mit Neugier, Offenheit und Handlungsbereitschaft zu begegnen und damit eine strategische Rolle im Management einer modernen und erfolgreichen Organisation einzunehmen. Dieses Buch soll aufzeigen, welche Veränderungen auf HR und Organisationen zugekommen sind, was sie für die Rolle bedeuten und wie diese Entwicklungen alle Aspekte der Personalarbeit beeinflussen. Damit kann das Buch Inspiration und strategische Roadmap zugleich werden und HR in ein neues Mindset – das Early-Adopter-Mindset – begleiten.

Literatur

Rogers, E. M. (2003). Diffusion of innovations. 5. Aufl. New York, NY: Free Press.

Hybrid Work – so sieht die neue Arbeitswelt aus

1 Hybrid Work – gekommen, um zu bleiben

Johanna Bath und Gina Schreiber

1.1 New Work braucht New Human-Resource-Management

Auch nach der Pandemie gibt es weiter starke Treiber für Veränderung
Was haben die digitale Transformation, Kosteneffizienz und Innovationsfähigkeit gemeinsam? All diese Ziele erfordern engagierte Mitarbeitende. Sie sind es, die durch ihre Leistungsfähigkeit sicherstellen, dass Unternehmen ihr volles Potenzial entfalten. Durch die Pandemie, die große Veränderung der Altersstruktur in den Belegschaften und die Krisen aus nah und fern, die mittlerweile an der Tagesordnung sind, ist ein Operations Management nach dem Motto »weiter so« nicht mehr möglich. In diesem Buch möchten wir nicht nur zukünftige Entwicklungen besser verstehen, sondern auch konkrete Maßnahmen ableiten, insbesondere im HR-Bereich und darüber hinaus.

Die Pandemie als großer Treiber für die Veränderung in Richtung hybrides Arbeiten mag vorbei sein. Viele andere Treiber nehmen aber gerade erst noch an Fahrt auf und zeugen davon, dass die einzige Konstante, die wir im HR-Bereich in den kommenden Jahren erleben werden, die Veränderung ist.

Aber ist das wirklich so? Oder war hybrides Arbeiten tatsächlich nur ein vorübergehender Trend? Mitte 2023 ist dieser Gedanke durchaus berechtigt – viele Unternehmen scheinen eine Abkehr von ihren hybriden Arbeitsmodellen einzuleiten oder zumindest wieder konservativere Modelle mit einem höheren Büroanteil vorzuschreiben.

Die Zukunftsforscher von Gartner sehen hierin die klassische Entwicklung eines »Hypecycles«: Ein disruptiver Moment löst einen Run auf ein Thema – in diesem Fall hybrides Arbeiten – aus. Effizienzen und Möglichkeiten werden entdeckt. Dies war im Fall von Hybrid Work beispielsweise die (unentdeckte) Möglichkeit der digitalen Kollaboration oder die effizientere Nutzung von Büroflächen. Auf diese Phase folgt gemäß dem Hypecycle-Modell die Phase der Desillusionierung und des Produktivitätsplateaus. Das bedeutet: Die Umsetzung stößt auf natürliche Grenzen, da bestimmte Herausforderungen noch nicht bewältigt sind bzw. Potenziale sich nicht mehr so einfach offenbaren wie am Anfang des Hypes. (Paulman, 2023)

Neben dem hybriden Arbeiten gibt es aber noch weitere Druckpunkte auf die HR-Bereiche: Der Fachkräftemangel hat erst begonnen und wird uns die nächsten 20 Jahre begleiten. Der Tiefpunkt der Anzahl an Berufseinsteiger:innnen wird erst in den

Jahren 2030 bis 2035 erreicht sein und erst ab 2040 ist eine deutliche Erholung zu erkennen (siehe Abbildungen). Gleichzeitig geht auch weiterhin die Anzahl der MINT-Studien- und -Ausbildungsanfänger:innen zurück.

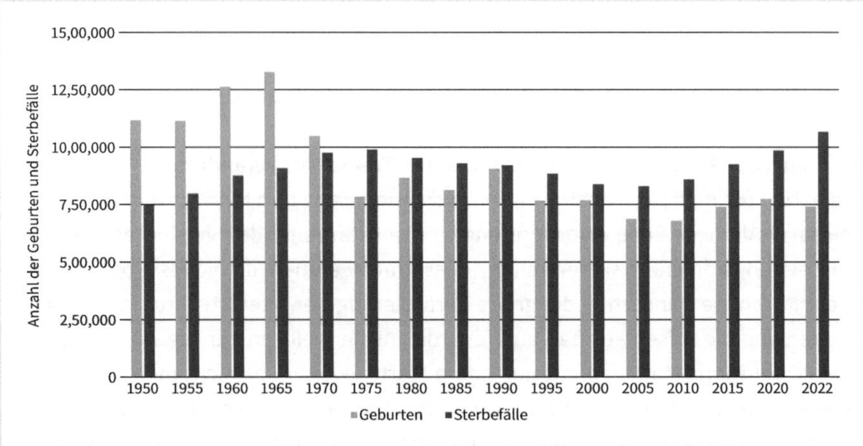

Abb. 1: Geburtenkurve bis 2021 in Deutschland (Destatis, 2022)

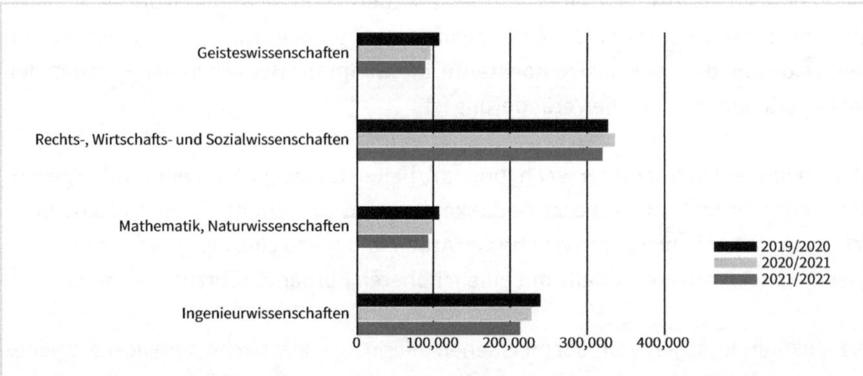

Abb. 2: Studienanfänger:innen nach Studienfächern 2019 bis 2022

Klassische Maßnahmen wie Employer Branding oder die Konzentration auf Recruiting reichen nicht aus, um die Lücken in der Belegschaft zu füllen oder gar zu wachsen. Der entscheidende Fokus sollte vielmehr auf der Optimierung der Performance im bestehenden Mitarbeiterstamm liegen, ebenso wie auf der Motivation neuer Zielgruppen (wie Rentner:innen und Teilzeitkräfte). Hierfür ist ein starkes Employee Engagement – also der Wille, im Team auch die extra Meile für das Unternehmen zu gehen, unabdinglich.

1.2 Auflösen des Produktivitätsdilemmas – wie kommen wir raus aus der Performance-Paranoia?

Studien zeigen, dass flexibilisierte Arbeitsmodelle die Performance nicht reduzieren. Im Gegenteil: Die Menschen arbeiten tendenziell mehr als je zuvor. Dennoch haben Führungskräfte Schwierigkeiten, der Produktivität ihrer Teammitglieder zu vertrauen, wenn diese nicht im Büro arbeiten. Dies ist jedoch unbegründet, wie der Microsoft Work Trend Index 2022 zeigt.

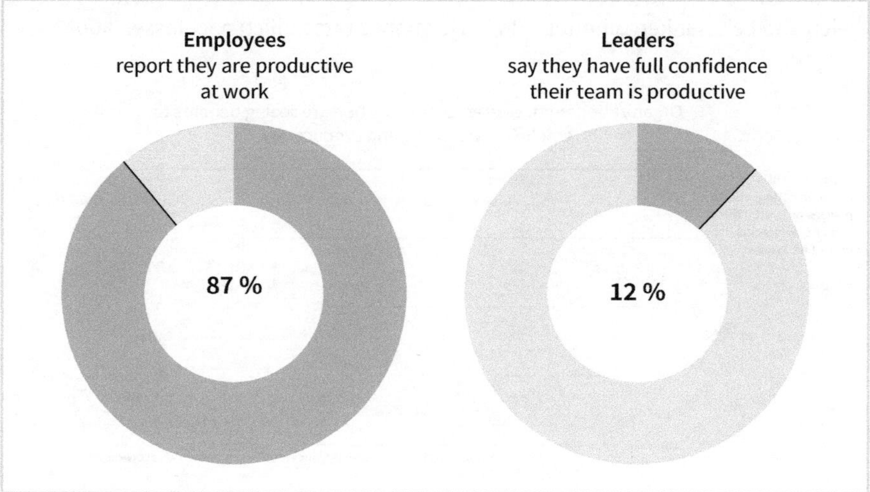

Abb. 3: Abweichende Performance-Wahrnehmung zwischen Manager:innen und Mitarbeitenden (Microsoft, 2023)

Let's face it: Wie produktiv Mitarbeitende wirklich sind, hängt viel mehr von Leadership, Purpose, Klarheit, Struktur und Zusammenarbeit ab als von der physischen Anwesenheit im Büro. Das konnte auch die Universität Darmstadt in einer großen, repräsentativen Studie im deutschen Raum nachweisen. Es gibt keinen Anlass zu glauben, dass in einem hybriden Arbeitsmodell grundsätzlich Performance-Probleme vorhanden sind. Mitarbeitende haben auch ohne strikte Unternehmensvorgaben ein gutes Gespür dafür, ob ihre Arbeit von vermehrter Präsenz profitiert, und handeln dementsprechend (Pfnür et al., 2023). Und auch eine repräsentative Studie des Workplace-Gestalters Drees & Sommer zeigt, dass eine Pflichtquote von 50 % Anwesenheit nicht zu signifikant anderen Anwesenheitszeiten führt als gar keine Quote. Sprich, wenn Mitarbeitende 2,5 Tage Homeoffice nutzen dürfen, tun sie dies auch. Wenn Mitarbeitende bis zu fünf Tage zu Hause arbeiten dürfen, kommen sie trotzdem im Schnitt an zwei bis drei Tagen in der Woche ins Büro (Drees & Sommer, 2022).

Dennoch gibt es gerade in den Managementteams klare Befürchtungen, dass die Produktivität schwindet. Eine Aufgabe der Zukunft wird es also sein, diese Wahrnehmungsunterschiede wieder zu reduzieren, da diese sonst zu Vorurteilen, Biases und schlussendlich Fehlentscheidungen führen können.

Heißt das also »Laissez-faire« und alles wird gut? Mitnichten. Denn das andere Extrem der aktuellen Ausgestaltung eines hybriden Arbeitsmodells ist Richtungslosigkeit – das wäre eine ungesteuerte, ziellose und vor allem mit wenig bis gar keinen Begleitmaßnahmen und Strukturen gestaltete Lösung (als Gegenpol zu starren und überformalisierten Modellen). Auch eine solche ungesteuerte Lösung scheint wenig erfolgversprechend, da durch die Orientierungslosigkeit sowie den Mangel an klaren Zielen und Leitplanken Bindung und Performance tatsächlich nachlassen können.

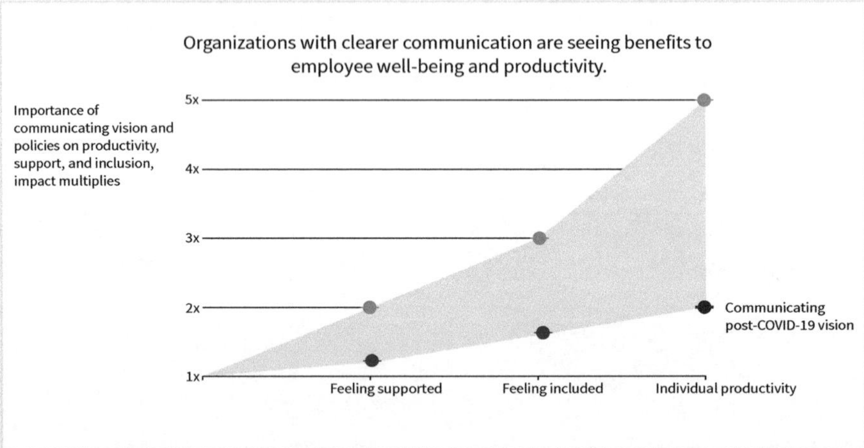

Abb. 4: Auswirkungen einer fehlenden Hybrid-Work-Strategie (Alexander et al., 2021)

Eine Aufgabe von HR wird es also sein, im Spannungsfeld zwischen starrer und nicht mehr zeitgemäßer Überregulierung und einem chaotischen »Laissez-faire«-Ansatz die goldene Mitte zu finden und sich gleichzeitig immer weiterzuentwickeln.

Die neue Rolle des HR-Managements

Ein Bauchgefühl ist keine Grundlage für Managemententscheidungen. What gets measured gets done. Das gilt auch für HR-Management. Es besteht eine klare Korrelation zwischen den richtigen Maßnahmen für Organisationsentwicklung, der Mitarbeiterbindung und der Kosteneffektivität für Operations. Unternehmen starten unzählige Initiativen im Bereich Mitarbeiter-Engagement und geben dabei Millionen von Euro aus. Aber welche Initiativen zahlen sich wirklich aus? Wo ist das Geld gut investiert und wo nicht? Entfalten Initiativen die gewünschte Wirkung auch im Bereich Employee Engagement und Performance? Diese Fragen müssen zwingend beantwortet werden, sonst wird New Work schnell zum Zeit- und Groschengrab. Die Qualität einer Arbeitsorganisation ist messbar. HR-Organisationen tun gut daran, die eigene

Arbeit als Beitrag des Gesamtunternehmenserfolgs zu sehen und als solchen klar messbar zu machen.

Ein großer Schritt dafür ist eine Neudefinition der HR-Rolle. Das bewährte Konzept der Customer Centricity wächst durch die Erweiterung auf Employee Centricity – Mitarbeitende im Fokus der Organisation. Während der CEO am freien Markt und am Geschäftsmodell des Gesamtunternehmens orientiert ist, konzentriert sich ein CHRO auf seine internen Kund:innen, die Mitarbeitenden. Keine leichte Aufgabe, denn auch hier geht es zu wie in der Weltwirtschaft. Lieferengpässe werden nicht verziehen, Vertrauen ist schwer wiederherzustellen und Feedback kommt spätestens in der nächsten Mitarbeiterbefragung unverblümt und direkt. 85% der HR Executives berichten von einem positiven Einfluss der Employee Experience auf den Unternehmenserfolg. (NTT Data, 2022)

Natürlich bedeutet dies eine große Veränderung für das Unternehmen und für HR im Speziellen. Doch es bietet auch große Chancen. Nie war die Aufmerksamkeit für die Rolle des CHRO so groß wie heute, wenn Mitarbeiterbindung zum neuen Wettbewerbsfaktor wird. Mitarbeiterbindung durch eine mitarbeiterzentrierte HR-Arbeit trägt Früchte: schnelleres Unternehmenswachstum, eine geringere Mitarbeiterfluktuation und eine attraktive Arbeitgebermarke (NTT Data, 2022). Es bringt HR in die Rolle, einen Platz am Führungstisch des Unternehmens einzunehmen. Moderne Feedbackstrukturen und -tools werden zum Handwerkszeug für den mitarbeiterzentrierten Ansatz. Es gilt, gemeinsam mit dem HR-Team eine People-Strategie zu entwickeln, die von der Unternehmensstrategie abgeleitet ist. Die Leitfrage muss sein: Wie können wir für unsere Mitarbeitenden den Arbeitsalltag gestalten, damit wir unsere Unternehmensziele erreichen?

1.3 Wie die HR-Transformation gelingen kann

HR muss neue Aufgaben für sich annehmen und kann so zum Gestalter einer mitarbeiterzentrierten Organisation werden. Doch um Kapazität für diese tiefgreifende Neudefinition der Rolle zu haben, braucht es zusätzliche Ressourcen im HR. Dass diese in Unternehmen in Form eines Neuinvestments bereitgestellt werden, ist unrealistisch. Daher ist es ein wichtiger erster Schritt, Effizienzen durch Prozessautomatisierung bei Standardthemen zu gewinnen, und damit ein Möglichmacher der Transformation. 46% aller Unternehmen berichten von HR-Prozesslücken, die sich negativ auf die Effizienz ihrer HR-Abteilung auswirken (NTT Data, 2022).

Bei der Auswahl neuer Tools und der Neugestaltung von Prozessen wird der Blick über den Tellerrand unvermeidbar, um den Bedürfnissen der Mitarbeitenden gerecht zu werden. Ein HR-Tool, das Self-Services für Standardanfragen (Zeugnis, Bescheinigung etc.) bietet, muss nicht nur dem Personaler gefallen, sondern möglichst einfach für die Mitarbeitenden zu bedienen sein. Heterogene Prozess- und Toollandschaften werden zum Stolperstein in der hybriden Arbeitswelt und überfordern sowohl Mitarbeitende also auch die HR-Abteilung. Klar definierte Workflows, die mitarbeiterzentriert den Employee Lifecycle – den Mitarbeiterlebenszyklus – abbilden, erweisen sich als Erfolgskriterium für hoch performante Unternehmen.

Eine weitere Herausforderung ist das Zusammenspiel zwischen HR als Zentralfunktion und den Führungskräften. Die pragmatische Zusammenarbeit und gegenseitige Unterstützung von HR und dem Management fördern ein gutes Betriebsklima. Dazu ist es wichtig, Führungsteams aktiv miteinzubeziehen. Eine repräsentative Auswahl von Führungskräften im Unternehmen sollte bereits in der Planung der People-Strategie eine wichtige Rolle einnehmen. Eine befähigte Führungskraft ist sowohl Sprachrohr als auch Pulsmesser der Mitarbeitenden.

Die Führungskraft ist die Bezugsperson Nummer eins für alle Mitarbeitenden im Unternehmen – nicht HR. Menschen arbeiten für Menschen. In diesen Beziehungen steckt – wenn richtig umgesetzt – wertvolles und nachhaltiges Bindungspotenzial. Doch auch Führungskräfte benötigen besondere Unterstützung von HR. Führung braucht Vertrauen, nicht nur zwischen Mitarbeiter:in und Führungskraft, sondern ebenso zwischen HR und Führungskraft. Sie sollten ein eingespieltes Team sein und zusammenstehen, gerade wenn es schwierig wird. Befähigung zur Führung muss Entmündigung und Kontrolle ablösen. Mitarbeitende spüren sofort, wenn HR und Führungskräfte nicht einer Meinung sind oder nicht an einem Strang ziehen. Uneinheitliche Kommunikation ist schlecht für das Klima und die Unternehmenskultur.

Ein weiterer strategischer Partner ist die IT-Abteilung. Im klassischen Konzept der Customer Centricity längst etabliert, setzt man zukünftig auch in der Mitarbeiterbindung auf ein einheitliches, mitarbeiterzentriertes Frontend in den Supportbereichen und -leistungen. Diese werden aus horizontalen Administrationsbereichen erbracht, die nicht mehr siloorganisiert sind. Vielmehr bestehen sie aus verschiedenen Centers of Excellence (HR, Finance, IT, Marketing, Real Estate), einem Shared Service Center für Standardanfragen sowie Business-Partnern für jede Organisationseinheit. Die Wissenschaft zeigt zudem, dass Organisationen mit horizontalen Strukturen erfolgreicher und leistungsfähiger sind. Starten Sie jetzt die Initiative und den Dialog mit Ihren benachbarten Supportbereichen und initiieren Sie gemeinsam Lösungen für ein einheitliches Support-Ökosystem. Studien zeigen, dass in der Gruppe der stark wachsenden Unternehmen bereits 69 % feste Workflows definiert haben, die den Employee Lifecycle abbilden (NTT Data, 2022). Die Hybridisierung der Arbeitswelt funktioniert ausschließlich mit reibungslosen Schnittstellen.

1.4 Literatur

Alexander, Andrea; De Smet, Aaron; Langstaff, Meredith; Ravid, Dan: What employees are saying about the future of remote work, 2021, https://www.mckinsey.com/capabilities/people-and-organizational-performance/our-insights/what-employees-are-saying-about-the-future-of-remote-work, abgerufen am 3.8.2023.

Destatis, 2022, Studierende nach Fächergruppen, https://www.destatis.de/DE/Themen/Gesellschaft-Umwelt/Bildung-Forschung-Kultur/Hochschulen/_inhalt.html#sprg229108, abgerufen am 3.7.2023.

Drees & Sommer: Workspace Benchmark Report, 2022, https://www.dreso.com/de/workspace-benchmark-report, abgerufen am 13.6.2023.

Microsoft: Hybrid Work Is Just Work. Are We Doing It Wrong? Microsoft Work Trend Index, 2022, https://www.microsoft.com/en-us/worklab/work-trend-index/hybrid-work-is-just-work, abgerufen am 9.8.2023.

NTT Data: HR Transformation Report, 2022, https://de.nttdata.com/insights/studien/hr-transformation-report-2022, abgerufen am 16.8.23.

Paulman, Tori: Isn't Hype Over Hybrid Done??? Hardly… But We're Finally Reaching the Trough…, 2023, https://blogs.gartner.com/tori-paulman/2023/07/13/isnt-hype-over-hybrid-done-hardly-but-were-finally-reaching-the-trough/, abgerufen am 9.8.2023.

Pfnür, Andreas et al.: Beschäftigte im Homeoffice sind zufriedener und wesentlich produktiver. Studie zu Work from Home des Fachgebiets Immobilienwirtschaft und Baubetriebswirtschaftslehre, 2023, https://www.tu-darmstadt.de/universitaet/aktuelles_meldungen/einzelansicht_413376.de.jsp, abgerufen am 3.7.2023.

2 Quiet Quitting – TikTok-Hype oder doch ernst zu nehmendes Phänomen?

Johanna Bath und Vanessa Kolodziej

»Work is NOT your life. Your worth as a person is not defined by your labor.«
Zaid Kahn (2022)

Mit diesen Worten ging der New Yorker TikToker Zaid Kahn im Juli 2022 viral und erklärte innerhalb von 17 Sekunden der Menschheit den für ihn neuen Begriff »Quiet Quitting«.

Bis heute ist dieser Begriff als Buzzword im Businessalltag präsent. Sobald jedoch nachgefragt wird, was damit gemeint ist, kommt meist eine falsch abgeleitete Begründung als Antwort: die stille und heimliche Kündigung von Mitarbeiter:innen. Also Mitarbeitende, die ohne Vorwarnung oder persönliches Gespräch ihre Kündigung an das Unternehmen schicken. Als wörtliche Übersetzung mag das zwar stimmen, das Phänomen an sich sieht jedoch anders aus und hat nichts mit dem offiziellen Akt der Kündigung zu tun.

Um »Quiet Quitting« richtig zu verstehen, sollte noch einmal das Augenmerk auf das TikTok-Video von Zaid Kahn gelegt werden, in dem er das Phänomen prägnant zusammenfasst:

> »You're not outright quitting your job, but you're quitting the idea of going above and beyond. You're still performing your duties, but you're no longer subscribing to the hustle culture mentality that work has to be your life.«
> Zaid Kahn (2022)

Demnach ist »Quiet Quitting« nicht mit Kündigungen gleichzusetzen und es geht auch nicht darum, dass die Mitarbeitenden ihren Job vernachlässigen, sondern vielmehr um das Ausbleiben von zusätzlichem Engagement. Dies wiederum impliziert keineswegs, dass Mitarbeitende ihre Leistung verschlechtern oder sich von ihren Aufgaben zurückziehen. Stattdessen verrichten sie keine extra Arbeit mehr, »die weder vertraglich vereinbart ist noch zusätzlich vergütet wird« (Blumenroth, 2023).

So definiert mag sich dieses Phänomen nicht besonders bedenklich anhören. Doch wenn man genauer hinsieht, offenbart sich, dass das Verhalten der Mitarbeitenden erhebliche Konsequenzen nach sich zieht.

Allein in Deutschland gaben laut einer Umfrage 34% der Arbeitnehmer:innen zu, derzeit lediglich das Minimale zu tun und somit nur Dienst nach Vorschrift zu machen. Noch erschreckender ist die Zahl in den jüngeren Altersgruppen: 49% der 21- bis 34-Jährigen bezeichnen sich als »Quiet Quitters« (Dornig, 2023). Und auch der repräsentative und über einen langen Zeithorizont immer wieder aktualisierte »Gallup Engagement Index« kommt zu einem ähnlichen Ergebnis: Gallup sieht nur 13% der deutschen Arbeitnehmenden im Jahr 2022 als engagiert an, die überwiegende Mehrheit gehört in die Kategorie der passiv Unengagierten – Gallups Kategorie für »Quiet Quitters« (Gallup, 2023).

Dies bereitet der Mehrheit in Führungskreisen große Sorgen, da heutzutage die meisten Arbeitsplätze ein gewisses Maß an zusätzlichen Anstrengungen voraussetzen, um sowohl Kundenbedürfnisse zu befriedigen, Innovationen zu entwickeln als auch mit Kolleg:innen gewinnbringend zusammenzuarbeiten (Harter, 2022; Herway, 2022). Neu an dem Phänomen ist auch das öffentliche Bekenntnis, wie zum Beispiel das TikTok-Video zu Quiet Quitting. Während »Dienst nach Vorschrift« eher hinter verschlossenen Bürotüren stattfand und sich niemand zu diesem Verhalten bekannte, scheint dieses Verhalten heute kein Tabu mehr zu sein. Und dabei ist gerade in der heutigen VUCA-Welt das Maß an »going above and beyond« für einen Kunden oder auch den Arbeitgeber ein großer Vermögenswert. Obwohl »Quiet Quitters« durchaus ihren Job erledigen, erbringen sie dennoch nur das Minimum, was nicht nur die Arbeitskultur und das Arbeitsumfeld mit Kolleg:innen beeinträchtigen kann, sondern auch das wirtschaftliche Handeln eines Unternehmens. Der »Gallups State of the Global Workplace: 2022«-Bericht unterstützt diese Hypothese und zeigt die global dargestellten finanziellen Folgen deutlich auf.

7,8 Billionen US-Dollar an Produktivitätsverlusten kosten nicht engagierte oder auch aktiv nicht engagierte Mitarbeitende die Welt. Das entspricht 11% des globalen Bruttoinlandsprodukts (Herway, 2022). Gallup beziffert den Schaden für Deutschland allein zwischen 118,1 und 151,1 Milliarden Euro (Gallup, 2023).

Spätestens jetzt sollte deutlich sein, dass Quiet Quitting keineswegs harmlos ist. Aber welche Beweggründe haben Quiet Quitters und wie kann damit umgegangen werden? Und hat die Organisationsform »Hybrid Work« etwas damit zu tun, dass es mehr Quiet Quitters gibt? Kann man Quiet Quitting also reduzieren, indem man wieder mehr im Büro arbeitet? Und gleichzeitig muss auch die Frage erlaubt sein, ob es nicht vielmehr erschreckend ist, dass unser Wirtschaftssystem darauf aufgebaut zu sein scheint, dass Menschen dauerhaft über ihre Grenzen gehen und weit über das vertraglich vereinbarte Maß hinaus arbeiten? Die Wahrheit auf diese Frage liegt sicherlich wie so oft im Graubereich: Im Grunde müssen gesunde Organisationen viel mehr darauf achten, dass Mitarbeitende ein Arbeitsumfeld bekommen, in dem sie wirksam werden und zufrieden sein können, sodass der Widerspruch häufig aufgelöst wird. In solchen Unternehmen stehen Mitarbeitende dann viel seltener vor der Herausforderung, Grenzen ziehen zu müssen, und entscheiden sich im Ernstfall dann mal in die eine und mal in die andere Richtung, was auch wieder für Gleichgewicht sorgt. Doch wie kann das gelingen?

Viele Expert:innen setzen sich mit dieser Fragestellung auseinander und arbeiten zahlreiche Gründe heraus. Zusammenfassend lassen sich die gewonnenen Erkenntnisse auf folgende drei Dimensionen herunterbrechen: Flexibilität, Organisationskultur, Führung. Diese werden in den folgenden Kapiteln näher beleuchtet.

2.1 Flexibilität

Flexibilität – ein Buzzword, das seit der Pandemie fester Bestandteil unseres Wortschatzes geworden ist. Denn laut zahlreicher Studien ist Flexibilität die Quintessenz der Zukunft der Arbeit (Klotz/Bolino, 2022; Microsoft, 2022a). Nach dem »Work Trend Index« von Microsoft 2022 haben sich die Prioritäten im Leben der Arbeitnehmer:innen verändert. Work-Life-Balance sowie der neue Stellenwert der eigenen Individualität und der mentalen Gesundheit bilden einen bedeutenden Faktor im Leben jedes Einzelnen (Microsoft, 2022a). Die meisten Arbeitnehmenden sehen sich nicht mehr verpflichtet, den Großteil ihres Lebens mit Erwerbsarbeit zu verbringen, sondern wollen Abendeuter erleben und mehr aus ihrer Lebenszeit machen, als ausschließlich zu arbeiten. Jedoch auch veränderte private Umstände können eine Umstellung der Prioritäten verlangen, sei es durch eine Erkrankung, die eine neue Lebensweise verlangt, oder auch die Geburt des eigenen Kindes (Leppert, 2023).

Demnach wird heutzutage vermehrt das ausgewogene Verhältnis zwischen Berufs- und Privatleben gesucht und es werden klare Grenzen gezogen. Viele wollen nicht mehr Teil der Hustle Culture sein (Kallwitz, 2023). Flexible Arbeitsmodelle wie Hybrid Work unterstützen die Arbeitnehmer:innen darin, ihr Privat- und Arbeitsleben ausgewogen und auch für sich gewinnbringend zu gestalten – diese Modelle werden auch vermehrt gefordert. Fehlen flexible Arbeitsmodelle, kann dies weitreichende Auswirkungen auf die Motivation und auch die Arbeitsmoral der Arbeitnehmenden haben.

Durch starre Arbeitszeiten oder auch fehlende Remote-Arbeitsmöglichkeiten ist es vielen Arbeitnehmer:innen nicht möglich, ihren Tag gewinnbringend für sich zu gestalten. Beispiele dafür können neben dem Handwerkerbesuch, bei dem eine Person zum Türöffnen vor Ort sein sollte, auch der Zahnarzttermin, der untertags gelegt werden muss, sein. Dabei steigt der Frust und auch das Stresslevel der Arbeitnehmer:innen und die Energie für ein zusätzliches Engagement beim Arbeitsplatz lässt nach, wenn Flexibilität nicht möglich ist. Studien in Bezug auf hybrides Arbeiten stellen jedoch ganz klar die Vorteile für Arbeitnehmer:innen dar. Demnach geben 61 % von ihnen an, dass durch flexible Arbeitsmodelle eine Verbesserung in der Qualität der Arbeit sowie Produktivität wahrgenommen wurde (Cisco, 2022, S. 5). 83% der Millennials und 66% der Baby Boomer gaben darüber hinaus an, dass sich durch hybrides Arbeiten ihr Wohlbefinden gesteigert hat (Cisco, 2022, S. 5).

Demnach ziehen fehlende Freiheit, wenig Flexibilität, kein Achten auf Work-Life-Balance und Well-Being nach sich, dass ein Arbeitgeber zunehmend unattraktiv wird. Dadurch sinkt die Motivation, einen nicht vertraglich festgelegten Mehraufwand zu leisten. Darüber hinaus lässt das Gefühl der Verbundenheit zum Unternehmen nach.

Jetzt stellt sich zu Recht die Frage, wie dem entgegengewirkt werden kann. Dabei können diverse Stellhebel betätigt werden, um Quiet Quitting vorzubeugen. Hier die relevantesten:

- **Einführung eines flexiblen Arbeitsmodells wie Hybrid Work**
  Empfohlen wird die Einführung eines flexiblen Arbeitsmodells wie zum Beispiel Hybrid Work. Dabei sollte darauf geachtet werden, dass dies so entwickelt wird, dass es auch sinnvoll für die Mitarbeiter:innen ist. Es ist also empfehlenswert, zunächst die Bedürfnisse der Mitarbeitenden abzufragen und auf dieser Basis gemeinsam ein hybrides Arbeitskonzept zu erstellen. Dabei werden die Mitarbeitenden ins Zentrum gerückt, denn sie sind die größten Wertschöpfer für das Unternehmen. Damit wird die Relevanz jedes einzelnen Mitarbeitenden unterstrichen, was zu einer zunehmenden Motivation und auch Zufriedenheit beiträgt.
- **Work-Life-Balance stärker in den Fokus rücken**
  Wie bereits angesprochen, gewinnt Work-Life Balance zunehmend an Stellenwert. Durch das Fokussieren auf eine bessere Vereinbarkeit von Privatleben und Beruf mindert ein Unternehmen die Gefahr, dass Arbeitnehmende zunehmend in Stresssituationen geraten, um beides unter einen Hut zu bekommen. Wenn das Bedürfnis nach Work-Life-Balance beachtet wird, kann gewinnbringender gearbeitet werden und die Zufriedenheit gegenüber dem Unternehmen wird gesteigert. Dies äußert sich in einem größeren Verbundenheitsgefühl gegenüber dem Unternehmen. Das wiederum führt dazu, dass Mitarbeitende bereit sind, ab und zu Mehraufwand zu leisten, wenn dies nötig ist.
- **regelmäßige Kontrolle und Optimierung des Arbeitsmodells**
  Ein einmalig aufgesetztes Arbeitsmodell kann in keinem Fall den Bedürfnissen aller Mitarbeitenden entsprechen. Außerdem ist die reine Regelung der Orts- und Zeitflexibilität noch lange nicht ausreichend, um ein ganzheitliches und gutes Arbeitsmodell zu gestalten. Faktoren wie Führung und die Beziehungen zu Kolleg:innen habe ebenfalls einen großen Einfluss auf das Wohlbefinden. Das bedeutet, dass viele Faktoren beachtet werden müssen, damit ein stimmiges Arbeitsmodell entsteht.
  Hier bietet beispielsweise das Hybrid-Work-Assessment bzw. der Hybrid-Work-Index einen guten Ansatzpunkt dafür, welche Faktoren berücksichtigt werden

müssen (Bath/Winkler, 2023). Zudem dürfen wir nicht vergessen, dass wir uns in einer VUCA-Welt befinden, in der das Tempo der Veränderung extrem hoch ist. Demnach ist die kontinuierliche Überprüfung des Arbeitsmodells und der Zufriedenheit der Mitarbeitenden unumgänglich – sei es durch regelmäßige Touchpoints mit Führungskräften oder unternehmensweite Surveys zur Feedbackabgabe. Solche Wasserstandsmeldungen helfen, veränderte Bedürfnisse zu erkennen und entsprechend das Arbeitsmodell proaktiv anzupassen. Somit wird verhindert, dass Unmut oder auch Motivationslosigkeit bei den Mitarbeitenden ausbricht und diese zu Quiet Quitters werden. Dies erfordert jedoch eine motivierende und transparente Organisationskultur.

2.2 Organisationskultur

»Quiet Quitting [...] a symptom of an organization that is failing to listen to its employees.«
Josh Bersin (2022)

Das Nichteinhalten von Unternehmensversprechen ist ein wesentlicher Grund für Quiet Quitting. Denn unzählige Unternehmen versichern Bewerber:innen oder Mitarbeitenden, dass sie deren Wohlergehen priorisieren, Mitarbeiterunterstützungsprogramme anbieten, einer inspirierenden Mission folgen und ihr Unternehmen nach einem Purpose ausrichten. Diese Versprechen wecken in den Arbeitnehmer:innen Begeisterung. Sie freuen sich und sind motiviert, für ein solch fürsorgliches Unternehmen zu arbeiten. Doch hier kommen wir schon zum Problem: Denn versprochen wird heutzutage viel, um als attraktiver Arbeitgeber dazustehen – aber wie viele der Versprechungen werden auch tatsächlich umgesetzt und so gelebt, wie sie kommuniziert werden?

Sobald Mitarbeiter:innen merken, dass Versprechen nicht eingehalten werden, ist es nur eine Frage der Zeit, bis sie sich entmutigt fühlen und auch nicht mehr so viel Eifer und Begeisterung bei der Arbeit zeigen und bewusst eine Grenze zwischen Beruf und Privatleben ziehen. Warum sollen sie auch ihre Freizeit für ein Unternehmen opfern, das es nicht einmal schafft, sich um seine Mitarbeitenden so zu kümmern, wie es das versprochen und angepriesen hat? (Herway, 2022)

Vereinfacht gesagt kann ein Arbeitgeber das Beste aus seinen Mitarbeitenden herausholen, wenn er authentisch ist und dies auch täglich zeigt (Herway, 2022). Der Versuch, Arbeitnehmende mit losen Versprechen binden zu wollen, verstärkt das Phänomen der Quiet Quitters. Um Mitarbeitende zu motivieren und an sich zu binden, müssen die Unternehmenskultur und das Mitarbeitererlebnis konsequent mit dem Werteversprechen des Unternehmens übereinstimmen.

Um der Desillusionierung von Mitarbeitenden vorzubeugen, ist es wichtig, schrittweise eine erfolgreiche und motivierende Unternehmenskultur aufzubauen. Dabei sind unterschiedliche Schritte zu durchlaufen:

1. Definition einer inspirierenden Unternehmensmission und von Unternehmenswerten

Zu Beginn muss eine am Purpose ausgerichtete, motivierende Unternehmensmission festgelegt werden, die angestrebt werden soll. Sie muss einen übergeordneten Sinn verfolgen, der sich nicht wie frisch gedruckt aus der Marketingabteilung anhört. Ein gutes Beispiel ist die Unternehmensmission von Capgemini: »With you, we create and deliver business and technology solutions that fit your needs and drive the results you want« (Capgemini, o. J.). Hier werden mit direkter Ansprache alle Lesenden eingefangen und auch in das Statement einbezogen.

Auf die Unternehmensmission folgend müssen die Unternehmenswerte ausgearbeitet werden, nach denen – in Hinblick auf die Mission – gearbeitet wird. Wichtig ist es jedoch, darauf zu achten, dass sich die Mitarbeitenden mit der Mission und auch den Unternehmenswerten verbunden fühlen und diese anerkennen. Nur so kann die Mitarbeiterzufriedenheit gesteigert werden, was die Motivation, Mehraufwand in ein Unternehmen zu investieren, erhöht.

2. Transparente Kommunikation nach innen und außen sowie Schulungen

Mit dem alleinigen Ausformulieren der Unternehmenswerte ist jedoch nicht einmal ansatzweise der Großteil getan. Die Mitarbeiter:innen müssen kontinuierlich an die Existenz und auch das Einhalten der Unternehmenswerte erinnert werden. Dies kann durch kontinuierliche transparente Kommunikationsmaßnahmen passieren, sei es durch Blogposts, Teams-Channel, E-Mail-Newsletter oder auch einen Aushang am schwarzen Brett. Es gibt unzählige Möglichkeiten, die Mitarbeitenden über die Unternehmensmission und die Unternehmenswerte in Kenntnis zu setzen.

3. Mitarbeiterbeteiligung

Wichtig ist jedoch, nicht nur die Transparenz der Kommunikationsmaßnahmen zu steigern, sondern auch die Mitarbeitenden in die Entwicklung der Unternehmenskultur zu involvieren – sei es durch kontinuierliche Schulungen oder auch spezielle Challenges, die die Mitarbeitenden einbinden. Ein entscheidender Stellhebel ist jedoch, dass die Führungskräfte mit gutem Vorbild vorangehen und sowohl die Unternehmensmission als auch die Unternehmenswerte direkt um- und durchsetzen sowie in den Alltag einbinden.

4. Kontinuierliche Überprüfung

Durch eine kontinuierliche Überprüfung der Mitarbeiterzufriedenheit kann festgestellt werden, ob sowohl die Mission als auch die aufgestellten Unternehmenswerte wirklich umgesetzt werden. Somit kann auch überprüft werden, ob beides inspirierend und motivierend genug ist, dass sich die Mitarbeitenden stärker mit dem Unternehmen identifizieren. Durch das gemeinsame Anstreben von Zielen sollen die Mitarbeiter:innen den Sinn und Zweck ihrer Arbeit und auch ihren Mehrwert für das Unternehmen gewinnen und sich somit wertgeschätzt fühlen. Denn laut einer Gallup-Studie engagieren sich Mitarbeiter 3,7-mal mehr im Unternehmen, wenn sie eine starke Verbindung zur Unternehmenskultur spüren (Morin & Barrett, 2022).

2.3 Führung

Kommen wir zur letzten großen Herausforderung, den zwischenmenschlichen Faktoren zwischen Führungskräften und Mitarbeitenden. Diese gewinnen zunehmend an Bedeutung – nicht zuletzt weil in hybriden Arbeitsmodellen Führungskräfte immer mehr zum Bindeglied mit dem Unternehmen werden. Stimmt etwas mit dieser wichtigen Bindung nicht, führt dies deutlich schneller zu Problemen als in traditionellen Arbeitsmodellen. Denn eine wenig inspirierende Führungskultur, ein Mangel an beruflicher Entwicklung und Förderung sowie unzureichende Vergütung sind die drei zentralsten Gründe, warum Mitarbeitende laut McKinsey keinen Sinn mehr in ihrer Arbeit sehen oder sogar in einzelnen Fällen kündigen (Kraljic, 2022).

Dies bestätigt eine Gallup-Studie, die Quiet-Quitting-Gründe bei den jüngeren Arbeitnehmenden wie Generation Z und Millennials untersucht hat. Das Engagement ist laut der Studie seit 2019 um mehr als 10 % gesunken. Als Gründe wurde genannt, dass sich die Mitarbeitenden von ihren Führungskräften vernachlässigt sowie unzureichend gefordert und gefördert fühlen und somit auch keine weitere berufliche Entwicklungsmöglichkeit sehen. (Harter, 2022)

Ein zentraler Faktor hierfür ist die unzureichende bis fehlende Kommunikation zwischen Führungskraft und Mitarbeiter:in. Das hat gravierende Auswirkungen. Führungskräfte stehen in der Verantwortung, gemeinsam mit den Mitarbeitenden über klare Ziele, Erwartungen und Aufgabenbereiche zu sprechen und diese auch kontinuierlich mithilfe von Touchpoints zu verfolgen. Durch unzureichende Kommunikation zu klar gestellten allgemeinen wie persönlichen Zielen fehlt den Mitarbeitenden das Verständnis für die Wichtigkeit sowie den Sinn und Zweck ihrer Arbeit. Durch das fehlende Bewusstsein der Mitarbeiter:innen, welchen Mehrwert sie für das Unternehmen darstellen, fühlen sie sich mit der Zeit zunehmend unsicher in ihrer Rolle und haben das Gefühl, alleingelassen zu werden. Dieses Gefühl kann zu Frustration, steigenden Selbstzweifeln und zunehmendem Stress führen, was in fehlender Arbeitsmotivation resultiert.

Eine Gallup-Studie hat ergeben, dass sich gerade im hybriden Arbeitsumfeld viele Arbeitnehmer:innen vernachlässigt fühlen (Harter, 2022). Ein Phänomen, das sehr präsent ist, ist die Produktivitätsparanoia, die auch schon Microsoft als Warnsignal gesehen hat. Ein Großteil der Arbeitnehmer:innen, die im hybriden Arbeitsumfeld arbeiten, hat das Gefühl, dass sie noch härter und länger arbeiten müssen als vor Ort Tätige – nur um zu beweisen, dass sie ihre Arbeit genauso gut remote leisten können wie im Office. Microsoft unterstreicht dieses Phänomen durch die Resultate der Hybrid-Work-Trend-Index-Studie, in der herausgefunden wurde, dass nur 12% der befragten Führungskräfte ihren Mitarbeiter:innen darin vertrauen, remote produktiv zu arbeiten (Microsoft, 2022b). Die Führungskräfte sind durch den Wandel hin zu flexiblen Arbeitsmodellen überfordert, da sie nicht wissen und meist auch nicht geschult werden, in einem solchen Arbeitsmodell zu führen. Dies erhöht nicht nur den Stress der Führungskräfte, sondern verlagert sich auch auf die Mitarbeiter:innen, die erhebliche Einbußen in ihrem mentalen Wohlbefinden sowie eine verminderte Wertschätzung ihrer Person erleben. Dies führt dazu, dass sie die Motivation verlieren, daraufhin ihre Gesundheit sowie sich selbst an die erste Stelle setzen und als Folge daraus keinen Sinn mehr darin sehen, mehr zu tun, als vertraglich von ihnen verlangt wird.

Um Gründe für Quiet Quitting gar nicht erst entstehen zu lassen, müssen im Bereich Führung unterschiedliche Maßnahmen getroffen werden:

- **Führungskräfte-Skilltraining**
  Führungskräfte müssen durch Skilltraining, aber auch Reskilling in ihrer Arbeit befähigt werden. So werden sie nicht nur sicherer in ihrer Arbeitsweise, sondern können sich auch zunehmend auf das Wohlbefinden und die Zufriedenheit der Mitarbeiter:innen konzentrieren und diese auch darin unterstützen. Dadurch steigen gleichzeitig die Motivation zu Mehrarbeit und auch die Zufriedenheit und die Identifikation mit dem Unternehmen.
- **kontinuierliche Touchpoints und aktives Zuhören**
  Durch kontinuierliche Touchpoints und aktives Zuhören können Führungskräfte mehr über die Bedürfnisse der Mitarbeiter:innen herausfinden und sie darin unterstützen. Auf dieser Basis können gemeinsame Ziele sowie Belastungsgrenzen definiert werden. Das steigert die Mitarbeiterzufriedenheit. Nur 15 Minuten Austausch über diese Punkte im Monat helfen, um eine Wasserstandsmeldung zu bekommen.

2.4 Quiet Hiring – die Lösung des Problems von Quiet Quitting?

Mehr als die Hälfte aller HR-Experten sind besorgt bezüglich des Trends »Quiet Quitting«. Eine SHRM-Studie hat herausgefunden, dass die größten Sorgenbereiche in einer abnehmenden Arbeitsmoral, Produktivitätsabfall und Qualitätseinbußen bei der Arbeit liegen (SHRM, 2022). Es stellt sich nun die Frage, ob Quiet Hiring die Lösung des Problems sein kann.

»Quiet Hiring« bezeichnet die Praxis, dass Unternehmen bestehende Mitarbeiter mit neuen Aufgaben beauftragen, ohne neue Vollzeitmitarbeiter einzustellen. Dies wird unter anderem mithilfe von Upskilling oder auch Jobenlargement ermöglicht. Mithilfe von Quiet Hiring kann ein Unternehmen durch einen verminderten Ressourcenaufwand strategisch und akute, unmittelbare Geschäftsbedürfnisse eingehen (Gartner, o. J).

Währen der Begriff »Quiet Quitting« 2022 zum ersten Mal auf der Bildfläche erschien, rückt Quiet Hiring 2023 unter anderem wegen der »Tech Layoffs« – also der vermehrten Entlassungswellen im Tech-Sektor der USA – in den Fokus. Viele Firmen haben – gerade in der Start-up- und Tech-Branche – Mitarbeitende gekündigt und ließen vermehrt Stellen bewusst unbesetzt, um kurzfristig durch Arbeitsverdichtung Geld einzusparen.

Doch es gibt auch weitere Gründe für Quiet Hiring. In Deutschland ist (temporär) oft mehr Arbeit da als Mitarbeitende.

Folgende konkreten Quiet-Hiring-Maßnahmen werden heutzutage verwendet:

- Weiterbildungen, Jobrotation, Training on the Job: Bestehende Mitarbeiter:innen dürfen neue Skills erlernen.
- Jobenlargement: Mitarbeitende übernehmen mehr Verantwortung durch neue Tätigkeiten.
- Radikale Priorisierung und Weglassen von weniger wertschöpfenden Tätigkeiten
- Arbeitsverdichtung: Die Mitarbeitenden, die noch da sind, müssen einfach mehr übernehmen.

Diese Maßnahmen müssen jedoch kritisch betrachtet werden. Zum einen ermöglichen sie, dass Personen, die mit ihrem Beruf sowie ihren alltäglichen Aufgaben nicht zufrieden sind, neue Aufgabenbereich kennenlernen. Diese können den einzelnen Personen unter Umständen besser gefallen und sie dazu motivieren, noch mehr im Unternehmen erreichen zu wollen. Durch eine höhere Mitarbeiterzufriedenheit kann nicht nur das Klima im Team, sondern auch die Leistungsfähigkeit gesteigert werden, was zu einem positiven Nebeneffekt für Unternehmen führen kann. Nicht nur die Bindung zum Unternehmen wird gestärkt, sondern auch die Produktivleistung erhöht.

Auf der anderen Seite können Quiet-Quitting-Maßnahmen dazu führen, dass gerade die Mitarbeitenden ausgewählt werden, die sowieso schon zu den 13% Engagierten gehören. Aus Quiet Hiring kann so, wenn es zu stark betrieben wird, also schnell auch Quiet Burn-out werden.

Demnach ist Quiet Hiring nicht die umfassend beste Lösung für Quiet Quitting. Sie kann einen positiven Effekt auf das Phänomen Quiet Quitting haben, muss es aber nicht. Man sollte also nicht blind einem Trend mit einem anderen Trend begegnen. Stattdessen sollten die in diesem Artikel genannten Handlungsoptionen sorgfältig genutzt und kritisch abgewogen werden, um dem Phänomen »Quiet Quitting« wirksam zu begegnen.

2.5 Literatur

Bath, J.; Winkler, K. (Hrsg.) (2023). Hybrid Work: Wie Führungskräfte ihre Arbeitsorganisation für die Zukunft transformieren (1. Auflage 2023). Haufe, https://shop.haufe.de/prod/hybrid-work, abgerufen am 25.8.2023.

Bersin, J. (2022). Discussion with Josh Bersin, https://www.capgemini.com/de-de/insights/research/discussion-with-josh-bersin/, abgerufen am 25.8.2023.

Blumenroth, C. (2023). Quiet Quitting: Wenn Arbeitnehmer innerlich schon gekündigt haben, https://www.merkur.de/leben/karriere/quiet-quitting-kuendigung-lebensqualitaet-job-arbeitswelt-generationz-work-life-balance-zr-91754757.html, abgerufen am 20.8.2023.

Capgemini (o. J.). Our Vision and Mission, https://www.capgemini.com/se-en/insights/research-library/our-vision-and-mission/, abgerufen am 26.8.2023.

Cisco (2022). Employees are ready for hybrid work, are you? Cisco Global Hybrid Work Study 2022, https://www.cisco.com/c/dam/m/en_us/solutions/global-hybrid-work-study/reports/cisco-global-hybrid-work-study-2022.pdf, abgerufen am 25.7.2023.

Dornig, P. (2023). Jede:r dritte Deutsche ist ein Quiet Quitter: Studie zur Mitarbeiterzufriedenheit. IT Verlag für Informationstechnik GmbH, https://www.it-daily.net/it-management/projekt-personal/jeder-dritte-deutsche-ein-quiet-quitter, abgerufen am 12.8.2023.

Gallup (2023). Bericht zum Engagement Index Deutschland 2022, https://www.gallup.com/de/472028/bericht-zum-engagement-index-deutschland.aspx, abgerufen am 12.7.2023.

Gartner (o. J.). Quiet Hiring, https://www.gartner.com/en/human-resources/glossary/quiet-hiring, abgerufen am 15.9.2023.

Harter, J. (2022). Is Quiet Quitting Real? Gallup, https://www.gallup.com/workplace/398306/Quiet-Quitting-real.aspx, abgerufen am 15.7.2023.

Herway, J. (2022). Need an Answer to Quiet Quitting? Start With Your Culture. Gallup, https://www.gallup.com/workplace/403598/need-answer-Quiet-Quitting-start-culture.aspx, abgerufen am 2.8.2023.

Kallwitz, S. (2023). Arbeitsphänomen Quiet Quitting. Für heute reicht's, https://www.managerseminare.de/ms_Artikel/Arbeitsphaenomen-Quiet-Quitting-Fuer-heute-reichts,283535, abgerufen am 20.8.2023.

Klotz, A. C.; Bolino, M. C. (2022). When Quiet Quitting Is Worse Than the Real Thing, https://hbr.org/2022/09/when-quiet-quitting-is-worse-than-the-real-thing, abgerufen am 19.6.2023.

Kraljic, M. (2022). Ein Drittel der Beschäftigten denkt an Kündigung, https://www.mckinsey.de/news/presse/2022-12-21-great-attrition-deutschland, abgerufen am 24.6.2023.

Leppert, B. (2023). Quiet Quitting: Ist die Gen Z zum Arbeiten zu faul oder einfach clever? galileo.tv, https://www.galileo.tv/life/Quiet-Quitting-generation-z-arbeit-dienst-nach-vorschrift-innere-kuendigung/, abgerufen am 25.7.2023.

Microsoft (2022a). Great Expectations: Making Hybrid Work Work, https://www.microsoft.com/en-us/worklab/work-trend-index/great-expectations-making-hybrid-work-work, abgerufen am 12.7.2023.

Microsoft (2022b). Hybrid Work Is Just Work. Are We Doing It Wrong? https://www.microsoft.com/en-us/worklab/work-trend-index/hybrid-work-is-just-work, abgerufen am 15.7.2023.

Morin, N.; Barrett, H. (2022). Don't Confuse »Being in the Office« With »Culture«. Gallup. https://www.gallup.com/workplace/401576/dont-confuse-office-culture.aspx, abgerufen am 2.7.2023.

SHRM (2022). New SHRM Research: Is »Quiet Quitting« Affecting Your Workplace? https://shrm.org/about-shrm/press-room/press-releases/Pages/New-SHRM-Research-Is-Quiet-Quitting-Affecting-Your-Workplace.aspx?_ga=2.119825544.126474134.1663530640-151173134.1654664481, abgerufen am 31.7.2023.

Zaid Khan (2022). On quiet quitting #workreform: @zaidlepplin. TikTok, https://www.tiktok.com/@zaidleppelin/video/7124414185282391342?lang=en, abgerufen am 19.7.2023.

3 Arbeitsrechtliche Aspekte hybrider Arbeit

Joachim Gschwinder und Ralf Seier

3.1 Einleitung

Die Arbeitswelt ist im Wandel. Hybride Arbeitsformen in Form von mobilem Arbeiten und Homeoffice gewinnen – angetrieben durch die Corona-Pandemie und die zunehmende Digitalisierung – rasant an Bedeutung. In zahlreichen Unternehmen gehört mobiles Arbeiten bereits zum Alltag. Arbeitnehmerinnen und Arbeitnehmer erlangen durch hybride Arbeitsformen mehr Zeitsouveränität und Flexibilität, was zu einer besseren Vereinbarkeit von Beruf, Freizeit und Familie und damit zu einer besseren Work-Life-Balance beiträgt (vgl. Lott et al. 2021, S. 7). Um für Bewerberinnen und Bewerber auch künftig attraktiv zu sein, kann sich daher kein Arbeitgeber diesem Thema verschließen. Gleichzeitig droht beim mobilen Arbeiten die Grenze zwischen Arbeit und Freizeit zu verschwimmen. Ständige Erreichbarkeit und soziale Isolation können ein Gesundheitsrisiko für die Beschäftigten darstellen. Ziel dieses Beitrags ist es, einen aktuellen Überblick über die rechtlichen Aspekte hybrider Arbeit zu geben. Außerdem soll aufgezeigt werden, wo derzeit rechtlicher Handlungsbedarf besteht, um den Chancen und Risiken hybrider Arbeit zu begegnen.

3.2 Begrifflichkeiten

»Hybride Arbeit« ist kein Rechtsbegriff. Betrachtet man die verschiedenen Ausformungen hybrider Arbeit, ist eine fast schon babylonische Begriffsverwirrung festzustellen. Die wichtigsten Begriffe in diesem Zusammenhang sind »Homeoffice«, »mobile Arbeit« und »Telearbeit«. Diese Begriffe werden häufig verwechselt oder gar in Verkennung ihrer Bedeutung synonym verwendet. Juristisches Arbeiten setzt jedoch klar abgegrenzte Begriffe voraus. Ein Blick ins Gesetz erleichtert in diesem Fall leider nicht die Rechtsfindung, da der Gesetzgeber bislang weder das Homeoffice noch die mobile Arbeit definiert hat. Lediglich für den etwas angestaubten Begriff der Telearbeit findet sich in § 2 Abs. 7 Arbeitsstättenverordnung (ArbStättV) eine gesetzliche Definition. Telearbeitsplätze sind demnach

> »vom Arbeitgeber fest eingerichtete Bildschirmarbeitsplätze im Privatbereich der Beschäftigten, für die der Arbeitgeber eine mit den Beschäftigten vereinbarte wöchentliche Arbeitszeit und die Dauer der Einrichtung festgelegt hat«.
>
> § 2 Abs. 7 Arbeitsstättenverordnung (ArbStättV)

Diese Definition der Telearbeit trifft aber nur auf einen kleinen Ausschnitt der Wirklichkeit von hybrider Arbeit zu. So wird das nicht nur während der Corona-Pandemie populäre »Arbeiten am heimischen Esstisch mit privaten EDV-Geräten« (Picker, 2021, S. 4) davon gerade nicht erfasst.

Beide Referentenentwürfe des Bundesministeriums für Arbeit und Soziales (BMAS) zu einem »Mobile Arbeit-Gesetz« (s. dazu unten Kapitel 3.3.1) sehen in einem die Gewerbeordnung zu ergänzenden neuen § 111 Abs. 1 Satz 2 GewO-E eine Definition der mobilen Arbeit vor. In der Fassung des zweiten Entwurfs (Zweiter Referentenentwurf 2020, Artikel 1) lautet diese:

> »Ein Arbeitnehmer oder eine Arbeitnehmerin arbeitet mobil, wenn er oder sie die geschuldete Arbeitsleistung unter Verwendung von Informationstechnologie außerhalb der Betriebsstätte
> 1. von einem Ort oder von Orten seiner oder ihrer Wahl oder
> 2. von einem mit dem Arbeitgeber vereinbarten Ort oder mit dem Arbeitgeber vereinbarten Orten außerhalb der Betriebsstätte erbringt.«
>
> Zweiter Referentenentwurf 2020, Artikel 1

Der Begriff »mobile Arbeit« bezeichnet damit sowohl die Arbeit von zu Hause aus (»Homeoffice«) als auch ortsungebundenes Arbeiten außerhalb der Betriebsstätte, also an einem Ort, den Arbeitnehmende frei wählen können oder den sie mit dem Arbeitgeber vereinbart haben (auch »remote work« genannt). Dies kann z.B. beim Kunden, unterwegs in der Bahn, im Flugzeug, im Hotel, im Ferienhaus etc. stattfinden. Das Homeoffice bildet keine eigene Kategorie, sondern ist ein Unterfall der mobilen Arbeit und unterliegt damit denselben Regelungen. Zu eng ist die in § 111 Abs. 1 GewO-E vorgenommene Eingrenzung auf eine Arbeitsleistung, die unter Verwendung von Informationstechnologie erbracht wird. Ein sachlicher Grund für diese Ungleichbehandlung gegenüber analog arbeitenden Beschäftigten ist nicht ersichtlich (vgl. Picker, 2021, S. 5). Dieser Beitrag folgt daher dem weiten Begriff von »mobiler Arbeit«, ohne eine Beschränkung auf die Verwendung von Informationstechnologie. Dazu zählen letztlich alle Tätigkeiten, die zeitweise oder regelmäßig außerhalb der Betriebsstätte durchgeführt werden (inklusive Homeoffice). Lediglich Tätigkeiten, die aufgrund ihrer Eigenart außerhalb des Betriebs zu erbringen sind – wie etwa Außendienst- oder Montagetätigkeiten – werden davon nicht erfasst.

3.3 (Kein) Anspruch auf mobiles Arbeiten

Ansprüche auf mobiles Arbeiten können ihre Grundlage in einem Gesetz, in einem Kollektivvertrag (Tarifvertrag oder Betriebsvereinbarung) oder im individuellen Arbeitsvertrag haben. Dabei sind jedoch insbesondere die Grenzen des arbeitsrechtlichen Weisungs- oder Direktionsrechts zu beachten.

3.3.1 (Noch) kein gesetzlicher Anspruch

Anders als etwa in den Niederlanden (Wet flexibel werken, 2022) gibt es in Deutschland (noch) keinen gesetzlichen Anspruch auf mobile Arbeit bzw. Arbeit im Homeoffice. Lediglich während der Corona-Pandemie sah die Corona-Arbeitsschutzverordnung bzw. das Infektionsschutzgesetz vorübergehend eine Verpflichtung des Arbeitgebers vor, den Arbeitnehmerinnen und Arbeitnehmern eine Beschäftigung im Homeoffice anzubieten, sofern keine zwingenden betriebsbedingten Gründe entgegenstanden. Ein Anspruch auf mobile Arbeit bzw. Arbeit im Homeoffice lässt sich auch nicht aus § 106 Gewerbeordnung (GewO) herleiten. Zwar kann nach dieser Regelung der Arbeitgeber im Rahmen seines Weisungs- oder Direktionsrechts »Inhalt, Ort und Zeit der Arbeitsleistung« nach billigem Ermessen näher bestimmen (dazu unten Kapitel 3.3.4). Dabei handelt es sich jedoch um ein Gestaltungsrecht des Arbeitgebers, aus dem jedenfalls kein Anspruch für Arbeitnehmerinnen und Arbeitnehmer resultiert (vgl. Röller, 2022b, Rn. 4). Allenfalls für Schwerbehinderte kann sich aus § 164 Abs. 4 Sozialgesetzbuch IX (SGB IX) ein gesetzlicher Anspruch auf eine leidensgerechte Beschäftigung in Telearbeit ergeben, die die Beschäftigten trotz ihrer gesundheitlichen Beeinträchtigung erbringen können (vgl. LAG Köln, Urteil vom 24.5.2016 – 12 Sa 677/13). Zudem verpflichtet § 16 Bundesgleichstellungsgesetz (BGleiG) unter den dort genannten Voraussetzungen die Dienststellen des Bundes, Telearbeit oder mobile Arbeit zu ermöglichen.

Im Jahr 2020 wurde das »Mobile Arbeit-Gesetz« in die »gesetzgeberische Pipeline« eingebracht. Der erste Referentenentwurf dieses Gesetzes, der noch einen Rechtsanspruch auf 24 Tage mobile Arbeit im Jahr vorsah, wurde nach erheblicher Kritik vom Bundeskanzleramt gestoppt. Das Bundesministerium für Arbeit und Soziales (BMAS) griff die Kritik an dem harten Rechtsanspruch auf und legte Anfang 2021 einen überarbeiteten Referentenentwurf vor. Dieser zweite Entwurf sieht – im Gegensatz zum Vorgängerentwurf – keinen Rechtsanspruch auf mobile Arbeit, sondern in einem neu gefassten § 111 GewO-E lediglich einen Erörterungsanspruch der Arbeitnehmenden vor (vgl. Zweiter Referentenentwurf 2020, Artikel 1). Spätestens drei Monate vor dem gewünschten Beginn müsste der Arbeitnehmer oder die Arbeitnehmerin dem Arbeitgeber Beginn, Dauer, Umfang und Verteilung der mobilen Arbeit mitteilen. Der Arbeitgeber wäre dann verpflichtet, den Wunsch nach mobiler Arbeit mit dem Ziel zu erörtern, zu einer Vereinbarung zu gelangen. Dabei bleibt in dem Entwurf offen, wie eine solche Erörterung durchzuführen ist. Bei fehlender Einigung müsste der Arbeitgeber seine Ablehnung form- und fristgerecht innerhalb von zwei Monaten begründen, wobei der Entwurfswortlaut keine Anforderungen an die Ablehnungsgründe stellt.

Eine nicht rechtzeitige und formrichtige Ablehnung hätte die gesetzliche Fiktion einer Absprache über mobile Arbeit zur Folge – entsprechend den Wünschen des Arbeitnehmers oder der Arbeitnehmerin und für maximal sechs Monate.

Vonseiten der seit 2021 regierenden Ampel-Koalition wurde im Hinblick auf mobile Arbeit noch kein neuer Gesetzesvorschlag eingebracht. Im Koalitionsvertrag ist zwar für Beschäftigte »in geeigneten Tätigkeiten« ebenfalls ein Erörterungsanspruch vorgesehen, jedoch kein Rechtsanspruch auf mobile Arbeit bzw. Homeoffice (vgl. Koalitionsvertrag 2021, S. 69). Ob es bei dem im Koalitionsvertrag vereinbarten Erörterungsanspruch bleibt oder ob doch noch ein Rechtsanspruch geschaffen werden soll, bleibt abzuwarten.

3.3.2 Kollektivvertragliche Regelungen

Auch in Tarifverträgen können Regelungen zu mobiler Arbeit und Homeoffice getroffen werden. Tarifverträge sind privatrechtliche Verträge zwischen den Tarifvertragsparteien (Gewerkschaften und Arbeitgeber bzw. Arbeitgeberverbände), die zum einen deren Rechte und Pflichten regeln und zum anderen Rechtsnormen über Abschluss, Inhalt und Beendigung von Arbeitsverhältnissen sowie die Ordnung von betrieblichen und betriebsverfassungsrechtlichen Fragen enthalten. Tarifverträge zur mobilen Arbeit gehen meist vom »Prinzip der doppelten Freiwilligkeit« aus. Dies bedeutet, dass das Ob mobiler Arbeit allein der freiwilligen unternehmerischen Entscheidung des jeweiligen Arbeitgebers und der freiwilligen Annahme durch die davon betroffenen Beschäftigten überlassen bleibt. Die Tarifverträge selbst regeln dabei nur die Rahmenbedingungen und Durchführungsmodalitäten, somit also das Wie der mobilen Arbeit (vgl. Picker, 2021, S. 11).

Die »doppelte Freiwilligkeit« ist auch in den meisten Betriebsvereinbarungen zur mobilen Arbeit vorgesehen. Die Betriebsvereinbarung ist ein privatrechtlicher Vertrag zwischen Arbeitgeber und Betriebsrat, der gegenseitige Pflichten sowie Angelegenheiten des Betriebs und der Betriebsverfassung zum Gegenstand hat. Außerdem kann sich eine Betriebsvereinbarung auf die jeweiligen Arbeitsverhältnisse im Betrieb beziehen. Die Betriebsparteien haben – unter Beachtung des Tarifvorbehalts nach § 77 Abs. 3 Betriebsverfassungsgesetz (BetrVG) – eine umfassende Regelungskompetenz, die nicht auf die Bereiche der zwingenden Mitbestimmung begrenzt ist (BAG, Urteil vom 25.2.2015 – 5 AZR 481/13). Auf diese Weise kann auch ein Anspruch der Arbeitnehmenden auf mobile Arbeit bzw. Homeoffice durch eine freiwillige Betriebsvereinbarung festgelegt werden. Eine einseitige Verlagerung des Arbeitsorts in die Wohnung der Arbeitnehmenden (Homeoffice) wäre jedoch ein grundrechtswidriger Eingriff in das Recht auf Unverletzlichkeit der Wohnung nach Art. 13 Abs. 1 Grundgesetz (GG) (vgl. Richardi/Maschmann, 2022, § 87 Rn. 201c) und daher unwirksam.

3.3.3 Arbeitsvertrag (mit betrieblicher Übung und Gleichbehandlungsgrundsatz)

Arbeitgeber und Arbeitnehmende können den Arbeitsort jederzeit einvernehmlich im Arbeitsvertrag festlegen. Dabei kann auch vollständig oder teilweise die Arbeit im Homeoffice bzw. mobile Arbeit vereinbart werden. Wird Telearbeit vereinbart, sind die Vorgaben der Arbeitsstättenverordnung zu beachten. Sinnvoll ist eine vertragliche Regelung, wonach – unter Beachtung angemessener Fristen – jede Vertragspartei die Rückkehr aus dem Homeoffice verlangen kann. Auch durch eine einvernehmliche Vereinbarung zwischen Arbeitgeber und Arbeitnehmer oder Arbeitnehmerin kann die Tätigkeit im Homeoffice oder die mobile Arbeit jederzeit wieder aufgehoben werden. Wurde im Arbeitsvertrag allerdings die ausschließliche Tätigkeit im Homeoffice bzw. mobile Arbeit vereinbart, kann der vertragliche Anspruch des Arbeitnehmers gegen dessen Willen nur noch durch eine (in der Praxis zumeist nicht oder nur schwer durchsetzbare) Änderungskündigung beseitigt werden (vgl. Preis, 2023, § 611a BGB Rn. 170).

Ein Anspruch auf Homeoffice bzw. mobile Arbeit könnte sich auch aus »betrieblicher Übung« ergeben. Eine solche betriebliche Übung, die als stillschweigende Änderung des Arbeitsvertrags verstanden wird, entsteht durch eine gleichartige, wiederholte Praktizierung eines bestimmten Verhaltens des Arbeitgebers, auf das die Arbeitnehmenden nach einer gewissen Zeitdauer vertrauen können sollen. Vor allem Homeoffice-Abreden, die nach der Corona-Pandemie einfach »weitergelebt« werden, bergen für den Arbeitgeber ein solches Risiko. Neben dem Zeitmoment bedarf es zur stillschweigenden Vertragsänderung jedoch auch eines entsprechenden rechtlichen Bindungswillens des Arbeitgebers, der ohne das Hinzutreten besonderer Umstände zu verneinen ist. Allein aus der Gestattung von Homeoffice über einen längeren Zeitraum folgt daher in der Regel noch kein Anspruch auf den häuslichen Arbeitsplatz (vgl. Steinau-Steinrück/Beismann, 2020, S. 626). Bietet hingegen der Arbeitgeber einer bestimmten Anzahl von Arbeitnehmerinnen und Arbeitnehmern die Möglichkeit zu mobiler Arbeit, ist es vor dem Hintergrund des arbeitsrechtlichen Gleichbehandlungsgrundsatzes denkbar, dass entsprechende Ansprüche auch für andere Mitarbeitende entstehen, es sei denn, für die Ungleichbehandlung gibt es sachliche Gründe (vgl. Schulze/Simon, 2021, S. 121).

3.3.4 Bestimmung des Arbeitsorts mittels Direktionsrecht

Grundsätzlich hat der Arbeitgeber nach § 106 GewO das Recht, den Arbeitsort des Arbeitnehmers bzw. der Arbeitnehmerin »nach billigem Ermessen« zu bestimmen, soweit dem keine individual- oder kollektivvertraglichen Vereinbarungen entgegenstehen. Inwieweit die Zuweisung von mobiler Arbeit durch das Direktionsrecht des Arbeitgebers gedeckt ist, ist durch die Rechtsprechung bislang nicht abschließend geklärt (vgl. Röller, 2022b, Rn. 5). Beim Homeoffice steht jedenfalls der Grundrechtsschutz aus Art. 13 GG (Unverletzlichkeit der Wohnung) einer einseitigen Anordnung des Arbeitgebers entgegen. Dieser ist daher nicht berechtigt, eine Tätigkeit im Homeoffice einseitig anzuordnen. Höchstrichterlich noch ungeklärt ist auch die Frage, ob der Arbeitgeber kraft seines Direktionsrechts berechtigt ist, die Rückkehr eines Arbeitnehmers bzw. einer Arbeitnehmerin aus dem Homeoffice in den Betrieb anzuordnen (befürwortend das LAG München, Urteil vom 26.8.2021 – 3 SaGa 13/21). Zum Teil wird dazu vertreten, dass eine vertragliche Regelung, welche die Beendigung der Tätigkeit im Homeoffice für den Arbeitgeber voraussetzungslos ermöglicht, wegen Abweichung vom gesetzlichen Leitbild des § 106 GewO nach § 307 Bürgerliches Gesetzbuch (BGB) unwirksam sei (so das LAG Düsseldorf, Urteil vom 10.9.2014 – 12 Sa 505/14).

3.3.5 Betriebsbedingte (Änderungs-)Kündigung

Arbeitnehmerinnen und Arbeitnehmer können sich im Rahmen einer Änderungskündigung nicht auf das Homeoffice als milderes Mittel berufen und auf diesem Weg zu einem entsprechenden Anspruch gelangen.

Fallbeispiel: LAG Berlin-Brandenburg vom 24.3.2021 – 4 Sa 1243/20

Die Arbeitnehmerin A arbeitete in der Berliner Niederlassung der mit Hauptsitz in Wuppertal ansässigen Arbeitgeberin. Aufgrund der Stilllegung der Berliner Niederlassung kündigte die Arbeitgeberin das Arbeitsverhältnis und bot die unveränderte Fortsetzung der Tätigkeit in Wuppertal an. Von Arbeitgeberseite war beabsichtigt, alle Vertriebstätigkeiten in Wuppertal anzusiedeln. In einer Rahmenrichtlinie der Arbeitgeberin war die Möglichkeit zur Telearbeit grundsätzlich vorgesehen. Unter Hinweis auf diese Rahmenrichtlinie lehnte A das Änderungsangebot ab und verwies darauf, dass sie ihre Tätigkeit auch aus dem Homeoffice erbringen könne.

In erster Instanz sah das Arbeitsgericht Berlin in der Homeoffice-Tätigkeit eine zulässige Weiterbeschäftigungsmöglichkeit. Diese habe gegenüber der Änderungskündigung mit der Versetzung nach Wuppertal als milderes Mittel Vorrang. Das Landesarbeitsgericht Berlin-Brandenburg befand hingegen, dass der Arbeitnehmerin kein Homeoffice-Arbeitsplatz angeboten werden müsse. Das Angebot eines Homeoffice-Arbeitsplatzes sei dann keine mildere Maßnahme im Rahmen einer Änderungskündigung, wenn es Teil der unternehmerischen Entscheidung sei, bestimmte Arbeitsplätze vor Ort in der Zentrale der Arbeitgeberin zu konzentrieren.

Tipp

Sofern keine kollektivvertragliche Regelung (Tarifvertrag oder Betriebsvereinbarung) greift, empfiehlt sich eine vertragliche Vereinbarung zu Homeoffice bzw. mobilem Arbeiten zwischen Arbeitnehmer und Arbeitgeber – entweder im Arbeitsvertrag selbst oder in einer den Arbeitsvertrag ergänzenden Vereinbarung.

3.4 Beteiligungsrechte des Betriebsrats

Sowohl die Einführung als auch die Beendigung mobiler Arbeit unterliegen nicht der betrieblichen Mitbestimmung durch den Betriebsrat. Daran hat auch der im Zuge des Betriebsrätemodernisierungsgesetzes vom 14.6.2021 eingeführte neue Mitbestimmungstatbestand in § 87 Abs. 1 Nr. 14 BetrVG nichts geändert (vgl. Giesen, 2021, S. 192). Dieser bezieht sich nämlich nur auf die Ausgestaltung mobiler Arbeit, also auf das Wie. Dazu zählen etwa der zeitliche Umfang, Beginn und Ende der täglichen Arbeitszeit sowie der Ort, von dem aus die mobile Arbeit geleistet wird (vgl. Bundestagsdrucksache 19/28899, S. 23). Mitbestimmungsfrei ist hingegen das Ob, also die Entscheidung, ob überhaupt mobile Arbeit eingeführt oder beendet wird (vgl. Kania, 2023, § 87 BetrVG Rn. 137 f.; Schiefer/Worzalla NZA 2021, S. 823).

Neben § 87 BetrVG können auch andere Mitbestimmungs- bzw. Mitwirkungsrechte tangiert sein (vgl. dazu Vogelsang, 2021, Rn. 48 ff.). So sind bei der Einführung von mobiler Arbeit bzw. Homeoffice etwa die Mitwirkungsrechte des Betriebsrats nach den §§ 90 und 91 BetrVG zu beachten. Da es sich bei der Begründung und Beendigung von mobiler Arbeit um eine Änderung des Arbeitsorts und der Arbeitsumstände handelt, liegt eine nach §§ 99 Abs. 1, 95 Abs. 3 BetrVG mitbestimmungspflichtige Versetzung vor. Nach § 80 Abs. 1 Nr. 1 BetrVG hat der Betriebsrat auch beim mobilen Arbeiten die Aufgabe, darüber zu wachen, ob die (Arbeitszeit-)Gesetze oder die Unfallverhütungsvorschriften eingehalten werden. Zudem ist er berechtigt, sich die Arbeitszeitaufzeichnungen vorlegen zu lassen und grundsätzlich jeden Arbeitsplatz zu begehen. Sofern jedoch keine Einwilligung des Arbeitnehmers bzw. der Arbeitnehmerin vorliegt, ist wiederum die Begehung aufgrund von Art. 13 GG (Unverletzlichkeit der Wohnung) für einen Arbeitsplatz im Homeoffice ausgeschlossen (vgl. Keilich/Brummer, 2020, S. 127).

3.5 Arbeitsschutz

Im Arbeitsschutzrecht wird zwischen dem sozialen Arbeitsschutz (z. B. Arbeitszeitrecht) und dem technischen Arbeitsschutz (Sicherheit am Arbeitsplatz durch Vermeidung von gesundheitlichen Gefährdungen) unterschieden.

3.5.1 Arbeitszeit

Auch beim mobilen Arbeiten gilt das Arbeitszeitgesetz (ArbZG). Dieses enthält zum Schutz von Arbeitnehmerinnen und Arbeitnehmern zwingende Regelungen u. a. zur werktäglichen Höchstarbeitszeit und zur Beachtung der Ruhezeit. So darf die werktägliche Arbeitszeit der Arbeitnehmenden acht Stunden nicht überschreiten. Sie kann auf maximal zehn Stunden verlängert werden, wenn innerhalb eines Referenzzeitraums von sechs Kalendermonaten oder innerhalb von 24 Wochen im Durchschnitt acht Stunden nicht überschritten werden (§ 3 ArbZG). Nach Beendigung der täglichen Arbeitszeit muss eine ununterbrochene Ruhezeit von mindestens elf Stunden liegen (§ 5 Abs. 1 ArbZG). In einem Kollektivvertrag (Tarifvertrag oder in einer Betriebsvereinbarung auf der Grundlage eines Tarifvertrags) kann die Ruhezeit auf bis zu neun Stunden gekürzt werden, wenn die konkrete Arbeit dies erfordert. Allerdings muss dann die Kürzung der Ruhezeit innerhalb eines festzulegenden Ausgleichszeitraums ausgeglichen werden (§ 7 Abs. 1 Nr. 3 ArbZG). Diese starren Regelungen stehen im Widerspruch zum Wunsch vieler Arbeitnehmerinnen und Arbeitnehmer nach räumlich und zeitlich flexiblem Arbeiten. Insbesondere stellt sich die Frage, ob schon eine kleine Unterbrechung der Ruhezeit – beispielsweise durch das Lesen dienstlicher E-Mails oder ein kurzes Telefonat – den Lauf einer neuen Ruhezeit von elf Stunden auslöst. Zum Teil wird dazu die Ansicht vertreten, dass es sich bei freiwilligen Aktivitäten des Arbeitnehmers bzw. der Arbeitnehmerin nicht um Arbeitsleistung handele und dies daher nicht zu einer Unterbrechung der Ruhezeit führe (vgl. etwa Baeck/Winzer, 2020, S. 99) bzw. die Regeneration dadurch nicht beeinträchtigt werde (vgl. Kollmer, 2023, S. 476). Ein anderer Teil der Literatur vertritt hingegen die Ansicht, dass jede Tätigkeit des Arbeitnehmers bzw. der Arbeitnehmerin im dienstlichen Interesse Arbeitszeit darstelle, insbesondere dann, wenn diese von gewisser Dauer sei (vgl. etwa Kössel, 2019, S. 1960; Giesen/Kersten, 2017, S. 2866).

Das Arbeitszeitgesetz ist zumindest an diesen Stellen nicht mehr zeitgemäß und bedarf dringend einer Anpassung an die geänderten Anforderungen. Starre tägliche Höchstarbeitszeiten und die Vorgabe einer ununterbrochenen Ruhezeit von elf Stunden widersprechen den Interessen von Arbeitnehmerinnen und Arbeitnehmern, welche die Erledigung der Arbeit flexibel in den Alltag einbinden und damit für eine bessere »Work-Life-Balance« sorgen wollen. Mittlerweile gibt es dazu zahlreiche Vorschläge, wie etwa die Umstellung von einer täglichen auf eine wöchentliche Höchstarbeitszeit oder die Unbeachtlichkeit von nur kurzen Unterbrechungen der Ruhezeit (vgl. dazu auch Hanau, 2016, S. 2617); allein, es fehlt derzeit noch der gesetzgeberische Wille.

In einer jüngeren Entscheidung hat sich das LAG Schleswig-Holstein mit dem Problem der bei mobiler Arbeit häufig vorausgesetzten ständigen Erreichbarkeit auseinandergesetzt.

Fallbeispiel: LAG Schleswig-Holstein vom 27.9.2022 – 1 Sa 39 öD/22

Arbeitnehmer A war als Notfallsanitäter beschäftigt und für seinen Arbeitgeber während der Freizeit in zwei Fällen telefonisch und per SMS und in einem Fall per E-Mail nicht zu erreichen. Der Arbeitgeber wollte A für den Folgetag eine Änderung des Dienstplans mitteilen. A meldete sich jeweils wie ursprünglich eingeteilt zu seinen Diensten. Der Arbeitgeber sah darin ein unentschuldigtes Fehlen, erteilte zuerst eine Ermahnung und dann eine Abmahnung. Außerdem wurden A die nicht geleisteten Arbeitsstunden von seinem Arbeitszeitkonto abgezogen.

Das LAG Schleswig-Holstein entschied in seinem Urteil zugunsten des Arbeitnehmers. Die in Ausübung des Direktionsrechts vorgenommene Änderung des Dienstplans müsse dem Arbeitnehmer zugehen. Ein Arbeitnehmer sei aber nicht verpflichtet, sich in seiner Freizeit zu erkundigen, ob der vor Beginn der Freizeitphase noch geltende Dienstplan nachträglich geändert wurde. Es bestehe für den Arbeitnehmer keine Verpflichtung, in seiner Freizeit eine Mitteilung des Arbeitgebers – per Telefon, SMS oder E-Mail – entgegenzunehmen oder zu lesen. Dabei handele es sich um eine Arbeitsleistung, die nicht zur Arbeitszeit gehöre. Es gehöre zu den »vornehmsten Persönlichkeitsrechten«, dass ein Mensch selbst entscheidet, für wen er oder sie in der Freizeit erreichbar sein will oder nicht.

Der Arbeitgeber hat auch bei mobiler Arbeit die Pflicht zu kontrollieren, ob die Vorgaben des Arbeitszeitschutzes eingehalten werden. Mit dem CCOO-Urteil (»Stechuhr-Urteil«) vom 14.5.2019 (C-55/18) entschied der Europäische Gerichtshof (EuGH),

> »dass die EU-Mitgliedstaaten Arbeitgeber verpflichten müssen, ein objektives, verlässliches und zugängliches System der Arbeitszeiterfassung zu implementieren, mit dem die von einem jeden Arbeitnehmer geleistete tägliche Arbeitszeit gemessen werden kann.«
>
> Europäischer Gerichtshof (EuGH)

Das Bundesarbeitsgericht (BAG) hat mittlerweile nachgezogen und entschieden, dass bereits jetzt jeder Arbeitgeber verpflichtet sei, »ein System einzuführen, mit dem die von Arbeitnehmern geleistete Arbeitszeit erfasst werden kann« (Urteil vom 13.9.2022 – 1 ABR 22/21). Für Arbeitgeber ist es vor diesem Hintergrund derzeit schwer festzustellen, in welchem Umfang die Erfassung und Dokumentation der Arbeitszeit im Betrieb konkret erfolgen muss. Nach Ansicht des BAG reiche es jedenfalls nicht aus, Arbeitnehmerinnen und Arbeitnehmern ein solches System zur Arbeitszeiterfassung zur Verfügung zu stellen. Vielmehr sei der Arbeitgeber auch verpflichtet, hiervon tatsächlich Gebrauch zu machen (zu den unterschiedlichen Interpretationsmöglichkeiten der CCOO-Entscheidung des EuGH vgl. Höpfner, 2023). Das Bundesministerium für Arbeit und Soziales legte zur konkreten Ausgestaltung der Arbeitszeiterfassung im April 2023 einen Referentenentwurf vor. Dieser Entwurf beinhaltet in einem neuen § 16 ArbZG(-Entwurf) grundsätzlich die Pflicht zur Arbeitszeiterfassung auf elektronischem Weg, wobei insbesondere für Kleinunternehmen und kollektivvertragliche Regelungen Ausnahmen vorgesehen sind. Verantwortlich für die ordnungsgemäße Aufzeichnung bleibt stets der Arbeitgeber, der die Durchführung jedoch auch an Dritte (auch an die Arbeitnehmenden selbst) delegieren kann. Die Aufzeichnungen sind zwei Jahre lang aufzubewahren. Verstöße gegen diese Pflichten des Arbeitgebers können mit Bußgeldern geahndet werden. Vertrauensarbeitszeit bleibt nach dem Gesetzesentwurf zwar möglich, doch auch hier muss der Arbeitgeber sicherstellen, dass ihm Verstöße gegen das Arbeitszeitgesetz bekannt werden. Insgesamt handelt es sich bei dem Entwurf um eine Eins-zu-eins-Umsetzung der Vorgaben des Bundesarbeitsgerichts. Neuerungen im Hinblick auf die Flexibilisierung der Arbeitszeit sind darin kaum zu finden. Man darf indes gespannt sein, welche Nachbesserungen im laufenden Gesetzgebungsverfahren noch eingearbeitet werden (müssen).

3.5.2 Weitere Aspekte des Arbeitsschutzes

Auch bei mobiler Arbeit hat der Arbeitgeber nach den §§ 3 ff. Arbeitsschutzgesetz (ArbSchG) die Pflicht, die erforderlichen Maßnahmen des Arbeitsschutzes zu treffen. Die Arbeit ist dabei so zu gestalten, dass eine Gefährdung für das Leben sowie die physische und psychische Gesundheit möglichst vermieden wird (§ 4 Nr. 1 ArbSchG). Grundsätzlich muss der Arbeitgeber nach § 5 ArbschG eine Gefährdungsbeurteilung vornehmen. Auch im Rahmen von mobilem Arbeiten müssen Gesundheits- oder Sicherheitsgefährdungen der Arbeitnehmenden durch den Arbeitgeber analysiert und dokumentiert werden. Unklar ist insoweit nur, wie der Arbeitgeber dies im Homeoffice der Arbeitnehmenden durchführen soll. Da der Arbeitgeber wegen des Grundrechtsschutzes aus Art. 13 GG kein Recht auf Zutritt zur Privatwohnung von Arbeitnehmenden hat, muss er sich die Zustimmung dazu einholen. Allein in der vertraglichen Vereinbarung von Homeoffice ist noch keine Zustimmung der Arbeitnehmenden zu sehen (vgl. Röller, 2022a, Rn. 13). In diesem Fall ist der Arbeitgeber für die Erstellung der Gefährdungsbeurteilung – vielleicht etwas praxisfern – auf die Informationen der Arbeitnehmenden angewiesen (vgl. Isenhardt, 2016, S. 1500). Bei einem Telearbeitsplatz im Sinne von § 2 Abs. 7 ArbStättV sind zudem die Vorgaben der Arbeitsstättenverordnung zu beachten.

3.6 Unfallversicherungsschutz

Auch im Rahmen mobiler Arbeit bzw. im Homeoffice besteht sozialversicherungsrechtlicher Unfallschutz. Versicherungslücken ergaben sich in der Vergangenheit insbesondere aus der Abgrenzung von Tätigkeiten zur Erfüllung einer Pflicht aus dem

Arbeitsverhältnis zu Tätigkeiten im Privatbereich. Kein Unfallversicherungsschutz bestand z. B., wenn sich der Arbeitnehmer oder die Arbeitnehmerin im Homeoffice einen Kaffee zubereiten wollte und sich dabei verbrüht hat (Tätigkeit im Privatbereich). Anders aber, wenn der Arbeitnehmer oder die Arbeitnehmerin auf dem Weg zum Drucker im anderen Stockwerk, um dort Papier einzulegen, auf der Treppe stürzte (Tätigkeit zur Erfüllung einer Pflicht aus dem Arbeitsverhältnis).

Mit dem Betriebsrätemodernisierungsgesetz vom 14.6.2021 hat der Gesetzgeber den Unfallversicherungsschutz in § 8 Abs. 1 Satz 3 Sozialgesetzbuch VII (SGB VII) nunmehr auf mobile Arbeit erweitert und bestehende Versicherungslücken geschlossen. Arbeitnehmerinnen und Arbeitnehmer, die von zu Hause aus oder an einem anderen Ort außerhalb der Unternehmensstätte arbeiten, haben demnach den gleichen Unfallversicherungsschutz wie bei einer Tätigkeit in der Unternehmensstätte (vgl. Hussing, 2022, S. 72 f.).

3.7 Daten- und Geheimnisschutz

Der Daten- und Geheimnisschutz ist auch bei mobiler Arbeit von erheblicher Bedeutung. Auch wenn die Kontroll- und Einflussmöglichkeiten des Arbeitgebers im häuslichen Bereich der Arbeitnehmenden sehr begrenzt sind, trägt der Arbeitgeber dafür grundsätzlich die Verantwortung. Bei der Verarbeitung von personenbezogenen Daten im Homeoffice muss der Arbeitgeber ausreichende technische und organisatorische Datenschutzvorkehrungen treffen und die Vorgaben des Bundesdatenschutzgesetzes sowie der Datenschutz-Grundverordnung (DSGVO) beachten, um ein angemessenes Datenschutzniveau zu gewährleisten. Es empfiehlt sich, die Arbeitnehmenden vertraglich zum Daten- und Geheimnisschutz zu verpflichten. Dabei sollte auch der Schutz vertraulicher und sensibler Betriebs- und Geschäftsgeheimnisse – auch mit Blick auf den möglichen Zugriff durch Unbefugte – sowie die Entsorgung entsprechender Daten geregelt werden (vgl. Preis, 2023, § 611a BGB Rn. 175; Köhler/Schürgers, 2020, S. 2616).

3.8 Ausstattung von Homeoffice und mobiler Arbeit

Grundsätzlich muss der Arbeitgeber die Arbeitsmittel stellen, die zur Erbringung der geschuldeten Arbeitsleistung erforderlich sind (vgl. etwa BAG 10.11.2021 – 5 AZR 334/21). So trägt der Arbeitgeber sowohl die Kosten für die Einrichtung und den Unterhalt des Homeoffice als auch die Kosten, die beim mobilen Arbeiten entstehen (wie z. B. die Kosten für die Anschaffung von Laptops, Smartphones, etc.). Arbeitnehmende haben insoweit gegenüber dem Arbeitgeber einen Aufwendungsersatzanspruch aus § 670 BGB. Hat der Arbeitnehmer bzw. die Arbeitnehmerin jedoch noch einen Arbeitsplatz in der Unternehmensstätte, besteht grundsätzlich kein Anspruch auf

Kostenübernahme durch den Arbeitgeber (andere individuelle Vereinbarungen oder Regelungen in einer Betriebsvereinbarung sind natürlich möglich).

Bei weiteren Kosten, die typischerweise im Homeoffice entstehen (wie etwa erhöhte Strom- und Wasserkosten, erhöhte Heizkosten sowie Kosten für Internet und Telefon), können Arbeitgeber und Arbeitnehmer eine Abgeltung über das Grundgehalt vereinbaren oder sich auf eine monatliche Pauschalvergütung einigen (vgl. Barrein, 2022, S. 1091; Köhler/Schürgers, 2020, S. 2614). Sofern Arbeitnehmerinnen und Arbeitnehmer im Rahmen mobiler Arbeit die Arbeitsmittel selbst beisteuern (»Bring your own device« – BYOD), muss der Arbeitgeber die zusätzlich entstehenden Kosten für Abnutzung, Verlust oder Beschädigung der Geräte ebenfalls entsprechend § 670 BGB ersetzen (vgl. Röller, 2022b, Rn. 11). Zu beachten ist, dass das Zulassen von BYOD weitere arbeits-, datenschutz- und urheberrechtliche Konsequenzen hervorrufen kann. So löst die Implementierung eines BYOD-Konzepts im Regelfall die Mitbestimmung des Betriebsrats aus (§ 87 Abs. 1 Nr. 1 BetrVG), sofern bestimmte Verhaltensanforderungen an die Mitarbeitenden gestellt werden (wie z. B. ein Passwortschutz für mobile Endgeräte der Mitarbeitenden). Zudem ist zu beachten, dass aufgrund der Eigentumssituation und des gebotenen Schutzes der Privatsphäre die Einfluss- und Kontrollmöglichkeiten des Arbeitgebers begrenzt sind. Auch dürfen Privatlizenzen auf mobilen Endgeräten des Arbeitnehmers nicht ohne Weiteres für Betriebszwecke eingesetzt werden.

Tipp

Bei der Entscheidung für ein BYOD-Konzept sollte ebenfalls an eine individual- oder kollektivrechtliche BYOD-Vereinbarung gedacht werden.

3.9 Fazit

Die zunehmende Popularität hybrider Arbeit erfordert klare Regelungen. Daher sind die Bestrebungen nach einer einheitlichen gesetzlichen Definition grundsätzlich begrüßenswert. Einen gesetzlichen Anspruch auf mobile Arbeit gibt es zwar noch nicht, doch sowohl im (zweiten) Referentenentwurf zu einem »Mobile Arbeit-Gesetz« als auch im Koalitionsvertrag der Ampelregierung ist ein Erörterungsanspruch für Arbeitnehmer und Arbeitnehmerinnen vorgesehen. Die Erfahrungen aus der Corona-Pandemie haben jedoch gezeigt, dass ein gesetzlicher Anspruch nicht zwingend erforderlich ist, um ausgewogene und sachgerechte Lösungen zu erreichen. Auch über kollektiv- und/oder individualrechtliche Vereinbarungen lässt sich mobile Arbeit gut gestalten.

Eine einseitige Verlagerung des Arbeitsorts in die Wohnung des Arbeitnehmers ist aufgrund von Art. 13 GG (Unverletzlichkeit der Wohnung) nicht durch das arbeitgeberseitige Direktionsrecht gedeckt. Dies gilt auch für entsprechende Regelungen in Tarif- oder Betriebsvereinbarungen. Ob der Arbeitgeber kraft Direktionsrecht den Arbeitsort einseitig in das Mobile Office anordnen kann, ist von der Rechtsprechung noch nicht abschließend geklärt. Der Arbeitgeber ist nicht verpflichtet, dem Arbeitnehmer zur Vermeidung einer betriebsbedingten (Änderungs)Kündigung die Möglichkeit zur Weiterbeschäftigung im Homeoffice anzubieten. Während das Ob mobiler Arbeit mitbestimmungsfrei ist, unterliegt das Wie der betrieblichen Mitbestimmung.

Starre Vorgaben des Arbeitszeitgesetzes, insbesondere zur Höchstarbeitszeit und zur Ruhezeit, bergen die Gefahr, dass flexible Arbeitsmodelle ausgebremst werden. Dies steht nicht im Einklang mit den Bedürfnissen nach einer flexiblen Lebensgestaltung. Eine Modernisierung des nicht mehr zeitgemäßen Arbeitszeitgesetzes ist daher dringend notwendig. Darüber hinaus muss der Gesetzgeber aufgrund des EuGH-Urteils vom 14.5.2019 auch für die mobile Arbeit eine generelle Regelung zur Erfassung der täglichen Arbeitszeit schaffen.

Auch im Rahmen mobiler Arbeit hat der Arbeitgeber arbeitsschutzrechtliche Pflichten. Dabei muss er eine Gefährdungsbeurteilung vornehmen und dies dokumentieren, was sich vor dem Hintergrund von Art. 13 GG schwierig gestalten kann. Erfreulich ist, dass der Gesetzgeber gehandelt und den Unfallversicherungsschutz mittlerweile auf mobiles Arbeiten erweitert hat. Da bei mobiler Arbeit die Datenverarbeitung ausgelagert ist, sind die Einflussmöglichkeiten des Arbeitgebers begrenzt. Dennoch trifft ihn die Verantwortung, geeignete technische und organisatorische Maßnahmen zum Datenschutz zu treffen. Der Arbeitgeber hat auch den Arbeitsplatz auszustatten und die notwendigen Arbeitsmittel zur Verfügung zu stellen bzw. entsprechenden Aufwendungsersatz zu leisten.

Aus rechtlicher Sicht ist somit bereits vieles geschafft, um hybrides Arbeiten zu ermöglichen. Einiges befindet sich aktuell schon im Fokus des Gesetzgebers und an manchen Stellen – wie etwa bei der Arbeitszeit oder der Arbeitssicherheit – besteht weiterhin Handlungsbedarf.

3.10 Literatur

Baeck, Ulrich; Winzer, Thomas (2020): Aktuelle Herausforderungen des Arbeitszeitrechts – betriebsnahe Vereinbarungen als Lösungsansatz. Neue Zeitschrift für Arbeitsrecht (NZA) 2020, S. 96–101.

Barrein, Anton (2022): Das Recht des Arbeitnehmers auf Homeoffice. Neue Zeitschrift für Arbeitsrecht (NZA) 2022, S. 1088–1095.

Giesen, Richard (2021): Gesetzgebungspläne zur »mobilen Arbeit«. Zeitschrift für Arbeitsrecht (ZfA) 2021, S. 177–196.

Giesen, Richard; Kersten, Jens (2017): Arbeiten im Privaten und Privatisieren am Arbeitsplatz. Der Betrieb (DB) 2017, S. 2865–2867.

Hanau, Hans (2016): Schöne digitale Arbeitswelt? Neue Juristische Wochenschrift (NJW) 2016, S. 2613–2617.

Höpfner, Clemens (2023): Die CCOO-Entscheidung des EuGH vom 14.5.2019 – C-55/18 Kritische Würdigung und Umsetzungsbedarf im deutschen Recht, Rechtsgutachten, https://www.gesamtmetall.de/sites/default/files/downloads/gutachten_hoepfner_2023.pdf, abgerufen am 28.2.2023.

Hussing, Marcus (2022): Mobiles Arbeiten – Schöne neue Arbeitswelt? Arbeitsschutz in Recht und Praxis (ARP) 2022, S. 68–73.

Isenhardt, Tilman (2016): Homeoffice: Einrichtung und Ausgestaltung. Der Betrieb (DB) 2016, S. 1499–1502.

Kania, Thomas (2023): BetrVG § 87 Mitbestimmungsrechte. In: Müller-Glöge, Rudi/Preis, Ulrich/Schmidt, Ingrid (Hrsg.), Erfurter Kommentar zum Arbeitsrecht, 23. Aufl., München, § 87 BetrVG Rn. 1–145.

Keilich, Jochen; Brummer, Paul (2020): Home-Office und Mobile Working. Schnellinformation für Personalmanagement und Arbeitsrecht (SPA) 2020, S. 126–127.

Koalitionsvertrag (2021): Mehr Fortschritt wagen. Bündnis für Freiheit, Gerechtigkeit und Nachhaltigkeit, Koalitionsvertrag 2021–2025 zwischen der Sozialdemokratischen Partei Deutschlands (SPD), BÜNDNIS 90/DIE GRÜNEN und den Freien Demokraten (FDP), https://www.wiwo.de/downloads/27830022/8/koalitionsvertrag-2021-2025.pdf, abgerufen am 28.2.2023.

Kollmer, Norbert (2023): Das Recht der Tele- und Mobilen Arbeit im Lichte des Arbeitsschutzes 4.0. Neue Juristische Wochenschrift (NJW) 2023, S. 473–480.

Köhler, Matthias; Schürgers, Adrian (2020): Home-Office und Mobiles Arbeiten: Praktisch umgesetzt. Betriebs-Berater (BB) 2020, S. 2613–2617.

Kössel, Andreas (2019): Deutsches Arbeitszeitrecht im Wandel? – Aktueller Rechtsstand, Auswirkungen des EuGH-Urteils und Ausblick. Der Betrieb (DB) 2019, 1958–1962.

Lott, Yvonne; Ahlers, Elke; Wenckebach, Johanna; Zucco, Aline (2021): Recht auf mobile Arbeit – warum wir es brauchen, was es regeln muss. WSI Policy Brief, Nr. 55, Hans-Böckler-Stiftung, Düsseldorf, https://www.boeckler.de/pdf/p_wsi_pb_55_2021_.pdf, abgerufen am 28.2.2023.

Picker, Christian (2021): Arbeiten im Homeoffice – Anspruch und Wirklichkeit. Neue Zeitschrift für Arbeitsrecht (NZA) – Beilage 2021, S. 4–17.

Preis, Ulrich (2023): BGB § 611a Arbeitsvertrag. In: Müller-Glöge, Rudi/Preis, Ulrich/Schmidt, Ingrid (Hrsg.), Erfurter Kommentar zum Arbeitsrecht, 23. Aufl., München, § 611a BGB Rn. 166–178.

Richardi, Reinhard; Maschmann, Frank (2022): BetrVG § 87 Mitbestimmungsrechte. In: Richardi, Reinhard, Betriebsverfassungsgesetz, 17. Aufl., München, § 87 Rn. 201a–201 g.

Röller, Jürgen (2022a): Homeoffice. In: Küttner, Wolfdieter (Hrsg.): Personalbuch 2022, Arbeitsrecht, Lohnsteuerrecht, Sozialversicherungsrecht, 29. Aufl., München, Rn. 1–22.

Röller, Jürgen (2022b): Mobiles Arbeiten. In: Küttner, Wolfdieter (Hrsg.): Personalbuch 2022, Arbeitsrecht, Lohnsteuerrecht, Sozialversicherungsrecht, 29. Aufl., München, Rn. 1–19.

Schiefer, Bernd; Worzalla, Michael (2021): Das Betriebsrätemodernisierungsgesetz – Eine »Mogelpackung«? Neue Zeitschrift für Arbeitsrecht (NZA) 2021, S. 817–825.

Schulze, Marc-Oliver; Simon, Alexander (2021): Anspruch auf Homeoffice. Arbeitsrecht Aktuell (ArbRAktuell) 2021, S. 119–122.

Steinau-Steinrück, Robert von; Beismann, Lukas (2020): (Corona-)Homeoffice und betriebliche Übung. Neue Juristische Wochenschrift (NJW)-Spezial 2020, S. 626–627.

Vogelsang, Hinrich (2021): § 164. Homeoffice/Telearbeit. In: Schaub, Günter; Ahrendt, Martina; Koch, Ulrich; Linck, Rüdiger; Rinck, Ursula; Treber, Jürgen; Vogelsang, Hinrich: Arbeitsrechts-Handbuch, 19. Aufl., München, Rn. 1–59.

Wet flexibel werken (2022): Neufassung, https://wetten.overheid.nl/BWBR0011173/2022-08-02, abgerufen am 28.2.2023.

Zweiter Referentenentwurf (2020) des Bundesministeriums für Arbeit und Soziales: Entwurf eines Gesetzes zur mobilen Arbeit, https://www.brak.de/fileadmin/newsletter_archiv/berlin/2020/2020_589anlage.pdf, abgerufen am 28.2.2023.

Employee Journey

4 Employee Experience Organization

Johanna Bath und Jörg Staff

4.1 Human Experience als strategischer Stellhebel der Zukunft

Unternehmen haben in der Vergangenheit ihre Strategien, Leistungen und Organisationen sehr stark auf die Kund:innen ausgerichtet. Konzepte wie User Experience (UX) und Customer Experience (CX) sind etabliert. Und auch die Arbeitswelt von morgen wird sich viel stärker um die Menschen herum organisieren müssen – und nicht umgekehrt. Dadurch wird ein weiteres Paradigma bedeutend: die Employee Experience (EX). Oft wird eine Unterscheidung zwischen Kund:innen und Mitarbeitenden der Lebensrealität der Menschen nicht mehr gerecht: Customer Experience, Employee Experience sowie User Experience verschmelzen zur Human Experience.

Doch diese neue Strategie erfordert eine Abkehr vom Status quo: Immer häufiger übernehmen Shared Service Center, Bots, Workflows und Algorithmen die Interaktion in den Unternehmen. Gleichzeitig sehnen sich die Menschen nach mehr authentischer, individueller Mensch-zu-Mensch-Verständigung. Tatsächlich zeigt dieser Trend, dass die Menschen trotz fortschrittlicher Technologie immer mehr das Bedürfnis nach echten, tiefen Verbindungen haben. Für Unternehmen wird die Gewinnung ebenso wie das Halten von Mitarbeitenden und damit die Gestaltung von Arbeitsplatzerlebnissen von Mitarbeitenden zum Wettbewerbsfaktor.

Die Employee Experience konzentriert sich auf die menschliche Verbindung durch Erlebnisse, die unabhängig(er) von Technologie sind. Gerade in der Arbeitswelt geht es zukünftig nicht mehr nur darum, wie benutzerfreundlich ein IT-System ist, sondern wie individuell Mitarbeitende und Führungskräfte interagieren – und welche Erfahrungen mit internen Services, z. B. von HR, aus dem Facility-Management oder aus der IT-Abteilung, gemacht werden. Gerade hier erwarten die Mitarbeitenden integrierte, cross-funktionale Services und Lösungen verbunden mit positiven Erlebnissen. Erfolgreiche Unternehmen passen ihre Arbeitsgestaltung und -umgebung den technologischen, gesellschaftlichen und regulatorischen Veränderungen kontinuierlich an.

Mitarbeitende sind vielen Touchpoints im Unternehmen ausgesetzt. Und die Erlebnisse und Erfahrungen reichen von Kontakten mit Führungskräften, Kolleg:innen und Kund:innen über die IT-Infrastruktur, den physischen Arbeitsplatz bis hin zur Qualität des Mittagessens. Viele Unternehmen haben investiert, um ihre Organisation in den Geschäftsbereichen stark auf ihre Kunden auszurichten, sie schaffen End-to-End-Verantwortungen und eine hohe Customer Centricity. Interne Servicebereiche werden häufig stark über die Kosten gesteuert.

Nun ist ein Umdenken erforderlich: Der Fokus der Unternehmen muss parallel zur Kundenorientierung gleichermaßen auf die Mitarbeiterorientierung gelegt werden. Die HR-Funktion in ihrer heutigen Gestaltung stößt durch diesen Anspruch allerdings schnell an ihre Grenzen. Im Tagesablauf tangieren die Mitarbeitenden viele Themen im Unternehmen. Wie kommen sie ins Büro, wo arbeiten sie, mit welcher Infrastruktur werden sie versorgt? Wie lange dauert es, bis der Rechner hochfährt? Welche Störungen gibt es im Arbeitsablauf? Stehen die richtigen Informationen für die Arbeit zur Verfügung oder müssen sich die Mitarbeitenden erst durch siloartige Strukturen durchfräsen und diese selbst zusammentragen?

Zur Bearbeitung vieler dieser Fragestellungen braucht es eine neue Funktion im Unternehmen, die diese Mitarbeiteraspekte holistisch End-to-End koordiniert – genauso wie dies auf der Kundenseite oft schon Realität ist. Dieser Employee-Experience-Rolle wird sich die HR-Funktion perspektivisch unterordnen müssen – oder sich selbst dazu entwickeln. Im Kern geht es um die Frage: Was brauchen Mitarbeitende, um produktiv zu arbeiten, zufrieden zu sein und sich persönlich entwickeln zu können? Wenn man die Mitarbeitenden dazu befragt, zählen sie viele Punkte auf, von denen vielleicht nur ein Drittel in das heutige Verständnis (und Selbstverständnis) des HR-Ressorts fällt. HR hat sich von den Menschen entfernt. Vieles wird ausgelagert, vieles wird automatisiert und natürlich entfremdet sich der Mensch so von der Organisation. Viele haben Business-Partner, die nicht alle Mitarbeitenden, sondern nur noch die Manager:innen betreuen. Die HR-Fachfunktionen sind damit weit weg von den Mitarbeitenden und versuchen, mit Methoden, wie z. B. Design Thinking oder Moments that matter, ihre eigenen Services näher an die Menschen zu bringen. Diese Ansätze sind wichtig, aber reichen nicht aus.

Gerade in einer Zeit, die durch Krisen, Wandel und Ungewissheit gekennzeichnet ist, sind die Rolle und Funktionalität von HR zu überdenken. Aber auch vor dem Hintergrund des stärkeren Fokus auf die Nachhaltigkeit von Unternehmen verbunden mit der Erfüllung von erhöhten regulatorischen Anforderungen in diesem Bereich kann ein Perspektivenwechsel helfen. Anstatt unermüdlich nach unternehmerischer Anerkennung und partnerschaftlichen Rollen in den Unternehmen zu streben, sollte die Personalabteilung und die Unternehmensführung offen sein für einen neuen, crossfunktionalen Weg oder sogar einen disruptiven organisatorischen Sprung, um als »Hüter« der menschenorientierten Arbeit in Unternehmen mehr Wirkung zu erzielen.

4.2 Der Wandel hin zur menschenzentrierten Arbeitsorganisation

Führende Unternehmen verfolgen heute Arbeitsgestaltungsansätze, die darauf abzielen, individuelle Mitarbeiterbedürfnisse zu erfüllen und unterschiedliche Anforderungen an Arbeit durch entsprechende Angebote abzubilden. Diese Unternehmen gestalten ihre Arbeitsplätze neu, indem sie menschenzentrierte Arbeitsplatzpraktiken, flexiblere Rahmenbedingungen und hybride Arbeitsformen schaffen, um den kontinuierlichen Wandel am Arbeitsplatz für Einzelpersonen und Teams wirkungsvoll zu unterstützen. Die weltweite Umstellung auf mobile Arbeit während der Pandemie hat diesen Trend beschleunigt.

Der Human-Centric-Work-Design-Ansatz (menschenzentriertes Design der Arbeitsorganisation) geht weit über die oben genannten Anstrengungen hinaus. Die Ansätze für Kunden werden dabei auch auf die Mitarbeitenden übertragen. Holistisch gesehen beinhaltet der menschenzentrierte Ansatz einen Rahmen für den Ausgleich zwischen den Interessen und Anforderungen des Unternehmens und den Interessen und Bedürfnissen der Mitarbeitenden, Kunden und weiterer Stakeholder. Oft ersticken diese Ansätze in der Umsetzung im Unternehmen im Keim, weil der »End-to-End«-Gedanke für die Erstellung von internen, übergreifenden Mitarbeiterservices strukturell an den Abteilungsgrenzen hängen bleibt und es noch keine cross-funktionale Organisationseinheit gibt, die dieses Thema effektiv bearbeiten könnte.

Die Arbeitsorganisation darf künftig nicht mehr nur als Kostenstelle angesehen werden, sondern kann ein bedeutender Hebel für den geschäftlichen Erfolg sein, ein Ort, der »menschliche Spitzenerlebnisse« bietet, »magische Momente der Zusammenarbeit« ermöglicht und dem Wunsch der Mitarbeitenden nach einem stärkeren Gefühl der Inspiration, Sinnstiftung und Zugehörigkeit zu einem Unternehmen entspricht. In Zukunft wird sich der menschenzentrierte Arbeitsplatz durchsetzen, da die Unternehmen erkennen werden, dass die Mitarbeitenden wie »Verbraucher« zu behandeln sind, die einen starken und überzeugenden Grund benötigen, um für ein Unternehmen engagiert zu arbeiten und sich persönlich einzubringen. Die Mitarbeitenden interpretieren ihre Erfahrungen, die sie am Arbeitsplatz machen, über ihre fünf Sinne. Ein ständiger Strom von Eindrücken, Erlebnissen und Informationen ermöglicht es ihnen, Urteile zu fällen und diese Erinnerungen, Gefühle und Wahrnehmungen zu speichern. Die Menschen machen sich ein mentales Bild von ihrem Arbeitgeber, genau wie sie es tun würden, wenn sie Verbraucher:innen wären. Diese Urteile hinterlassen bleibende Eindrücke, die sie nutzen, um ihre Einstellung zu ihrem Unternehmen zu festigen. Potenzielle künftige Mitarbeitende tun dasselbe, sie stützen ihre Eindrücke aber auf andere Daten. In Anlehnung an das Verbrauchermarketing handeln fortschrittliche Unternehmen nach der grundlegenden Überzeugung, dass ein echtes Verständnis für den Kunden und ein hervorragendes Benutzererlebnis sowie eine holistische Sicht auf die Mitarbeitenden die Nachfrage nach dem »Arbeitsplatzprodukt« steigern werden.

Ein auf den Menschen ausgerichtetes Unternehmen bzw. eine solche Organisation orientiert sich an folgenden Prinzipien:

- Der Fokus liegt immer auf den Menschen bei jeder Entwicklung (Produkte, Services, neue Organisation etc.); diese menschenzentrierte Haltung ist verankert in der Unternehmensstrategie und in den Werten des Unternehmens.
- Alles ist miteinander verbunden; der systemische Ansatz fokussiert auf das Schaffen von gesamtheitlichen, cross-funktionalen und positiven Erlebnissen aus der Perspektive der Mitarbeitenden und Kunden.
- Ein menschenzentriertes Unternehmen baut Resilienz bei Mitarbeitenden und der Organisation auf – durch iteratives Arbeiten und permanentes Lernen für mehr Flexibilität und Anpassungsfähigkeit.
- Eine menschenzentrierte Organisation stellt die Mitarbeitenden den Kunden gleich und investiert genauso in die Entwicklung besserer menschlicher Erfahrungen ihrer Mitarbeitenden wie in die der Kunden, Partner, der Gemeinschaft und anderen Stakeholder.
- Ein humanzentriertes Unternehmen bildet diese Grundsätze auch in der Ablauf- und Aufbaustruktur ab, z. B. durch Teamstrukturen, die nach den Prinzipien »End- to-End« und »Valuestream« organisiert sind, oder durch agile Führung und Methoden.
- Eine menschenzentrierte Organisation vermeidet Arbeitsfriktionen auf operativer Arbeitsebene.
- Co-Creation und Co-Design sind die Basis für die Services und Produkte für Mitarbeitende und Kunden.

Eine neue Rolle entsteht: der Employee Experience Officer

Der Wandel zu einem Human-Centric-Work-Design-Modell ist disruptiv und braucht die Unterstützung der Unternehmensleitung, eine unternehmensweite Orientierung an den Designprinzipien und eine Anpassung der internen Serviceorganisationen und Führungsrollen. Ideal ist eine Integration folgender Funktionen: digitaler Arbeitsplatz (interne IT), physischer Arbeitsplatz (Real-Estate- und Facility-Management), Personal (HR), Organisation und Prozesse, Nachhaltigkeit und interne Kommunikation. Deren Leistungen umfassen einen Großteil der täglichen, menschlichen Interaktionen (Touchpoints) und Supportfunktionen der Mitarbeitenden im Unternehmen. Typischerweise tangiert der Lifecycle eines Mitarbeitenden mehrere Funktionsbereiche, wie z. B. beim Onboarding-Prozess (Zugang zu den IT-Systemen, Mitarbeiterausweis, Arbeitsplatzausstattung, Onboarding-Seminare, Anlegen der Personalstammdaten etc.). Durch die holistische Sicht auf den Prozess und die Bündelung der Aktivitäten können wesentlich integrierter Mitarbeitererlebnisse geschaffen werden.

Viele Arbeitsprozesse im Unternehmen können damit »end-to-end« unterstützt und operative Friktionen in der täglichen Arbeit der Mitarbeitenden vermieden werden. Die Verantwortung für die Ausgestaltung und Umsetzung dieses Ansatzes übernimmt die neue Rolle des Employee Experience Officer (EXO). Der/Die EXO ist verantwortlich für einprägsame Arbeitsplatzerlebnisse, die Menschen verbinden, motivieren und inspirieren.

Wesentliche Kernaufgaben des EXO sind: Er/Sie

- integriert und stärkt die Professionalität der verschiedenen fachlichen Funktionsbereiche aus Sicht der Mitarbeitenden und schafft eine einheitliche Taxonomie über die zu integrierenden Funktionsbereiche.
- holt sich kontinuierlich Feedback und kommuniziert mit den Mitarbeitenden, um die Bedürfnisse zu ermitteln; er/sie nutzt Daten, ermittelt die Ursachen für Friktionen auf Arbeits- und Systemebene und eliminiert diese.
- stellt sicher, dass die Mitarbeitenden den Sinn und die Wirkung ihrer Arbeit kennen, verstehen und erleben und steigert das Kundenverständnis für alle Mitarbeitenden.
- stellt Arbeitsplätze und ein Zusammenarbeitsmodell zur Verfügung, die die Bedürfnisse der Mitarbeitenden und des Unternehmens abdecken in produktiver und sozialer Sicht; er/sie verbindet Menschen und bildet Communitys.
- integriert den physischen und digitalen Arbeitsplatz sowie Prozesse und Menschen für ein nahtloses, integriertes Arbeitsplatzerlebnis, das Menschen verbindet, motiviert und inspiriert.
- kreiert »moments that matter« (siehe unten) und gibt den Menschen einen Arbeitsrahmen, der ihre Kreativität und individuelle Entwicklung fördert und Erlebnisse schafft, die die Menschen mit dem Unternehmen verbinden.
- bringt die Mitarbeitendenperspektive in die strategische Ausrichtung und in Entscheidungen des Unternehmens ein.
- misst den Einfluss der Mitarbeitenden auf die Kunden, den Einfluss der Kunden auf die Mitarbeitenden und den Einfluss der Mitarbeitenden auf die KPIs des Unternehmens.

Für die EXO wird es um die Fragen gehen: Was brauchen die Menschen, um produktiv zu arbeiten und sich engagiert einzubringen, und wie können wir dieses Mitarbeitererlebnis ganzheitlich sicherstellen? Wie sieht der »perfect day« eines Mitarbeitenden im Unternehmen aus? Es geht dabei um kulturelle, technologische und physische Aspekte (schmecken, sehen, fühlen, hören). Es geht um den physischen Arbeitsplatz, die Arbeitsinfrastruktur, die Zusammenarbeit und Kommunikation im Unternehmen, um die Sinnhaftigkeit der Aufgaben und die persönlichen Entwicklungs- und Entfaltungsmöglichkeiten. Dieser neuen Employee-Experience-Rolle wird sich die klassische HR-Funktion unterordnen müssen. Die Zeit der HR-Silos ist vorbei. Eine End-to-End-

Betrachtung der Mitarbeiterzufriedenheit wird zu einem disruptiven Faktor für das Mitarbeiterengagement und die Produktivität.

4.3 Die Bedeutung und Bewertung der Employee Experience

Es handelt sich bei diesem »Big Shift« um ein sehr disruptives Vorgehen. Durch die Integration der oben genannten Funktionsbereiche in einen Servicebereich verschieben sich im Zweifel die Machtstrukturen in der Unternehmensleitung oder im Topmanagement. Das ist offensichtlich nur durchzusetzen, wenn alle vom Mehrwert und der Synergie überzeugt sind (oder werden). Viele Beratungsunternehmen und Serviceanbieter im Ökosystem HR leben davon, die bestehenden HR-Strukturen mit ihren Defiziten aufrechtzuerhalten. Je größer die Unternehmen und damit die Funktionsbereiche, desto mehr geht es um Macht und Einfluss. Die meisten Unternehmen sind funktional/tayloristisch aufgestellt – mit interner IT, HR, Finanzen, interner Kommunikation etc.

Dieses System zu kippen und die Funktionen zu integrieren ist eine enorme Herausforderung. Aber man kann auch im ersten Schritt einen kollaborativen Ansatz verfolgen und die oben genannten Funktionsbereiche über gemeinsame Ziele, Plattformen und Projekte stärker in die Zusammenarbeit zur Bildung einer integrierten Employee Experience bringen.

Die Employee Experience (EX) wird zukünftig zum Gradmesser des Unternehmenserfolgs. Verschiedene Studien und Untersuchungen zeigen bereits in Ansätzen, dass EX sehr positiv auf den Unternehmenserfolg wirken kann:

- Unternehmen im obersten Quartil sind um den Faktor 2 innovativer als Unternehmen im untersten Quartil (Dery, 2017).
- Engagierte Mitarbeitende und Organisationen haben bis zu 81 % weniger Fehlzeiten (Gallup 2021).
- Besonders engagierte Geschäftseinheiten erreichen +18 % bei den Umsätzen und +10 % bei den Kundenbewertungen (Gallup, 2021).
- Unternehmen, die stark in EX investieren, sind bis zu viermal profitabler als andere Unternehmen (Morgen, 2017).
- Engagierte Mitarbeitende sind bis zu 13 % produktiver als andere (Said Business School, 2019).
- Unternehmen, die zu den besten 25 % bei EX gehören, haben eine bis zu dreimal höhere Kapitalrendite im Vergleich zu Organisationen im untersten Quartil und eine doppelt so hohe Umsatzrendite (IBM Smarter Workforce Institute, 2019)

Und die ersten Unternehmen implementieren bereits systematisch EX-Dashboards oder fragen gezielt in Pulse-Checks mehrmals unterjährig nach entsprechenden KPIs, wie z. B.:

- Employee Engagement and Satisfaction
- Employee Net Promotor Score (ENPS)
- Anzahl Einstellungen durch Weiterempfehlung von Mitarbeitenden
- Fluktuationsrate (insbesondere auch von neuen Mitarbeitenden nach x Monaten)
- Mitarbeiter-Absentismus (Wellness und Gesundheit)
- Ausschöpfung der Urlaubstage
- Unternehmensbewertung auf Portalen (Kununu, Glasdoor)
- DEI-KPIs (Diversity, Equity and Inclusion)
- Teilnahmequote bei Trainings und Trainingstage je Mitarbeiter
- Umsatz/Profit je Mitarbeiter

Tatsächlich zeigen Untersuchungen u. a. von McKinsey, dass Mitarbeitende in führenden EX-Unternehmen eher dazu neigen, die Erwartungen an ihre Arbeit zu übertreffen, da sie ein um 40% höheres Maß an persönlichem Einsatz zeigen, wenn dies in ihrem eigenen Ermessensspielraum liegt (Emmett et al., 2021). Die Basis für eine erfolgreiche Implementierung des EX-Modells ist eine strukturierte Vorgehensweise:

1. Entwickeln einer EX-Ambition und -Baseline
2. Zentrale EX-Reisen (Journeys) als Transformationshebel entwickeln und implementieren (inkrementell)
3. Die EX-Transformation ermöglichen durch Messen und organisatorische Rahmenbedingungen

4.4 Employee Journey Mapping

Der Employee Experience kommt gerade in hybriden Arbeitsmodellen eine besondere Bedeutung zu. Durch das mobile Arbeiten sind zum einen die (physischen) Berührungspunkte unter und mit den Mitarbeitenden reduziert, zum anderen hat die Gestaltung der Berührungspunkte eine weitere Dimension der Komplexität gewonnen, denn es gilt neben der Ausgestaltung an sich zu überlegen, ob ein bestimmter Moment digital, in Präsenz oder hybrid stattfinden soll.

Doch zunächst lohnt es sich zu verstehen, welcher Moment von einem Menschen als besonders wahrgenommen wird, und dann auch die Stellhebel zu erkennen, wie ein bestimmter Moment zu einem besonderen Moment gemacht werden kann und welche Rolle die physische Präsenz dabei spielt.

Die gute Nachricht: Nicht alle Momente, die wir erleben, prägen sich gleichermaßen ein. Das bedeutet für Unternehmen, dass es sich durchaus lohnt zu identifizieren, welche Momente Mitarbeitende besonders wahrnehmen, und diese bei der Ausgestaltung von Prozessen, Trainings, Events etc. gezielt aufzugreifen. Denn gerade bei den für die Mitarbeitenden wichtigen Momenten werden die Bemühungen seitens des Unternehmens besonders wahrgenommen werden und die Erinnerung daran wird frischer bleiben. Zu diesen besonders denkwürdigen Momenten zählen Übergänge (z. B. der Start in einem neuen Job oder einer Rolle), Meilensteine (z. B. der Abschluss eine Weiterbildung oder eine Beförderung) und auch Tiefschläge (z. B. Enttäuschungen wie das Streichen eines Projektbudgets oder bei einer internen Bewerbung nicht genommen worden zu sein) (Angrave, 2020). Wie der Arbeitgeber sich an diesen Punkten verhält, prägt massiv die Wahrnehmung der Mitarbeitenden und damit die Beziehung und emotionale Bindung zum Unternehmen.

Die zweite wichtige Erkenntnis rund um das Thema »Employee Experience« ist, was in der menschlichen Wahrnehmung als besonders wahrgenommen wird. Hier kann das »The Power of Moments Framework« von Chip und Dan Heath gute Hinweise geben. Sie identifizieren folgende Aspekte/Gefühle, die Momente besonders machen (Heath, 2019):

- Momente, die uns mit Stolz erfüllen, weil wir Meilensteine erreichen oder uns und anderen Anerkennung geschenkt wird
- Momente, die uns herausfordern und einen Einsatz von uns verlangen
- Momente, die uns neue Erkenntnisse, Blickwinkel und »Aha-Momente« liefern
- Momente, die unsere Sinne besonders ansprechen (besondere Düfte, Musik, Geschmack etc.), unerwartet sind und unsere Routinen durchbrechen

Momente, die uns ein Team-/Gruppengefühl bzw. ein tiefes Gefühl der Verbundenheit erleben lassen, weil wir eine Überzeugung mit anderen teilen oder weil wir uns verstanden und unterstützt fühlen. Wenn man nun einen besonderen Moment für die Mitarbeitenden gestaltet, dient diese Checkliste dazu, Elemente zu kombinieren, damit der Moment wirklich erinnerungswürdig wird. Gerade bei Momenten, die die Sinne ansprechen bzw. uns ein tiefes Gefühl der Verbundenheit mit anderen erleben lassen, bieten sich Präsenzformate niederschwelliger an als ihre hybriden oder remoten Counterparts. Aber auch Online-Formate lassen sich massiv aufwerten, wenn bei der Gestaltung überlegt wird, wie auch hier Sinneserlebnisse (z. B. über Videos oder Musik) oder Momente der Verbundenheit (z. B. über 1 : 1-Breakout-Gruppen) erreicht werden können.

Um diesen Prozess umzusetzen, bietet sich als Mittel der Wahl die Methode des Journey Mapping an. Diese hat ihren Ursprung im Customer Journey Mapping – also der Ausgestaltung der Berührungspunkte eines Unternehmens über den Lebenszyklus mit einem Kunden.

User Journey Map

»Eine User Journey Map (oder Customer Journey Map) dient dazu, die Interaktionen einer Zielgruppe mit einem Produkt oder Service ganzheitlich zu betrachten. Sie vermittelt ein einheitliches Verständnis der Nutzerziele in jedem Schritt und hilft dabei, Anforderungen zu definieren.« (usability.de, 2023)

Die Methode lässt sich mit kleinen Anpassungen sehr leicht auf andere Zielgruppen (außer der reinen Kundenperspektive) übertragen. Im Mittelpunkt steht als erster Schritt die Identifikation von Personas. Hierbei handelt es sich um Zielgruppen, die durch besondere Anforderungen, Verhaltensweisen oder sonstige, sie identifizierende Charakteristiken individuell betrachtet werden sollten. In der Praxis bietet sich hier an, beispielsweise den Employee Lifecycle (In welcher Phase der Zugehörigkeit ist ein Mitarbeitender?) oder eine bestimmte funktionale Zugehörigkeit und damit besondere Herausforderung als Perspektive heranzuziehen. Hier können natürlich Fluktuationsdaten oder Auswertungen von Exit-Interviews als Anhaltspunkte dafür dienen, welche Zielgruppen besondere Anforderungen haben oder eine überdurchschnittliche Kündigungswahrscheinlichkeit aufzeigen.

Wie immer bei Ansätzen aus dem Bereich »Human Centricity« ist es extrem wichtig, bei der Auswahl und Beschreibung der Persona, ihrer Gefühle und Anforderungen eine Validierung mit echten Menschen aus dieser Zielgruppe vorzunehmen. Natürlich können zentral (z.B. im HR-Management) Hypothesen aufgestellt werden, diese müssen aber zwingend über Interview- und Workshopformate validiert werden.

4.5 Hybrid Work in der Organisation – Zielgruppenformate statt Teamformate

Gerade viele größere Organisationen stellen vermehrt fest, dass hybride Organisationsformate sich nicht (ausschließlich) über ein One-Size-Fits-All-Format einführen lassen.

> »Reality kicks in and it seems that one size does not fit all and one size fits none. This indicates that there is not one solution or blueprint for employees as well as for organizations that guarantees success, and if a certain model works for an organization, it does not mean it will work for other organizations well. In fact, there is no scenario in which all of your employees will be 100% happy, nor will you get it right on the first try.«
>
> Wevers/Vermeulen, 2022

Die typische Reaktion auf diese Erkenntnis: Jedes Team muss eben für sich festlegen, wie es arbeiten will. Oberflächlich betrachtet klingt dies nach einem guten Vorschlag, ermöglicht dieses Vorgehen doch an der Basis, die eigenen Bedürfnisse optimal einzubringen, und bietet damit die maximale Individualisierung im Kleinteam. Aus Expertenperspektive gibt es jedoch einige starke Argumente, die gegen den »Das Team soll es regeln«-Ansatz sprechen.

Die Zusammenarbeit im Team ist in der Regel nicht der Rahmen, in dem Probleme entstehen (oder der Lösungsrahmen, innerhalb dem diese gelöst werden können). Der Microsoft Worktrend Index zeigte beispielsweise 2021, dass nicht die Beziehungen innerhalb des unmittelbaren Teams unter Lockdown und langen Remote-Work-Phasen Schaden nehmen, sondern dass die weiten Netzwerke, größere Projektteams sowie Zufallsbegegnungen unter vermehrter mobiler Arbeit leiden (Microsoft, 2021). Das heißt nun, eine Teamlösung zu suchen würde genau dieses Problem der quantitativen Abnahme der Beziehungen außerhalb des Teams gar nicht in den Fokus nehmen. Außerdem verfügt das Team auch nicht über den geeigneten Lösungsrahmen, um die cross-funktionalen Beziehungen in der Organisation zu stärken (z. B. cross-funktionale Kohorten-Onboarding-Programme entwickeln, teamübergreifende Coaching- oder Mentoringprogramme auflegen oder cross-funktionale Großprojekte so zu organisieren, dass zur Beziehungsstärkung auf Präsenz beim Projektstart gesetzt wird).

Ohne externe Moderation können »unconscious biases« den Teamentscheidungsprozess konterkarieren. Natürlich: In einer idealen Welt wäre die Führungskraft der oder die perfekte neutrale Moderator:in für diesen Teamprozess und würde dafür sorgen, dass ein transparenter, basisdemokratischer und gleichermaßen an allen Teammitgliedern sowie internen Kunden orientierter Entscheidungsprozess zur Teamregelung stattfindet. In der Praxis wissen wir aber, dass Regelungen rund um die Arbeitsflexibilität hoch emotional sind und für viele Mitarbeitende mittlerweile eine größere Bedeutung haben als das Gehalt (Kunze, 2021). Zum Vergleich: In Gehaltsprozessen ist eine 360-Grad-Beurteilung und das teils anonyme Einholen von Feedback sowie die Vergemeinschaftung ganzer Bereiche weit über die Teamgrenzen hinweg Best Practice. Genau damit sollen Transparenz, Fairness und ein gemeinsamer Standard sichergestellt werden. Außerdem ist die Gefahr groß, dass innerhalb des Teams offizielle oder inoffizielle Machtstrukturen oder unbewusste Vorbehalte und Biases den Dialog im Team massiv lenken und beeinflussen. Vor diesem Hintergrund wird es sehr schwer sein, in Teams einen neutralen und wirklich bedürfnisgetriebenen Prozess umzusetzen und dabei gleichzeitig die Bedürfnisse der Organisation (z. B. interne und externe Kundenanforderungen) nicht in den Hintergrund treten zu lassen.

Teameigene Lösungen können sinnvollen organisationsübergreifenden Lösungen entgegenstehen und müssen daher sinnvoll in den Gesamtrahmen passen. Es zeichnet sich mittlerweile in vielen Bereichen ab, dass es sinnvolle gesamtunternehmerische oder zumindest bereichsübergreifende Maßnahmen braucht, um die größten Herausforderungen des hybriden Arbeitens anzugehen. Dazu gehört beispielsweise die Ressourcenoptimierung der Büroflächen. Hier zeigt sich, dass Unternehmen mittlerweile große Flächen vorhalten, weil bestimmte Wochentage sich als beliebter für Teamtage herauskristallisieren als andere. Dies ist weder aus ökonomischen noch ökologischen Gründen sinnvoll. Auch zeichnet sich ab, dass das Thema der Collaboration Overload, also der ständigen Ablenkung durch Meetings und asynchrone Kommunikation einen großen negativen Einfluss auf die Produktivität hat (Newport, 2021; Cross, 2021). Dadurch kann es für Unternehmen sehr sinnvoll sein, auf »meeting- und nachrichtenfreie Fokustage« zu setzen, was aber nur funktioniert, wenn diese mehr oder weniger parallel im ganzen Unternehmen eingeführt werden, sodass die Meeting- und Nachrichtenflut an diesen Tagen tatsächlich deutlich geringer wird. Auf Teamebene sind solche Lösungen oft gar nicht nachhaltig zu etablieren.

Innerhalb eines Teams sind die Bedürfnisse unter Berücksichtigung des Employee Lifecycle sehr unterschiedlich und damit ein Kompromiss oft wenig sinnvoll. Wir verstehen nun, dass eine Individualisierung (im Rahmen der oben genannten unternehmensweiten Konzepte) sinnvoll ist, aber das Team in vielen Fällen nicht der richtige Rahmen für Regelungen ist. Organisationen setzen bei der Teamzusammensetzung meist auf eine funktionale Trennung, d. h. Mitarbeitende mit inhaltlich ähnlichen Aufgaben arbeiten gemeinsam in einem Team (Controlling, HR, Produktion, Vertrieb etc.). Dies ist in vielen Teams oft die einzige Eigenschaft, die alle Teammitglieder gemein haben. Demografische Faktoren (wie Alter, Geschlecht, Lebensphase oder auch Betriebszugehörigkeit) sowie tätigkeitsbezogene Faktoren (z. B. die Art der Arbeit) werden bei der Teamzusammenstellung gar nicht oder nachgelagert berücksichtigt. Außerdem gibt es in Matrixorganisationen neben der (oft funktionalen) Hauptzugehörigkeit noch eine weitere (meist produktgetriebene) weitere Dimension der Teamzugehörigkeit. Auch diese bringt weitere fachliche Charakteristiken mit sich, aber auch hier findet sich wenig Homogenität in Sachen Demografie oder Tätigkeit. Daher bietet diese grundlegende Organisationsstruktur oft wenig Bezug zum Employee Lifecycle bzw. es müsste sich um einen großen Zufall handeln, wenn sich innerhalb einer wie oben beschriebenen Teamorganisation viele Gemeinsamkeiten im Employee Lifecycle zwischen den Teammitgliedern feststellen ließen. Vielmehr werden im Team natürlicherweise junge und ältere Mitarbeitende, Mitarbeitende mit langer und kurzer Betriebszugehörigkeit, am Anfang und am Ende der Karriere etc. zu finden sein. Auch die Lebensphasen (ungebundener Single, Familienvater, Rückkehrerin nach Elternzeit etc.) werden bunt gemischt sein. Das bedeutet, dass innerhalb des Teams die Bedürfnisse nach mehr oder weniger Anwesenheit im Büro bzw. mehr oder weniger Flexibilität massiv unterschiedlich sein werden. Damit steht zu befürchten, dass, wenn man das Team als alleinigen Lösungsrahmen heranzieht, Kompromisse entstehen, die am Ende für viele ungeeigneter Mittelweg sind.

4.6 Wie gute Zielgruppenformate aussehen können

Welche abweichenden Bedürfnisse lassen sich aus der bisherigen wissenschaftlichen Forschung (und deren Umsetzung in der Praxis) erkennen – und wie können geeignete Formate für diese entstehen? Dieser Abschnitt soll erste Anhaltspunkte geben. Letztendlich dürfen hier aber noch weitere individuelle Lösungen gefunden werden. Als Anhaltspunkte wollen wir zwei Beispiele aufzeigen: zum einen das lebensphasenbezogene Zielgruppenkonzept, bei dem der Bedarf einer Zielgruppe nach ihrer Lebensphase herausgearbeitet wird. Zum anderen das tätigkeitsbezogene Zielgruppenkonzept, bei dem die Tätigkeit ausschlaggebend für die Ausgestaltung des hybriden Arbeitsmodells ist. Beide Konzepte können natürlich auch sinnvoll ergänzt werden.

Das zielgruppenbezogene Hybrid-Work-Konzept
Oft lassen sich aus dem hier beschriebenen Employee-Journey-Prozess gut lebenszyklusbezogene übergreifende Zielgruppen erkennen: Eine klare Zielgruppe, die sich beispielsweise anhand ihrer Lebensphase in Unternehmen abzeichnet, sind junge, sich noch in Ausbildung befindliche Mitarbeitende (z. B. Azubis, Praktikanten, dual Studierende etc.). Entgegen vielen Vorurteilen sehen wir in der Forschung gerade bei jüngeren Arbeitnehmenden verstärkt den Wunsch, mehr im Büro zu arbeiten. Die gewünschte Anzahl der durchschnittlichen Homeoffice-Tage steigt mit dem Alter an (Pfnür, 2023). Das hat sowohl fachliche als auch soziale Aspekte. Gerade das Lernen von anderen z. B. das Über-die-Schulter-Schauen ist im Büro deutlich niederschwelliger möglich (Wittmann, 2021). Daher ergibt es Sinn, gerade für Auszubildende, Praktikanten, Werkstudierende und Berufseinsteiger:innen über neue Konzepte nachzudenken. Auch lassen sich im Büro im Austausch mit anderen viel leichter auch soziale Kontakte knüpfen, die bei jungen Menschen, gerade wenn sie für den Job umgezogen sind, außerhalb der Arbeit oft weniger vorhanden sind als bei Menschen in einer etablierteren Lebensphase. In einer Situation, in der diese Gruppe eine signifikante Größe aufweist, ist es in einem hybriden Arbeitsmodell sinnvoll, nicht nur innerhalb des Teams (in dem oft nur ein Vertreter oder eine Vertreterin dieser Gruppe ist) über die Erfüllung dieser Bedürfnisse nachzudenken, sondern neben dem Strang »Team« auch noch zielgruppenspezifische Angebote zu machen, indem man crossfunktional alle Mitglieder der Zielgruppe zusammenbringt.

Die tätigkeitsbezogene Gestaltung von Hybrid Work
Gleiches gilt in Bezug auf die Tätigkeit, die Mitarbeitende innerhalb ihres Teams ausüben. Hier lassen sich je nach primärer Tätigkeit deutlich unterschiedliche Bedürfnisse feststellen. Grundlegend sollte hier zwischen **prozessorientierten/sachbearbeitungsbezogenen Tätigkeiten sowie projekt-/kreativ-/innovationsbezogenen Tätigkeiten** unterschieden werden. Erstere zeichnen sich primär durch die Bearbeitung von ähnlichen, durch einen Prozess vorgegebenen, sich wiederholenden Aufgaben ab, bei denen Qualität und Ergebnis der Arbeit stark oder gänzlich vorgegeben

sind. Bei den anderen geht es um die Erarbeitung von neuartigen, manchmal sogar auch kreativen bzw. innovativen Ergebnissen, bei denen das Ergebnis der Tätigkeit nur bedingt oder noch nicht feststeht. Natürlich gibt es auch Rollen, in denen sich diese Tätigkeiten vermischen. In diesem Fall profitieren die Mitarbeitenden dann von beiden Arbeitskonzepten.

Natürlich müssen auch hier individuelle Rahmenbedingungen im Unternehmen berücksichtigt werden. Allgemeingültig kann jedoch festgehalten werden, dass prozess-/sachbearbeitungsbezogene Tätigkeiten profitieren von

- der Definition, in **welchen Situationen mehr Anwesenheit notwendig/hilfreich** ist (Onboarding neuer Teammitglieder, Einarbeitung in neue Themen, Schulungen, Unternehmensevents in Präsenz etc.), und der Festlegung dieser Bereiche als »Präsenz«-Themen.
- regelmäßigen Zusammentreffen der Mitarbeitenden in dieser Gruppe besonders **innerhalb des Teams mit gleichen oder ähnlichen Aufgaben** (Effizienzsteigerung durch mehr Austausch) sowie regelmäßigen Teammeetings in Präsenz (z. B. alle zwei Wochen).
- **überwiegend Einzel-/Stillarbeit**, d. h. wichtig sind Stillarbeitszonen auf dem Campus und die Möglichkeit, flexibel im Homeoffice zu arbeiten, wenn dort die Arbeit gut bewältigt werden kann.
- **Wegfall von Pendelzeiten gezielt für die Bewältigung der Arbeitsbelastung**. Klare Strukturen z. B. für Entscheidungsprozesse (»Abnicken«) schaffen hier noch mehr Sicherheit. Ein digitales Tool zur »Bewertung des Geschafften« als Feedbacktool (Vermeidung eines »Hamsterradgefühls«) ist hilfreich.

Dagegen profitieren projekt-/kreativ-/innovationsbezogene Tätigkeiten von

- der Definition, in **welchen Situationen mehr Anwesenheit notwendig/hilfreich ist** (Kick-off neuer Projekte, Kennenlernen cross-funktionaler Kolleg:innen, unternehmensweite Veranstaltungen) und Festlegung dieser Bereiche als »Präsenz« Themen.
- regelmäßigen Zusammentreffen der Mitarbeitenden in dieser Gruppe sowohl **innerhalb des Teams** (Woran arbeiten die anderen?) **als auch außerhalb des Teams** (z. B. mit internen Stakeholdern, entfernteren Kolleg:innen und Zufallsbegegnungen). Diese Begegnungen sind performance- und bindungssteigernd.
- wenigen **Unterbrechungen durch Meetings- und Nachrichten. Sie stören sonst das konzentrierte Arbeiten**. Ein Konzept für die Sicherstellung des Fokus ist notwendig, z. B. ein Fokustag, die Reduzierung der Parallelität von Initiativen, bessere Priorisierung, kleinere Projektteams etc.
- der **Sensibilisierung für das »Always-on«-Syndrom** und der Vorbildfunktion der Führungskräfte. In dieser Gruppe kann **die Entgrenzung der Arbeit** in die Abend- und Wochenendstunden bzw. das Gefühl, ständig erreichbar sein zu müssen eine Herausforderung sein.

Diese Liste soll die Fragen beantworten: Gibt einen ersten Anhaltspunkt, wie eine tätigkeitsorientierte Organisation hybriden Arbeitens aussehen könnte bzw. welche Effekte beachtet werden sollten, um der Zielgruppe anhand ihrer (primären) Tätigkeit ein möglichst effektives Umfeld zu bieten? Gerade in Teams, in denen die Tätigkeitsschwerpunkte sehr unterschiedlich sind, bietet es sich daher auch an, innerhalb eines Teams oder einer Organisationseinheit bei der Ausgestaltung unterschiedliche Schwerpunkte zu setzen.

4.7 Fazit

Die Human/Employee Experience gewinnt in einer sich wandelnden Arbeitswelt zunehmend an Bedeutung. Unternehmen, die ihre Arbeitsplatzgestaltung und -umgebung kontinuierlich anpassen und positive, cross-funktionale Mitarbeitererlebnisse fördern, werden langfristig die erfolgreicheren sein. Dabei spielen eine ganzheitliche Sichtweise, systemisches Denken und die Anwendung von Human-Centered-Designprinzipien eine entscheidende Rolle. Aus dieser Kombination entsteht eine neue Generation von Employee-Experience-Manager:innen, die genau diesen Weg weitergehen. Sie werden Arbeit vor diesem Hintergrund völlig neu denken. Die klassischen HR-Silos und hierarchische Strukturen werden aufbrechen. Sie werden angereichert um all die fachlichen Funktionen, die großen Einfluss auf die Produktivität und das Engagement der Mitarbeitenden haben und nachhaltige Erlebnisse bei den Mitarbeitenden schaffen, um Verbindungen zum Unternehmen aufzubauen. Die Zeit der HR-Silos ist vorbei. Eine End-to-End-Betrachtung der Erlebniswelt der Mitarbeitenden wird zu einem disruptiven Faktor für das Mitarbeiterengagement und die Produktivität.

4.8 Literatur

Angrave, Jerry (2020): The Journey Mapping Playbook. A practical guide to preparing, facilitating and unlocking the value of customer journey mapping. Berlin: De Gruyter.

Cross, Rob (2021): Beyond Collaboration Overload. How to work smarter, get ahead and restore your wellbeing, Brighton: Harvard Business Review Press.

Dery, Kristine; Sebastian, Ina (2017): Building Business Value With Employee Experience, https://cisr.mit.edu/publication/2017_0601_EmployeeExperience_DerySebastian, abgerufen am 28.10.2023.

Emmett, J. et al. (2021): McKinsey, Shaping the new possible through Employee Experience, https://www.mckinsey.com/capabilities/people-and-organizational-performance/our-insights/this-time-its-personal-shaping-the-new-possible-through-employee-experience, abgerufen am 28.10.2023.

Heath, Chip; Heath, Dan (2019): The power of moments. Why certain experiences have extraordinary impact. London: Transworld Publ. Ltd. UK.

Human Resources Director (2023): Work friction is getting worse, Employees say, https://www.hcamag.com/ca/specialization/employee-engagement/work-friction-is-getting-worse-say-employees/465366, abgerufen am 2.11.2023.

IBM: Building a human centered organization, https://www.ibm.com/design/thinking/page/hco, abgerufen am 28.10.2023.

Kunze, Florian (2021): Homeoffice Studie der Universität Konstanz, https://www.uni-konstanz.de/en/meldungen-coronavirus/forschung-der-universitaet-konstanz-zum-coronavirus/aktuelles/konstanzer-homeoffice-studie/, abgerufen am 28.8.2023.

Mawson, Andrew (2023): The rise of the Chief Workplace Experience Officer: A new role for a digital world, https://www.forbes.com/sites/amawson/2023/04/12/the-rise-of-the-chief-workplace-experience-officer-a-new-role-for-a-digital-world/, abgerufen am 28.9.2023.

Microsoft Worktrend Index (2021): https://www.microsoft.com/en-us/worklab/work-trend-index/hybrid-work, abgerufen am 21.8.2023.

Newport, Cal (2021): A world without email. Reimagining Work in an Age of Communication Overload. London: Random House.

Pfnür, Andreas (2023): Beschäftigte im Homeoffice sind zufriedener und wesentlich produktiver. Studie zu Work from Home des Fachgebiets Immobilienwirtschaft und Baubetriebswirtschaftslehre, https://www.tu-darmstadt.de/universitaet/aktuelles_meldungen/einzelansicht_413376.de.jsp, abgerufen am 28.8.2023.

Usability.de (2023): User Journey Mapping, https://www.usability.de/leistungen/methoden/user-journey-mapping.html, abgerufen am 24.8.2023.

Wevers, Marjolein; Vermeulen, Marlois (2022): The hybrid workplace. No one size fits all, https://www2.deloitte.com/nl/nl/pages/human-capital/articles/the-hybrid-workplace-no-one-size-fits-all.html, abgerufen am 24.8.2023.

Wittmann, Barbara (2021): Karrierebremse Homeoffice? Jeder zweite junge Arbeitnehmer will zurück ins Büro, https://www.mynewsdesk.com/de/linkedin-deutschland/pressreleases/karrierebremse-homeoffice-jeder-zweite-junge-arbeitnehmer-will-zuruck-ins-buro-3139568, abgerufen am 28.8.2023.

Zukunftsinstitut (2023): Megatrendstudie: 13 Trends für die Zukunft der Arbeit, https://shop.zukunftsinstitut.de/13-Trends-fur-die-Zukunft-der-Arbeit-p594529080, abgerufen am 9.9.2023.

5 Onboarding in hybriden Arbeitswelten – Herausforderungen und Lösungsansätze

Edda Feisel und Nicole Richter

5.1 Die Bedeutung von Onboarding in hybriden Arbeitswelten

Zahlreiche Unternehmen haben im Verlauf der letzten Jahre die herausragende Bedeutung des Onboardings für die Employee Experience sowie für die Motivation und Bindung von Mitarbeitenden erkannt. Es wurden neue Konzepte entwickelt, Ressourcen und Budgets freigegeben und die Umsetzung im Zusammenspiel aus HR, Führungskräften und den beteiligten Teams professionalisiert (vgl. dazu z. B. Radel, 2022, S. 355 ff.; Brenner, 2020, S. 1 ff.).

Gleichzeitig haben die Megatrends Digitalisierung und Globalisierung dazu geführt, dass sich neue Möglichkeiten und Anlässe für virtuelle Onboardings ergeben und auch gewinnbringend umsetzen lassen. Unternehmen waren in der Coronakrise gezwungen, das Onboarding ad hoc hundertprozentig zu virtualisieren, was zweifelsfrei mit großen Herausforderungen verbunden war, gleichzeitig aber auch die Chancen und Risiken des virtuellen Onboardings offenbart hat. Diese Learnings gilt es nun in langfristige Konzepte für das neue Normal der hybriden Arbeitswelten zu überführen und das Beste aus Präsenz- und virtuellen Onboardings zu verbinden.

Ziel des vorliegenden Beitrags ist es, die besonderen Herausforderungen des Onboardings in hybriden Arbeitswelten herauszustellen und Lösungsansätze zu dessen Gestaltung zu präsentieren. Dazu wird in Kapitel 5.2 eine kurze Definition des Onboardings sowie in Kapitel 5.3 eine Einordnung in hybride Arbeitswelten gegeben. Anschließend werden in Kapitel 5.4 die besonderen Herausforderungen der Thematik dargestellt. In Kapitel 5.5 werden drei Unternehmen aus der Praxis und deren gegenwärtige Onboarding-Strategien präsentiert und in Kapitel 5.6 Lösungsansätze für eine optimale Gestaltung von Onboarding in virtuellen Arbeitswelten abgeleitet. Der Beitrag schließt mit einem Fazit und Ausblick in Kapitel 5.7.

5.2 Definition und Einordnung von »Onboarding«

Biemann und Weckmüller verstehen unter »Onboarding« alle personalwirtschaftlichen Aktivitäten, »die zur systematischen und strukturierten Integration neuer Mitarbeiter eingesetzt werden« (Biemann/Weckmüller, 2014, S. 46). Es geht also darum, neue Mitarbeitende an Bord zu nehmen und diese nicht nur in fachlicher Hinsicht einzuführen und mit dem neuen Aufgabenspektrum vertraut zu machen, sondern sie insbesondere auch in sozialer und kultureller Hinsicht zu integrieren (vgl. Richter/Katter, 2018, S. 569 ff.). Radel erweitert diese Definition um das sogenannte Cross-Boarding, also das interne Onboarding von Beschäftigten, die sich innerhalb eines Unternehmens neu orientieren und die Aufgabe wechseln (vgl. Radel 2022, S. 355). Auch beim Cross-Boarding vollzieht sich die Integration der Beschäftigten auf drei Ebenen, die eng miteinander verbunden sind, wie dies in der Abbildung darstellt wird (vgl. Brenner, 2020, S. 11 ff.; Richter/Katter, 2018, S. 570).

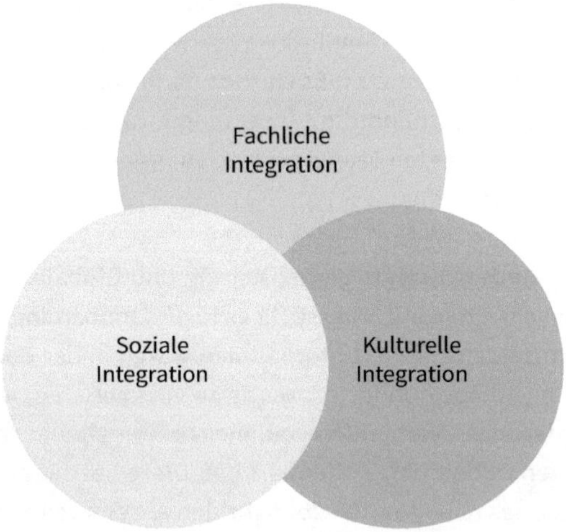

Abb. 5: Ebenen des Onboardings, eigene Darstellung

Auf der fachlichen Ebene geht es um die Einarbeitung in das konkrete neue Aufgabengebiet und das »Vertrautwerden« mit relevanten Regelwerken, Arbeitsmitteln und -systemen sowie primären internen und externen Stakeholdern. Die soziale Ebene umfasst die soziale Integration in das Team und die Entwicklung eines Wir-Gefühls. Aufbau und Festigung von Vertrauen spielen dabei eine zentrale Rolle. Auf kultureller oder auch wertorientierter Ebene geht es darum, die neuen Mitarbeitenden mit der Unternehmenskultur, also den Werten, den Grundsätzen und vor allem mit den informellen Spielregeln des gemeinsamen Miteinanders vertraut zu machen. Die größten Herausforderungen im Onboarding-Prozess liegen vor allem auf der sozialen und kulturellen Ebene und gleichzeitig besteht hier auch das größte Risiko für das Scheitern eines Onboardings und die frühzeitige Beendigung eines Arbeitsverhältnisses. In der Praxis lässt sich jedoch beobachten, dass der Fokus häufig dennoch auf dem fachlichen Onboarding liegt und die sozialen und kulturellen Komponenten eher vernachlässigt werden.

Eine ganzheitliche Onboarding-Experience setzt bereits vor dem ersten Arbeitstag an. Dieses Element im Onboarding wird als »Pre-Onboarding« bezeichnet. Die davon ausgehenden Potenziale werden von vielen Unternehmen derzeit noch nicht vollständig ausgeschöpft, auch wenn sich die Möglichkeiten durch die zunehmende Digitalisierung von HR-Prozessen deutlich erweitert haben (vgl. Haufe, 2022, S. 7–8).

Eine professionelle Einführung und Integration neuer Mitarbeitender hat das schnelle Erreichen eines hohen Leistungsniveaus bzw. einer hohen Produktivität, die Vermeidung von Frühfluktuationen und den damit verbundenen Kosten sowie die Steigerung der Mitarbeitendenbindung zum Ziel (vgl. Radel, 2022, S. 356–357; Richter/Katter, 2018, S. 569; Biemann/Weckmüller, 2014, S. 47).

Organisatorisch ist das Onboarding meist der Personalentwicklung zugeordnet und hier im Speziellen der Personalbildung (vgl. Müller-Vorbrüggen/Radel, 2022, S. 327 ff.). Es besteht jedoch eine sehr enge Verbindung zur Personalbeschaffung und -auswahl, sodass diese in einer ganzheitlichen Sicht auch schon zum Onboarding im weitesten Sinne gehören. Auch wenn HR in der Regel den Rahmen setzt, gibt es viele involvierte Stakeholder, die durch eine gute Kooperation den Erfolg von Onboarding-Prozessen ganz maßgeblich beeinflussen. Dazu gehören insbesondere die Führungskräfte, Pat:innen und/oder Mentor:innen und das zukünftige Team der neuen Mitarbeitenden (vgl. Richter/Katter, 2018, S. 569–570).

Den Führungskräften kommt hier eine wesentliche Verantwortung zu. Als Coach der neuen Mitarbeitenden werden Ziele und Maßnahmen vereinbart, die Aufgabenverteilung im Team begleitet, Feedback gegeben und die berufliche Entwicklung unterstützt. Dazu gehört auch, am Ende der Probezeit, über die Fortsetzung des Arbeitsverhältnisses zu entscheiden. Führungskräfte haben im Onboarding-Prozess ein hohes zeitliches Engagement und auch ein hohes Maß an Einfühlungsvermögen einzubringen (vgl. Brenner, 2020, S. 1–2).

5.3 Definition und Einordung von hybriden Arbeitswelten

Die Digitalisierung und Megatrends wie Konnektivität, New Work und Individualisierung (vgl. www.zukunftsinstitut.de) haben in hohem Maße dazu beigetragen, dass Unternehmen sich in einem deutlich schnelleren Tempo in Richtung hybrider Arbeitswelten weiterentwickelt haben. Zusätzlich wurde die aktuelle tiefgreifende Transformation der Arbeitswelt durch die Coronapandemie weiter beschleunigt. Wie aus der Abbildung hervorgeht, gibt es verschiedene Einflussfaktoren, die zu einer neuen Gestaltung des Arbeitsumfeldes und des beruflichen Miteinanders führen.

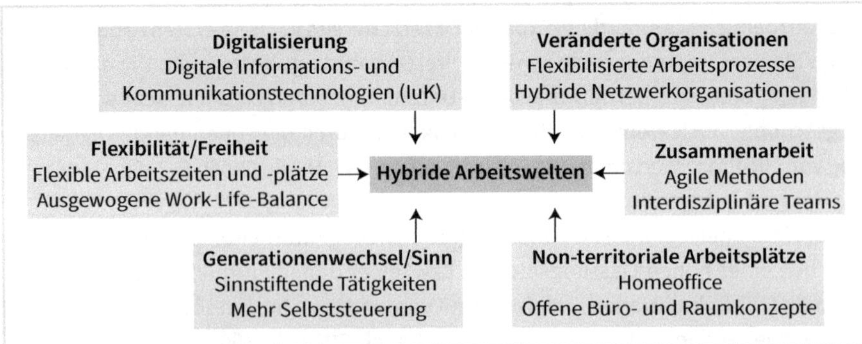

Abb. 6: Einflussfaktoren auf hybride Arbeitswelten

Bedingt durch die Digitalisierung und die verstärkte Nutzung verschiedener digitaler Kommunikationskanäle im Arbeitsumfeld hat sich in vielen Organisationen eine Form der hybriden Teamarbeit etabliert. Die Zusammenarbeit zeichnet sich hier durch eine Kombination aus technologiegestützter Interaktion sowie persönlicher Kommunikation aus (vgl. Winkler et al., 2022, S. 3; Franken, 2016). Hybride Arbeitsweisen verändern vor allem die Gewohnheiten von Arbeitnehmerinnen und Arbeitnehmern, die Bürotätigkeiten ausführen. Arbeitsabläufe können flexibel gestaltet werden, außerdem ist eine Vernetzung und Kommunikation zwischen den Mitarbeitenden häufig unabhängig von Zeit und Ort möglich.

Eine aktuelle Studie zeigt, dass vor der Coronapandemie lediglich 46% der Arbeitnehmerinnen und Arbeitnehmer hybrid gearbeitet haben. Während der Pandemie lag die Anzahl bei 81%. Die Studie macht ebenfalls deutlich, dass sich mehr als 50% der weltweit Befragten für die Zukunft eine Kombination aus der Arbeit in Präsenz und Remote wünschen (vgl. Strack et al., 2021, S. 6 ff.). Die daraus resultierende, durch digitale Medien unterstützte hybride Zusammenarbeit verändert ebenfalls die direkte Kommunikation und Interaktion im Team zwischen Mitarbeitenden und Führungskräften. Insbesondere der Aufbau von Vertrauen und das Abstimmen im Team werden wichtiger, um klare Strukturen für die Zusammenarbeit zu schaffen (vgl. Ciesielski/Schutz, 2016, S. 30 ff.).

Außerdem verändern sich auch die Arbeitsplätze von Mitarbeitenden. Sogenannte non-territoriale Arbeitsplätze, wie Homeoffice und offene Büro- und Raumkonzepte, nehmen stark zu, insbesondere für »Wissensarbeiter:innen«. So arbeiteten nach aktuellen Schätzungen im Jahr 2019 bereits 16% der Beschäftigten in Deutschland im Desksharing-Modell, haben also keinen festen Arbeitsplatz. Im Jahr 2015 waren es nur 3%. Nur circa 40% aller Büroangestellten arbeiten außerdem ausschließlich im Büro (vgl. Industrieverband Büro und Arbeitswelt, 2020, S. 6 ff.). Bürogebäude werden verstärkt zu Orten der Teamarbeit, der Begegnung, des sozialen und kreativen Austauschs. Viele Unternehmen definieren ihre Arbeitsplatzkonzepte neu, um den sich wandelnden Anforderungen an hybride Teamarbeit gerecht zu werden (vgl. Britz-Averkamp/Eich-Fangmeier, 2020, S. 15 ff.; Backovic/Scheppe, 2021).

Zeitgleich verändern sich die Bedürfnisse der Mitarbeitenden. Sie fordern mehr Flexibilität und Freiheit in der Gestaltung ihrer Arbeitszeiten und des Arbeitsplatzes sowie eine ausgewogene Work-Life-Balance. Insbesondere die nachfolgenden Generationen wünschen sich sinnstiftende Tätigkeiten, die mit ihren Werten im Einklang stehen (vgl. Fortmann/Kolocek, 2017, S. 25 ff.; Gerdenitsch/Korunka, 2019).

Hybride Arbeit lässt sich folglich als eine Sammlung flexibler Regelungen definieren, die weder den Arbeitsort noch die Arbeitszeit der Mitarbeitenden standardisieren (vgl. Setty, 2021). Hybride Arbeitswelten zeichnen sich dadurch aus, dass Teams sich je nach Situation und Arbeitsaufgabe persönlich im Büro, hybrid oder virtuell zusammenfinden, und versprechen im Hinblick auf die unterschiedlichen Anforderungen der Wissensarbeit eine passende Lösung. Mit Blick auf Arbeitsort und -zeit können verschiedene Intensitäten kombiniert werden: von Office First über eine teilflexible Wahl hin zu einer vollflexiblen Wahl des Arbeitsortes oder Remote First kombiniert mit fixen, teilflexiblen oder vollflexiblen Arbeitszeiten (vgl. Lehr, 2021; Lippold, 2019). Die Zusammenarbeit auf Distanz kann im Spannungsfeld zwischen Kommunikation und Interaktion jedoch zu besonderen Herausforderungen für Unternehmen, Führungskräfte und Mitarbeitende führen, die im Hinblick auf das Onboarding im folgenden Kapitel näher beschrieben werden.

5.4 Besondere Herausforderungen des Onboardings in hybriden Arbeitswelten

Die zuvor besprochenen Neuerungen und Veränderungen in hybriden Arbeitswelten stellen zahlreiche Unternehmen vor Fragen rund um die Umgestaltung der bisherigen Onboarding-Prozesse:

- Welche veränderten Anforderungen stellen sich an das Onboarding von neuen Mitarbeitenden in hybriden Arbeitswelten?
- Welche neuen digitalen Optionen können das bisherige Präsenz-Onboarding aufwerten?
- Wie lassen sich virtuelle und Präsenzelemente zu einem idealen hybriden Onboarding-Konzept verbinden?

Eine aktuelle Umfrage hat gezeigt, dass die fachliche Einarbeitung in Coronazeiten im Rahmen eines virtuellen Onboardings gut gelang. Allerdings litten die soziale und kulturelle Integration beim Remote-Onboarding erheblich und es fehlte der persönliche Austausch. In der Folge fiel es neuen Mitarbeitenden sehr schwer, Netzwerke formeller und informeller Natur aufzubauen, die Kultur, die Werte und die Identität des

Unternehmens wirklich zu erleben und sich damit zu identifizieren (vgl. Haufe, 2022, S. 4). In vielen Unternehmen wurde in der Coronazeit außerdem deutlich, dass Neueinsteiger:innen im virtuellen Arbeitsalltag deutlich länger brauchten, um ihr volles Potenzial zu entfalten (vgl. Adrian et al., 2021, S. 44).

Die zentrale Herausforderung des Onboardings in hybriden Arbeitswelten ergibt sich aus der Distanz und den fehlenden persönlichen Kontakten. Die formelle Kommunikation erfolgt zumeist virtuell und oft nicht persönlich – die informelle Kommunikation wird durch diesen Umstand stark eingeschränkt oder findet gar nicht mehr statt. Gerade wenn vertrauensvolle Beziehungen zu Kolleg:innen noch nicht aufgebaut sind, kann es verstärkt zu Missverständnissen kommen. Ebenso sind neue Mitarbeitende noch nicht so vertraut im Umgang mit Tools, die im Unternehmen genutzt werden, und können daher am Anfang ihr Potenzial nicht vollends entfalten.

Hybride Arbeitsbeziehungen erschweren und modifizieren zudem den Aufbau von Vertrauen und psychologischer Sicherheit im Team. Durch das Fehlen von physischer Interaktion in einer Face-to-Face-Beziehung können nonverbale Elemente der Kommunikation verlorengehen. Spontane persönliche Treffen lassen sich schwerer organisieren. Durch die zunehmend fehlenden Möglichkeiten des direkten Kontakts mit Teammitgliedern besteht die Gefahr, dass weniger Informationen geteilt und kein gegenseitiges Vertrauen aufgebaut wird (vgl. Wald, 2014, S. 361 ff.). Eng verknüpft mit dem Vertrauen in einem Team ist die psychologische Sicherheit, die als eine gemeinsame Überzeugung der Teammitglieder in Bezug auf das Arbeitsklima bezeichnet werden kann. Psychologische Sicherheit fördert die Bereitschaft, Risiken einzugehen, die eigene Meinung zu äußern und ein proaktives Verhalten der Teammitglieder (vgl. Goller/Laufer, 2018, S. 7). Sie gilt als bedeutendster Erfolgsfaktor für eine erfolgreiche Zusammenarbeit in Teams (vgl. Goller/Laufer, 2018, S. 4; Biemann/Weckmüller, 2021, S. 46 ff.; Fischer/Hüttermann, 2022, S. 59 ff.). So unterstrich Handy bereits 1995, dass Mitarbeitende sich umso mehr treffen müssen, je virtueller eine Organisation ist, und dass die persönlichen Treffen sich eher auf das Kennenlernen der Personen als auf die zu bewältigenden Aufgaben beziehen sollten (vgl. Handy, 1995, S. 44).

Schließlich führt das Arbeiten auf Distanz auf individueller Ebene dazu, dass Mitarbeitende weniger Möglichkeiten erleben, eine kulturelle Identifikation mit ihrem Arbeitgeber aufzubauen (vgl. Wohlers/Hertel, 2017). Dies kann langfristig zu einem verringerten Wohlbefinden, weniger Zufriedenheit sowie fehlender Arbeitsmotivation führen und in einer geringeren Mitarbeitendenbindung an das Unternehmen münden. Werden neue Mitarbeitende nicht zügig in ihr Team integriert und können sie sich nicht mit dem Unternehmen identifizieren, ist außerdem die Gefahr eines Arbeitgeberwechsels höher.

Anhand der drei Praxisbeispiele apetito, Henkel und Vodafone werden im folgenden Kapitel konkrete Einblicke in das Onboarding in hybriden Arbeitswelten gewährt.

5.5 Beispiele aus der Praxis

5.5.1 Apetito AG

Das Familienunternehmen apetito[1] ist Markt- und Innovationsführer in der Gemeinschafts- und Individualverpflegung sowie im Endverbrauchermarkt. Die Firmengruppe setzt sich zusammen aus dem apetito-AG-Konzern, der mit internationalen Teams in sieben europäischen Ländern sowie in Kanada und den USA agiert, und dem apetito-catering-Konzern, der als führender Caterer in Deutschland mit seinen Lösungen Kunden vor Ort betreut und versorgt. Mit mehr als 11.000 Mitarbeitenden realisierte die Firmengruppe im Jahr 2021 über eine Milliarde Euro Umsatz. apetito hat es während der Coronapandemie geschafft, sich durch ein hohes Maß an Flexibilität an die sich schnell verändernden Rahmenbedingungen anzupassen, und verfolgt das Ziel, die Wachstumspotenziale entlang der Unternehmenswerte Kundennähe, Partnerschaftlichkeit, Innovationsfreude und Nachhaltigkeit weiter auszuschöpfen.

Der apetito-AG-Konzern mit Hauptsitz in Rheine beschäftigte im Jahr 2021 im Jahresdurchschnitt 4.477 Mitarbeitende, davon 2.445 in Deutschland. Die Unternehmenskultur wird von der Inhaberfamilie Düsterberg gelebt. Sie ist von starker Solidarität und hoher Flexibilität der Mitarbeitenden geprägt, die das Unternehmen maßgeblich durch die besonderen Herausforderungen der Pandemie getragen haben. Eine lange durchschnittliche Betriebszugehörigkeit von rund 13 Jahren und eine niedrige Fluktuationsquote von rund 11 % sind nur einige von weiteren Indikatoren, die diese Unternehmenskultur belegen.

Eike Krull, Head of HR, und Ruth Fislage, Leiterin der Unternehmenskommunikation bei apetito, sind Mitglieder der Projektgruppe #mywork, die die Transformation hin zu einer modernen und agilen Arbeitswelt begleitet. Das Unternehmen war vor der Coronapandemie durch eine traditionelle Präsenzkultur geprägt. Die bestehende flächendeckende mobile IT-Ausstattung machte es dennoch möglich, die Arbeit dort, wo es im kaufmännischen Bereich möglich war, sehr schnell und nahezu reibungslos komplett ins Homeoffice zu verlegen. apetito plant nun mit einer 70 %igen Anwesenheit

1 Die Zahlen, Daten und Fakten zum apetito-AG-Konzern sind der Homepage des Unternehmens und dem Geschäftsbericht 2021 entnommen (https://www.apetito.de/, Abrufdatum: 9.9.2022). Die darüber hinausgehenden Details zur hybriden Arbeitswelt und zum Onboarding von neuen Mitarbeitenden wurden in einem Interview mit Eike Krull, Head of HR, und Ruth Fislage, Leiterin Unternehmenskommunikation bei apetito, im September 2022 mit der Autorin des Beitrags Nicole Richter ausgetauscht.

am Arbeitsplatz, was für ein Unternehmen mit einer starken Präsenzkultur vor Corona als ein großer Schritt bezeichnet werden kann. Die technische Infrastruktur als eine Grundvoraussetzung für hybride Arbeitswelten ist gegeben, derzeit werden weitere notwendige Rahmenbedingungen geschaffen. Das Projekt #mywork arbeitet an einer Guideline für mobiles Arbeiten, die beispielsweise den Umgang mit vertraulichen Informationen und Daten sowie neuen Rahmenarbeitszeiten und flexible Möglichkeiten des mobilen Arbeitens aus dem Ausland umfasst. Auch die Um- und Neugestaltung der Räumlichkeiten und Arbeitsflächen ist ein wichtiger Baustein im Projekt #mywork. So gibt es neben den klassischen Arbeitsplätzen mehr offene Zonen, Meeting-Bereiche und Bereiche für den Austausch vertraulicher Informationen.

Eike Krull, Head of HR der apetito AG, nennt als maßgebliches Credo für die Transformation des Unternehmens in die hybride Arbeitswelt: »Damit wir uns erfolgreich weiterentwickeln können, müssen wir Neuerungen einfach einmal ausprobieren, schauen, was gut und was nicht so gut funktioniert, das Feedback der Kolleginnen und Kollegen einholen, davon lernen und diese Erfahrungen auf andere Bereiche ausdehnen. Wir sind in der aktuellen Post-Corona-Phase gerade erst am Anfang, die Erfahrungen aus den letzten zwei Jahren in eine hybride Arbeitswelt zu überführen, und dürfen von uns und der Belegschaft nicht erwarten, dass die optimale Lösung schon auf dem Tisch liegt.«

Die Gründerfamilie Düsterberg legt äußerst viel Wert auf den persönlichen Kontakt und eine intensive soziale und kulturelle Integration neuer Mitarbeitender. Dies war schon immer der Fall und hat sich auch durch die neuen Möglichkeiten des virtuellen Austauschs nicht verändert. So zeigt sich das Onboarding von neuen Kolleg:innen in der neuen hybriden Arbeitswelt des Familienunternehmens apetito einerseits offen für neue Herangehensweisen, baut jedoch weiterhin auf ein persönliches Kennenlernen. Eine Verlagerung der Einarbeitung in den virtuellen Raum ist folglich nicht denkbar. Die persönliche Willkommensveranstaltung am ersten Arbeitstag und die erste Arbeitswoche sind stark von Austausch und Begegnung geprägt, um die Werte, den Spirit und die Kultur des Unternehmens zu transportieren.

Die weitestgehend technischen und administrativ geprägten Elemente des Onboardings, wie beispielsweise das Ausstellen eines Werksausweises, die Versorgung mit der IT-Ausstattung usw., können durch die neuen digitalen Möglichkeiten schon im Vorfeld deutlich effizienter und zeitsparender durchgeführt werden. Die identifikations- und identitätsstiftenden persönlichen Elemente bekommen dadurch deutlich mehr Raum. Die Führungskräfte und Teams spielen beim Onboarding neuer Kolleg:innen eine große Rolle. Der HR-Bereich liefert den Rahmen, die konkrete Umsetzung der dezidierten Einarbeitungspläne liegt bei den Teams. Hier gilt es als absolute Selbstverständlichkeit, für die neuen Mitarbeitenden vor Ort zu sein, um das Onboarding persönlich zu begleiten. Eike Krull führt einen weiteren Vorteil des Onboardings in hybriden Arbeitswelten auf: »Durch die neuen digitalen Plattformen haben neue Kolleginnen und Kollegen deutlich schneller Zugang zu Daten, Informationen und natürlich auch formellen und informellen Netzwerken innerhalb des Unternehmens. Wir können beobachten, dass die Zeitspanne, bis neue Mitarbeitende vollständig fachlich, sozial und kulturell integriert sind, kürzer geworden ist.«

Zusammenfassend lässt sich also sagen, dass das Onboarding bei apetito von den Möglichkeiten der hybriden Arbeitswelt profitiert, weil mehr Raum für den persönlichen Kontakt entsteht. Die Erfahrungen aus der Coronazeit haben gezeigt, dass der persönliche Kontakt in den ersten Tagen der neuen Mitarbeitenden wichtiger geworden ist, um sich mit dem Unternehmen zu identifizieren, um sich mit den Werten vertraut zu machen und um Teil des sozialen Gefüges zu werden. Ruth Fislage, Leiterin der Unternehmenskommunikation, fasst dies anschaulich zusammen: »Der erste Eindruck vom Unternehmen ist heute deutlich persönlicher gestaltet und er ist gleichzeitig moderner, als dies noch vor einigen Jahren der Fall war«.

Mit Blick auf die Zukunft der hybriden Arbeitswelten ist apetito sehr viel daran gelegen, die Mitarbeitenden im gewerblichen Bereich gleichermaßen zu integrieren und auch in die digitale Welt einzuladen. Es wird derzeit an einer Mitarbeitenden-App gearbeitet, die das klassische schwarze Brett und die Infotafeln in den Produktionsbereichen ergänzen soll, um so eine »Zweiklassengesellschaft« zu vermeiden und die Welten der gewerblichen und der administrativen Mitarbeitenden enger zusammenzuführen. Außerdem ist ein neues apetito-Betriebsrestaurant im Bau, das im Herbst 2023 fertiggestellt sein soll. »EAT« ist der Name des neuen Betriebsrestaurants und steht für »Essen – Arbeiten – Treffen«. Als multifunktionales Gebäude soll das EAT die Anforderungen der neuen Arbeitswelt aufgreifen und Meetings, Austausch, Arbeit, Kreativität und Entspannung ermöglichen. apetito hat dafür eine Investition von rund 20 Mio. Euro getätigt.

5.5.2 Henkel AG & Co. KGaA

Als global tätiges Unternehmen hält Henkel[2] mit weltweit bekannten Marken wie Persil, Schwarzkopf und Loctite in seinen drei Unternehmensbereichen Adhesive Technologies und Henkel Consumer Brands führende Marktpositionen – sowohl im Industrie- als auch im Konsumentengeschäft.

2 Die Zahlen, Daten und Fakten zur Henkel AG & Co. KGaA sind der Homepage des entnommen (https://www.henkel.de. Abrufdatum: 30.9.2022). Die darüber hinausgehenden Details zur hybriden Arbeitswelt und zum Onboarding von neuen Mitarbeitenden wurden in einem Interview mit Mona Zons, Manager Leadership & Learning Asia Pacific, im September 2022 mit der Autorin des Beitrags Edda Feisel ausgetauscht.

1876 gegründet blickt Henkel heute auf eine über 146-jährige Erfolgsgeschichte zurück und erzielte im Geschäftsjahr 2021 einen Umsatz von rund 20 Milliarden Euro. Weltweit sind mehr als 52.000 Mitarbeitende für Henkel tätig, etwa 85% davon außerhalb von Deutschland.

Bereits vor der Pandemie waren hybride Arbeitsformen bei Henkel präsent und viele Meetings wurden virtuell abgehalten. In den letzten drei Jahren wurden zusätzlich viele zuvor analoge Formate digitalisiert. Der Austausch findet heute somit vermehrt in hybrider Form statt und eine Vielzahl von klassischen Trainings, Konferenzen oder auch globale Townhalls wird bei Henkel in virtueller oder in hybrider Form angeboten.

Mona Zons, Manager Leadership & Learning Asia Pacific, betont, dass die hybriden Arbeitsformen global von den Mitarbeitenden sehr gut angenommen werden und selbstverständlich sind. Herausforderungen sieht sie eher darin, dass die Mitarbeitenden sich untereinander kennenlernen und Vertrauen zueinander aufbauen. Dies gelingt nach wie vor noch eher im persönlichen Austausch miteinander. Insbesondere für neue Mitarbeitende ist es im virtuellen Kontext schwieriger, das gleiche Gefühl für die Unternehmenskultur oder ein Team aufzubauen wie bei einer persönlichen Integration vor Ort. Um eine erfolgreiche Integration ins Team sicherzustellen, hat Henkel daher früh damit begonnen, regelmäßige »Coffee und Team Check-ins« zu etablieren, bei denen neue Mitarbeitende das gesamte Team kennenlernen und sich austauschen.

Bereits vor der Pandemie wurde das gesamte globale Onboarding-Programm bei Henkel neu gestaltet und ausgerollt. Mona Zons unterstreicht: »Wir haben ein sehr holistisches Onboarding-Programm entwickelt, welches virtuelle Elemente der Onboarding-Reise mit regelmäßigen, persönlichen Touchpoints mit der Führungskraft, HR und dem persönlichen Buddy kombiniert. Uns war es bei der Entwicklung des Programms wichtig, dass man nicht nur vor dem Laptop sitzt und virtuelles Onboarding stattfindet, sondern dass eine gute Integration in das Unternehmen gewährleistet wird. So können beispielsweise ein allgemeines Willkommen und generelle Informationen zu Henkel virtuell stattfinden und diese werden ergänzt durch persönlichen Austausch mit der Führungskraft und neuen Kolleginnen und Kollegen, die ebenfalls gerade gestartet haben. Wichtig war uns, ein Gefühl zu vermitteln, dass neue Mitarbeitende nicht alleine sind, sondern Teil der globalen Henkel-Familie.«

Henkel hat das neue Onboarding-Programm bereits Anfang 2020 vor dem Ausbruch der Pandemie weltweit gelauncht und musste somit in der Pandemie nicht viel umstellen – außer noch mehr Inhalte zu digitalisieren. Zusätzlich zu den Informationen per E-Mail wurden in manchen Ländern vorab neuen Mitarbeitenden Willkommenspakete mit Henkel-Informationen nach Hause gesendet. Außerdem wurden Willkommenstage in Präsenz organisiert.

Mona Zons unterstreicht insbesondere die erweiterten Aufgaben von Führungskräften beim Onboarding: »Die Bedeutung der Führungskraft in der hybriden Arbeitswelt ist in meinen Augen stark gestiegen und Führungskräfte haben sehr viel Verantwortung. Onboarding ist eine Investition in die Zukunft von neuen Mitarbeitenden und bindet sie an das Unternehmen. Hierin liegt eine große Verantwortung für die Führungskraft. Auch nach dem erfolgreichen Onboarding geht es darum, weiter zu unterstützen und zur Seite zu stehen. Wir haben daher im globalen Onboarding-Prozess mindestens drei formale ›Check-ins‹ sowohl mit der Führungskraft als auch mit HR implementiert, um sicherzustellen, dass ein guter Austausch stattfindet.«

Die neuen Mitarbeitenden wissen, dass nicht nur die Führungskraft, sondern auch HR an einer guten Integration gelegen ist, und die Formalisierung im Onboarding-Prozess hilft dabei, dies auch proaktiv einzufordern. Ebenso wichtig ist, dass neue Mitarbeitende mit den richtigen Informationen versorgt werden und sie wissen, welche Ansprechpartner:innen ihnen zur Verfügung stehen. Des Weiteren ist gerade im virtuellen Kontext nicht zu vernachlässigen, Systemzugriffe sicherzustellen und die Mitarbeitenden auch in den Tools sehr gut zu schulen.

Durch die Einführung eines strukturierten Prozesses wird Mitarbeitenden das Gefühl vermittelt, dass sie in einem Unternehmen arbeiten, dem es wichtig ist, dass die Mitarbeitenden sich integriert fühlen. Mona Zons berichtet über viele kulturelle Aktivitäten, die Henkel gerade während der Pandemie für seine Mitarbeitenden durchgeführt hat, und dass diese sich sehr positiv auf das Zugehörigkeitsgefühl ausgewirkt haben.

Als global tätiger Konzern ist das globale Onboarding die Basis und bestimmte Elemente beispielsweise zur Unternehmensgeschichte sind für alle Mitarbeitenden weltweit identisch. Ebenso wurde für neue Mitarbeitende eine Gruppe im unternehmensinternen Social-Media-Kanal kreiert, in dem Fotos gepostet werden und die Neuankömmlinge sich untereinander vernetzen können. Neben dem globalen Onboarding-Prozess gibt es darüber hinaus für bestimmte Regionen wie beispielsweise Nordamerika oder IEMEA länderspezifische Informationen über bestimmte Prozesse und Richtlinien.

Derzeit beschäftigt sich Henkel mit der Entwicklung eines strukturierten Prozesses für Bluecollar-Beschäftigte. Hierbei liegt der Fokus insbesondere darauf, Mitarbeitenden, die kein Firmenhandy haben, über private Handys oder Laptops Zugriff auf die Lernmanagement-Systeme zu geben. Beispielsweise wird momentan ein Programm entwickelt, um Bluecollar-Mitarbeitende ebenfalls regelmäßig mit Informationen zu versorgen und eine stärkere Identität zu Henkel zu schaffen.

Mona Zons unterstreicht die wachsende Bedeutung des Onboardings auch für die Zukunft: »In meinen Augen ist es eines der wichtigsten Themen mit langfristigen Auswirkungen. Man merkt es insbesondere, wenn das Onboarding nicht gut aufgestellt ist.

Dann können sich Mitarbeitende nicht bestmöglich einbringen und ihr Potenzial abrufen, für das sie eingestellt wurden. Ebenfalls nicht zu unterschätzen ist die Bindung an das Unternehmen sowie das Zugehörigkeitsgefühl, das insbesondere am Anfang geschaffen wird.«

5.5.3 Vodafone GmbH

Als eines der führenden Kommunikationsunternehmen ist Vodafone[3] die Nummer eins im deutschen Mobilfunk und zählt über 30 Millionen Mobilfunk-, fast 11 Millionen Breitband- und mehr als 13 Millionen TV-Kund:innen in Deutschland. Rund 16.000 Mitarbeitende erwirtschaften einen jährlichen Gesamtumsatz von etwas mehr als 13 Milliarden Euro.

Neben der Bereitstellung von Internet, Mobilfunk, Festnetz und Fernsehen aus einer Hand ist Vodafone außerdem Digitalisierungspartner der deutschen Wirtschaft und treibt den Infrastruktur-Ausbau in Deutschland voran. Seit Mitte 2019 betreibt Vodafone das erste 5 G-Netz in Deutschland. Mit einem Anteil von rund 30 % am Gesamtumsatz ist Vodafone Deutschland die größte Landesgesellschaft der Vodafone-Gruppe, einem der größten Telekommunikationskonzerne der Welt.

Als Telekommunikations- und Technologiekonzern bietet Vodafone seinen Mitarbeitenden bereits seit mehreren Jahren neue und flexible Arbeitsformen an. So sind Homeoffice, Mobile Working und hybride Arbeitsmodelle ein fester Bestandteil der Unternehmenskultur.

Unter dem Namen »Full Flex Office« ermöglicht Vodafone seinen Mitarbeitenden seit Oktober 2021, von dort zu arbeiten, wo sie es am besten können. Die Mitarbeitenden entscheiden flexibel, ob sie von zu Hause aus, mobil oder am Büro-Standort arbeiten möchten. Das »Full Flex Office« bietet Mitarbeitenden maximale Flexibilität, um Berufs- und Privatleben optimal miteinander zu verbinden, und gilt für alle Vodafone-Gesellschaften in Deutschland. Eine reine Homeoffice-Company ist Vodafone dadurch aber nicht. Auch Vodafone sieht im persönlichen Kontakt vor Ort einen wichtigen Aspekt erfolgreicher Arbeit. Denn bei aller Digitalisierung ersetzt nichts diesen persönlichen Kontakt vor Ort und im Team und das persönliche Erleben von Miteinander. Daher sind hybride Arbeitsformen inzwischen der Standard.

3 Die Zahlen, Daten und Fakten zur Vodafone GmbH sind der Homepage des Unternehmens entnommen (https://www.vodafone.de, Abrufdatum: 15.9.2022). Die darüber hinausgehenden Details zur hybriden Arbeitswelt und zum Onboarding von neuen Mitarbeitenden wurden in einem Interview mit Pascal Gries, Head of HR People Services, im Oktober 2022 mit der Autorin des Beitrags Edda Feisel ausgetauscht.

Bei der Wahl der richtigen Form der Zusammenarbeit wird es den einzelnen Teams überlassen, für welche Arbeitszwecke es sinnvoll ist, sich vor Ort oder virtuell zu treffen. Umfragen unter den Mitarbeitenden haben gezeigt, wie wichtig der persönliche Austausch ist. Pascal Gries, Bereichsleiter HR People Services, unterstreicht die gestiegene Bedeutung der Führungskräfte, die stärker als früher sowohl die einzelnen Bedürfnisse der Teammitglieder als auch die Unternehmensinteressen im Blick behalten und einen starken Teamspirit kreieren müssen. In der hybriden Arbeitswelt ist es die Aufgabe der Führungskraft, Vertrauen zu schaffen, da nur dann Motivation und freies Denken gelebt werden.

Um Führungskräfte bei ihren neuen Aufgaben zu unterstützen, wurde ein »Leadership Accelerator« entwickelt, mit dem sie ein Jahr lang im Bereich »Führungskultur beim flexiblen Arbeiten« geschult werden. Außerdem werden Mitarbeitende durch die Initiative #bekindtoyourself dabei unterstützt, auf Selbstfürsorge zu achten.

Für das Onboarding von neuen Mitarbeitenden bedeutet hybrides Arbeiten, von Anfang an Verbundenheit zum Unternehmen aufzubauen und den besonderen Vodafone-Spirit auch virtuell zu vermitteln. Neben der virtuellen Einarbeitung und der Einführung eines Buddy-Programms (siehe unten) wurden die Onboarding Events, wie ein Welcome Call mit CEO und CHRO, angepasst. Die wichtigsten Prozesse sind für neue Mitarbeitende digital verfügbar, ebenso wie eine virtuelle Führung durch das Firmengebäude. Im November 2022 hat Vodafone ein neues Onboarding-Tool implementiert, bei dem alle wichtigen Informationen schnell und einfach verfügbar sind und neue Mitarbeitende ihren Buddy sowie neue Kolleg:innen sehen und Austauschmöglichkeiten gegeben sind.

Pascal Gries betont: »Wir haben viele unserer HR-Prozesse digitalisiert. Arbeitsverträge können inzwischen in vielen Fällen mit DocuSign unterzeichnet werden, und es gibt virtuelle Onboarding-Sessions. Wir haben jedoch festgestellt, dass Mitarbeitende nicht immer vor Ort sind, wenn ihre neuen Kolleginnen und Kollegen starten. Um sicherzustellen, dass unsere neuen Mitarbeitenden gut und schnell integriert werden, haben wir ein Buddy-Programm implementiert. In jedem Team gibt es einen erfahrenen Buddy, der die Integration ins Team sicherstellt und bspw. dafür sorgt, dass man Kollegen bei der Einarbeitung auch virtuell über die Schulter schauen kann und sich der neue Mitarbeitende gut ins Team integriert fühlt. Teamgeist und Produktivität sind nicht an einen Ort gebunden sind, sondern an eine Einstellung.«

5.6 Lösungsansätze zur Gestaltung von Onboarding in hybriden Arbeitswelten

Das Spektrum an möglichen Maßnahmen und Instrumenten zur Einarbeitung von neuen Mitarbeitenden ist sehr vielfältig (vgl. dazu z. B. Moser et al., 2018, S. 63 ff.) und sollte immer an die individuellen Gegebenheiten des Unternehmens und des Jobs im Sinne eines modularen Baukastens angepasst werden. Viele Organisationen nutzen in ihrer Unternehmenspraxis seit Jahren ein eigenes Baukastensystem. Dieses gilt es nun den besonderen Herausforderungen der hybriden Arbeitswelten anzupassen. Aus den zuvor dargestellten theoretischen Grundlagen und den präsentierten Praxisbeispielen lassen sich die folgenden Lösungsansätze ableiten.

Die virtuellen Möglichkeiten im Pre-Onboarding ausschöpfen
Die neuen Kommunikationstechnologien erlauben einen intensiveren und auch professionelleren Kontakt zu den neuen Kolleginnen und Kollegen schon vor dem ersten Arbeitstag. Viele administrative Elemente des Onboardings lassen sich bereits im Vorfeld umsetzen. So kann die Beschaffung und Zugänglichmachung von Hard- und Software sowie zu Systemen und anderen Arbeitsmitteln bereits vor Antritt des Jobs erfolgen. Sobald neue Mitarbeitende im Unternehmen anfangen, kann der Fokus auf der sozialen und kulturellen Integration durch intensive persönliche Kontakte liegen.

Den persönlichen Kontakt in den ersten Wochen des Onboardings intensivieren
In den ersten Tagen und auch in den ersten sechs Monaten der Beschäftigung geht es vor allem darum, die soziale und kulturelle Integration der neuen Mitarbeitenden zu fördern. Dabei spielen vor allem der persönliche Kontakt und eine offene Willkommenskultur eine wichtige Rolle. Events, Kennenlern-Meetings oder auch gemeinsame Mittagessen tragen dazu bei, neuen Mitarbeitenden den kulturellen und sozialen Zugang zum Unternehmen zu vereinfachen. Fachliche Aspekte stehen dabei eher im Hintergrund.

Das fachliche Onboarding durch digitale Lerninhalte und -formate aufwerten
Das Spektrum an digitalen Lernformaten hat sich in den letzten Jahren enorm erweitert und bietet daher auch für das Onboarding attraktive Anknüpfungspunkte. Digitale Lerninhalte eignen sich insbesondere für Selbstlerneinheiten und ermöglichen eine hohe Flexibilität, da sie orts- und zeitunabhängig abrufbar sind und mehrfach angeschaut oder absolviert werden können. Standardschulungen wie z. B. Compliance-Trainings oder einfach zu vermittelndes Technikwissen sind darüber ideal umsetzbar. Ebenso weisen digitale Lerninhalte eine hohe ökonomische Effizienz auf, da sie für mehrere Mitarbeitende genutzt werden können (vgl. Blumenröder, 2021, S. 14–15).

Die kulturelle Integration durch Buddy- und Mentorenprogramme unterstützen
In der Vergangenheit haben sich bei der Einarbeitung von neuen Mitarbeitenden besonders Buddy- oder Mentorenprogramme etabliert (vgl. Richter/Katter, 2018, S. 572). In hybriden Arbeitsmodellen sollten sie keinesfalls verloren gehen, sondern mit einer besonderen Priorität belegt sein. Der persönliche Face-to-Face-Austausch mit erfahrenen Buddies oder Mentoren unterstützt insbesondere die kulturelle und soziale Integration, auf die es auf der Basis der zuvor skizzierten besonderen Herausforderungen hybrider Arbeitswelten besonders zu fokussieren gilt.

Die Verantwortlichkeiten im neuen Team klar verteilen
Die Verantwortung für die gelungene Einarbeitung neuer Kolleg:innen liegt bei dem Team, der Führungskraft und natürlich auch bei den neuen Mitarbeitenden selbst. Die Koordination einer Einarbeitung wird aber vor dem Hintergrund der flexiblen Regelungen zu Arbeitsort und Arbeitszeit unter Umständen deutlich komplexer. Dies gilt es zu beachten und durch eine ganz klare Verteilung der Verantwortlichkeiten im Team zu lösen.

5.7 Fazit und Ausblick

Das Onboarding von neuen Mitarbeitenden ist und bleibt wichtig für die Employee Experience und eine gelungene Mitarbeitendenbindung – insbesondere vor dem Hintergrund der Anforderungen der jüngeren Generationen. In hybriden Arbeitswelten hat sich diese Erkenntnis nicht verändert, aber vor dem Hintergrund der Besonderheiten in der Kommunikation und Kollaboration von Teams steigt die Bedeutung der sozialen und kulturellen Integration von neuen Mitarbeitenden. Es gilt, die neuen Möglichkeiten virtueller Ansätze und Instrumente mit Präsenzelementen zu verbinden und damit das Beste aus beiden Welten zusammenbringen.

Die bisherigen Ausführungen haben deutlich gemacht, dass vor allem administrative Aspekte des Onboardings und Teile der fachlichen Einführung sehr gut in den virtuellen Raum verlegt werden können. Dies schafft in persönlichen Begegnungen mehr zeitliche Ressourcen für die soziale und kulturelle Integration – beides Komponenten, die in hybriden Arbeitswelten von elementarer Bedeutung sind. Hierauf gilt es einen klaren Fokus zu legen und durch eine verstärkte Beteiligung von Führungskräften, Teams und Buddies oder Mentoren eine enge persönliche Begleitung von neuen Mitarbeitenden zu gewährleisten.

Letztlich haben Unternehmen aber auch gerade erst angefangen, in hybriden Arbeitswelten zu arbeiten und zu agieren. Es gilt auszuprobieren, was gut funktioniert und was nicht, und sich im Sinne von iterativen Prozessen an eine optimale Lösung für das hybride Onboarding heranzutasten. Dafür sind intensive Feedbackprozesse und ein offener Austausch zwischen HR, den Führungskräften, den Teams und den neuen Mitarbeitenden notwendig. Auch die Erfolgsmessung von Onboarding und einzelnen Instrumenten ist wichtig, um sich weiterzuentwickeln. Mögliche KPIs sind die Frühfluktuationsquote, die kulturelle Passung, die Qualität der Neueinstellungen und die Dauer bis zur vollständigen Leistungsfähigkeit. Laut einer Umfrage aus dem Jahr 2021 erheben jedoch 50% der befragten Unternehmen aktuell überhaupt keine Kennzahlen zum Onboarding-Erfolg (vgl. Haufe, 2022, S. 11). Nur wenn evaluiert wird, was gut funktioniert und was nicht, können Unternehmen daraus lernen, Prozesse adaptieren und sich den veränderten Rahmenbedingen des Onboardings optimal anpassen. Die Beispiele aus der Praxis zeigen, dass es bereits zahlreiche kreative Ansätze für hybrides Onboarding gibt. In dem Thema steckt ein großes Entwicklungspotenzial und man darf gespannt sein auf zukünftige Lösungen.

5.8 Literatur

Adrian, A.; Schrodt, F.; Perlitz, T.; Rechsteiner, F. (2021): Digitales Onboarding an der Spitze. In: Personalwirtschaft, Heft 6, S. 44.

Backovic, Lazar; Scheppe, Michael (2021): Die Hybrid-Illusion – Vier unbequeme Wahrheiten über die Zukunft der Arbeit, https://www.handelsblatt.com/karriere/new-work/karriere-die-hybrid-illusion-vier-unbequeme-wahrheiten-ueber-die-zukunft-der-arbeit/27249946.html, abgerufen am 10.10.2022.

Biemann, Torsten; Weckmüller, Heiko (2014): Onboarding – Mitarbeiter richtig integrieren. In: PERSONALquarterly, Heft 1, S. 46–49.

Biemann, Torsten; Weckmüller, Heiko (2021): Psychologische Sicherheit: Erfolgsfaktor für Teamerfolg jenseits der Teamzusammensetzung. In: PERSONALquarterly, Heft 4. S. 46–49.

Blumenröder, Silke (2021): Hybrides Onboarding bei Goldbeck & Co. In: wissensmanagement, Heft 5, S. 14–15.

Brenner, Doris (2020): Onboarding. Als Führungskraft neue Mitarbeiter erfolgreich einarbeiten und integrieren. 2. Aufl., Wiesbaden: Springer Gabler.

Britz-Averkamp, Ingrid; Eich-Fangmeier, Christine (2020): Überleben in der neuen Arbeitswelt. Desk Sharing, Open Space, Mobiles Arbeiten & Co. Survival Guide für Manager und Mitarbeiter. 1. Aufl., Regensburg: Walhalla Fachverlag.

Ciesielski, Martin A.; Schutz, Thomas (2016): Digitale Führung: Wie die neuen Technologien unsere Zusammenarbeit wertvoller machen. 1. Aufl., Wiesbaden: Springer Gabler.

Fischer, Josef A.; Hüttermann, Hendrik (2022): Impact statt Ego. Psychologische Sicherheit und Hochleistung in Teams wirksam fördern. In: OrganisationsEntwicklung, Nr. 2, S. 59–66.

Fortmann, Harald R.; Kolocek, Barbara (2018): Arbeitswelt der Zukunft. Trends – Arbeitsraum – Menschen – Kompetenzen. 1. Aufl., Wiesbaden: Springer Gabler.

Franken, Swetlana (2016): Führen in der Arbeitswelt der Zukunft: Instrumente, Techniken und Best-Practice-Beispiele. 1. Aufl., Wiesbaden: Springer Gabler.

Gerdenitsch, Cornelia; Korunka, Christian (2019): Digitale Transformation der Arbeitswelt. 1. Aufl., Berlin: Springer.

Goller, Ina; Laufer, Tanja (2018): Psychologische Sicherheit in Unternehmen. Wie Hochleistungsteams wirklich funktionieren. Wiesbaden: Springer Gabler.

Handy, Charles (1995): Trust and the virtual organization. In: Harvard Business Review 63 (3), S. 40–50.

Haufe (2022): Umfrage 2021. Große Potenziale beim Onboarding. Digitalisierung stagniert, https://www.myonboarding.de/studien?akttyp=haufe-weblandschaft&med=haufe-de-personal&aktnr=85019&wnr=04415251&cmp=allgemein&utm_id=talent/85019/04415251&utm_source=haufe-weblandschaft&utm_medium=haufe-de-personal&utm_campaign=allgemein&emos_sid=AYRCY00ksjPVCfaZedTOy0PZ4HiGBR1 T&emos_vid=AYLT8CuKe8U3gLd1jFHzxzaEJ1QG5roS, abgerufen am 4.11.2022.

Industrieverband Büro und Arbeitswelt (IBA) (2020): IBA-Studie 2019/2020. Die Entwicklung der Büroarbeit, https://iba.online/site/assets/files/5013/iba_studie_2020_final.pdf, abgerufen am 10.10.2022.

Lehr, Thomas (2021): Hybride Arbeit: Diese Modelle gibt es, https://www.humanresourcesmanager.de/future-of-work/hybride-arbeit-diese-modelle-gibt-es/, abgerufen am 2.11.2022.

Lippold, Dirk (2019): Führungskultur im Wandel: Klassische und moderne Führungsansätze im Zeitalter der Digitalisierung. 1. Aufl., Wiesbaden: Springer Gabler.

Moser, Klaus; Soucek, Roman; Galais, Nathalie; Roth, Colin (2018): Onboarding – Neue Mitarbeiter integrieren. Göttingen: Hogrefe.

Müller-Vorbrüggen, Michael; Radel, Jürgen (Hrsg.) (2022): Handbuch Personalentwicklung. Die Praxis der Personalbildung, Personalförderung und Arbeitsstrukturierung. 5. Aufl., Stuttgart: Schäffer-Poeschel.

Radel, Jürgen (2022): Onboarding. In: Müller-Vorbrüggen, Michael; Radel, Jürgen (Hrsg.): Handbuch Personalentwicklung. Die Praxis der Personalbildung, Personalförderung und Arbeitsstrukturierung. 5. Aufl., Stuttgart: Schäffer-Poeschel, S. 353–372.

Richter, Nicole; Katter, Evgenia (2018): Onboarding. In: Das Wirtschaftsstudium (WISU), Heft 5, Vol. 47, S. 569–573.

Setty, Prasad (2021): The State of Hybrid Work: New Insights From Our Global Survey, https://www.forbes.com/sites/googlecloud/2021/11/15/the-state-of-hybrid-work-new-insights-from-our-global-survey/?sh=782456ac277d, abgerufen am 2.11.2022.

Strack, Rainer; Kovács-Ondrejkovic, Orsolya; Baier, Jens; Antebi, Pierre; Kavanagh, Kate; López Gobernado, Ana (2021): Decoding Global Ways of Working. Boston Consulting Group, https://web-assets.bcg.com/74/33/14077446434fa8685891ba0e2e69/bcg-decoding-global-ways-of-working-mar-2021.pdf, abgerufen am 4.11.2022.

Wald, P. (2014): Virtuelle Führung. In: Lang, R.; Rybnikova, I. (Hrsg.): Aktuelle Führungstheorien und -konzepte, 1. Aufl., Wiesbaden: Springer Gabler, S. 355–386.

Winkler, Katrin; König, Svenja; Heß, Claudia (2022): Management und Führung hybrider Teams. Hochschule Kempten, Institut für digitale Transformation in Arbeit, Bildung und Gesellschaft, Kempten.

Wohlers, Christina; Hertel, Guido (2017): Choosing where to work at work – towards a theoretical model of benefits and risks of activity-based flexible offices. In: Ergonomics. 60 (4), S. 467–486.

6 Agile Methods of Performance

Sandra Niedermeier, Katrin Winkler und Svenja König

6.1 Einleitung

Flexibilität und Agilität sowie flache Hierarchien sind Anforderungen, welche die große Dynamik des aktuellen Wandels für die Unternehmen mit sich bringt. Um diesen begegnen zu können, sollte der Fokus nicht auf die jährliche Überprüfung, auf finanzielle Belohnungen und auf die Rechenschaftspflicht der Mitarbeitenden für das, was sie im vergangenen Jahr getan haben, gelegt werden, sondern auf die Verbesserung der aktuellen Leistung und die Förderung von Talenten für die Zukunft (Cappelli/Tavis, 2016). Ebenso gilt es, im Zuge der zunehmenden Verknappung von Talenten mit der Etablierung neuer Ansätze dem wachsenden Bedürfnis nach der Entwicklung von Menschen zu entsprechen (Capelli/Tavis, 2016).

Auf eine solche Notwendigkeit, wie sie vor dem Hintergrund des stetigen Wandels der Arbeitswelt für ein Überdenken bisheriger Methoden der Leistungsbewertung besteht, wird mit dem nachfolgenden Zitat von Peren (2019) hingewiesen. Es deutet an, dass sich auch das Performance-Management notwendigen Veränderungen nicht verschließen kann.

> *»Der jährliche Austausch über Performance, Qualifizierungsbedarf und Potenzial steht oft nicht mehr im Einklang mit der Dynamik im Geschäft.«*
> Peren, 2019

So ist es naheliegend, dass sich das Überdenken bisheriger Ansätze des Performance-Managements als wichtiges Thema weit oben auf der Agenda vieler Führungsteams wiederfindet (Cappelli/Tavis, 2016). In einem Artikel von Cappelli und Tavis (2016) wird beispielsweise davon berichtet, wie mehr als ein Drittel der US-amerikanischen Unternehmen jährliche Überprüfungen durch informelle Check-ins zwischen Manager:innen und Mitarbeitenden ersetzt. Zu beobachten ist eine Verlagerung des Schwerpunkts von einer vormaligen Konzentration auf Rechenschaft hin zu einer Betonung von Verbesserung und Wachstum (Cappelli/Tavis, 2016).

Im Folgenden werden die relevanten Aspekte einer Neuorientierung im Performance-Management genauer betrachtet.

6.1.1 Neuorientierung im Performance-Management

Welche Problemfelder birgt das klassische Performance-Management derzeit und welche aktuellen Treiber sind für ein Umdenken erkennbar? Diese Fragen werden im Weiteren genauer beleuchtet.

Knappe Talente setzen Unternehmen unter Druck, ihre Bemühungen im Talentmanagement zu erhöhen

Unternehmen sind im Wettbewerb um knappe Talente zur Steigerung ihrer Bemühungen im Talentmanagement aufgefordert. Im Zuge dessen birgt eine Einbindung der Mitarbeitenden in die Verantwortung für ihre eigene Entwicklung zugleich die Notwendigkeit für ein reichhaltiges Feedback, welcher durch häufige informelle Check-ins gegenüber jährlichen Überprüfungen besser entsprochen werden kann. (Cappelli/Tavis, 2016)

Schnelle Veränderungen des heutigen Geschäftsumfeldes stellen Anforderungen an eine hohe Agilität und weniger Formalität

Solche regulären Check-ins zeigen sich im Kontext der Anforderungen eines sich schnell verändernden Geschäftsumfeldes an eine hohe Agilität als wichtig (Cappelli/Tavis, 2016). Vor diesem Hintergrund stellt Peren (2019) eine fehlende Konzentration der aktuellen Praxis im Performance-Management auf eine kontinuierliche und rechtzeitige Verbesserung heraus und verweist auf deren Begründung in einem veralteten Management- und Organisationsmodell (top-down, one-size-fits-all). Auf ein entsprechendes Problemfeld, wie es in der Implementierung des Performance-Management-Systems von oben nach unten zu sehen ist, machen folgend auch Pritchard und Wright (2020) aufmerksam.

In eine ähnliche Richtung weisend, betonen die Autoren zudem, dass jährliche Überprüfungen eine Einschränkung der Kreativität mit sich bringen und keinen wirklichen Zweck erfüllen (Pritchard/Wright, 2020). So zeigt die Gallup Studie 2017 auf, dass in einem gegenläufigen Trend zum Ziel der Produktivitätssteigerung, für das das Performance-Management entwickelt wurde, gerade einmal 10% der Mitarbeitenden eines Unternehmens ihrer Arbeit mit vollem Engagement nachgehen, jeder Fünfte aber sogar aktiv gegen das Unternehmen arbeitet (Me & Company, 2022). In ähnlicher Weise waren zuvor in der Mercer Global Performance Management Survey 2013 nur 3% der befragten Unternehmen davon überzeugt, dass ihr Performance-Management einen außergewöhnlichen Wert bietet (Mercer, 2013).

Schließlich ist der Bedarf für ein Umdenken auch darin zu sehen, dass bisherige Methoden der Leistungsbewertung eine vergangenheitsorientierte Perspektive aufweisen und häufig auf überholten Kompetenzmodellen aufbauen (Peren, 2019). Der Fokus liegt dabei weniger auf dem künftigen Potenzial und neuen Anforderungen als vielmehr auf der Rechenschaft der Mitarbeitenden für die von ihnen erbrachte Leistung. In einer solchen Konzentration auf finanzielle Belohnungen und Bestrafungen sowie die Inpflichtnahme der Mitarbeitenden für ihre Leistung im vergangenen Jahr – auf Kosten einer Verbesserung der aktuellen Leistung und der Förderung von Talenten für die Zukunft – wird von Cappelli und Tavis (2016) die größte Einschränkung der jährlichen Beurteilung gesehen.

Zweifel an der Wirksamkeit derzeitiger Performance-Management-Systeme hinsichtlich Fragen der Fairness

Eine zunehmende Einbindung der Mitarbeitenden in die Verantwortung für ihre eigene Entwicklung, wie sie im Kontext der Anforderungen an eine hohe Unternehmensagilität gegeben ist, begründet im Weiteren den Bedarf nach einem regelmäßigen und reichhaltigen Feedback (Darino et al., 2019). Vor diesem Hintergrund ist ein jährlicher Rhythmus der Gespräche – so die bisherige Praxis – nicht geeignet, um tatsächlich die Entwicklung einer Feedbackkultur zu ermöglichen (Peren, 2019). Zugleich haben viele Mitarbeitende das Gefühl, bei der Beurteilung ihrer Leistung nach Schulnotenmodellen ungerecht behandelt zu werden (Peren, 2019).

Hinsichtlich des Aspekts der Fairness sollten nach Peren (2019) die bisherigen Modelle weiterentwickelt werden, denn der jährliche Turnus überfordert die Führungskräfte bei der objektiven Beurteilung von Leistung und Potenzial. Dies steht in Zusammenhang mit Erkenntnissen der kognitiven Psychologie, die zeigen, dass unser Gehirn gerade in Beurteilungsfragen sehr subjektiv ist, sodass bei der Analyse fast nur kurzfristige und leicht verfügbare Daten und Eindrücke anstelle der vollständigen Leistung im betrachteten Jahr verarbeitet werden.

Darino und Johnson (2020) bestimmen diese Frage der Fairness als wesentlichen Faktor dafür, die Wirksamkeit derzeitiger Performance-Management-Systeme infrage zu stellen.

Der Fokus auf das Team wird bedeutender

Schließlich ist es wichtig, mit dem Nachdenken über neue Ansätze im Performance-Management auch der wachsenden Bedeutung der Entwicklung der Teamkultur Rechnung zu tragen. Traditionelle Ansätze unterstützen eher »Einzelkämpfer« (Peren, 2019). Mit einer Priorisierung der Leistungsverbesserung gegenüber der Verantwortungsübernahme kann auf diese Weise ein Beitrag zur Förderung der Teamarbeit geleistet werden (Cappelli/Tavis, 2016).

In ähnlicher Weise betonen Darino und Johnson (2020), dass heute viele Unternehmen Teamarbeit wertschätzen und dennoch nur wenige über Performance-Management-Systeme verfügen, die Teams formell als den »Muskel« anerkennen, der Geschäftsergebnisse liefert.

Anwendung fehlerhafter Messgrößen

Abschließend sollen die von Pritchard und Wright (2020) bestimmten Problemfelder der bisherigen Umsetzung des Performance-Managements im Hinblick auf die verwendeten Messgrößen nicht unberücksichtigt bleiben. Sie verweisen auf die Beobachtung, dass die angewandten Maßzahlen oft nicht mit den übergeordneten Unternehmenszielen verknüpft werden. Zugleich sehen sie eine Schwierigkeit darin, dass Mitarbeitende für Messgrößen verantwortlich gehalten werden, auf die sie keinen Einfluss haben. Wenn Feedback auf der Grundlage fehlerhafter Messgrößen gegeben wird, wirkt sich dies wiederum negativ auf die Möglichkeit aus, wirksame Verhaltensänderungen zu erzielen (Pritchard/Wright, 2020).

6.1.2 Treiber neuer Ansätze im Performance-Management

All diese Elemente, die neue Ansätze im Performance-Management in Aussicht stellen, lassen sich in den Kontext verschiedener gesellschaftlicher und wirtschaftlicher Entwicklungen einordnen. Schmidt (2018) sieht als wichtige Treiber der aktuellen Veränderungen im Performance-Management die Digitalisierung, die Dynamisierung der Weltwirtschaft, die Demokratisierung sowie den demografischen Wandel. Hier ein kurzer Einblick zu jedem dieser Treiber in Anlehnung an entsprechende Ausführungen von Schmidt (2018, S. 13 ff.):

Treiber neuer Ansätze im Performance-Management

- **Digitalisierung**
  Die Digitalisierung kennzeichnet sich als Treiber der Veränderungen im Performance-Management dadurch, dass sie als Basis für die Entwicklung neuer, disruptiver Geschäftsmodelle zu gänzlich neuen Anforderungen an Mitarbeitende in Unternehmen geführt hat. Sie sind davon geprägt, dass Mitarbeitende häufig nicht mehr nur in ein einziges Team eingebunden sind und mit einer einzigen Führungskraft kooperieren, sondern dass sie in vielen Projekten und Teams mitarbeiten. Damit einher geht die Einbindung der Mitarbeitenden in ein vielschichtiges Beziehungsgefüge. Daraus ergibt es sich, dass ein System, das auf nur einem Feedback pro Jahr von lediglich einer Führungskraft aufbaut, zunehmend an Sinnhaftigkeit verliert.
- **Dynamisierung der Wettbewerbsfähigkeit**
  Neben der Digitalisierung wird von Schmidt (2018) als weiterer Treiber des Wandels im Performance-Management die Dynamisierung der Wettbewerbsfähigkeit identifiziert. In einer Zeit des stetigen Wandels, in der die Innovationskraft eines Unternehmens – einhergehend mit der notwendigen Befähigung der Mitarbeitenden, immer wieder rasch neue Lösungen und Ideen zu entwickeln – einen zunehmend wichtigen Wettbewerbsfaktor bildet, stellt sich ein System, das zur Vereinbarung längerfristiger Ziele und zur Beurteilung vergangenen Verhaltens entwickelt wurde, als zu statisch und langsam dar. Es beeinträchtigt die notwendige Dynamik, da es Mitarbeitende dazu veranlasst, sich an statischen Rollenanforderungen und langfristig festgelegten Zielen zu orientieren.

- **Demokratisierung**
  Im Kontext der zunehmenden Bedeutung der Innovationskraft als zentraler Wettbewerbsfaktor eines Unternehmens sollen Mitarbeitende zum eigenverantwortlichen Handeln und zur gemeinsamen Entwicklung kreativer Lösungen mit Kolleg:innen und Kund:innen befähigt werden. Der Führungskraft kommt anstelle jener des »allwissenden Chefs« vermehrt die Rolle des Coachs zu. Das bringt zugleich eine Verschiebung der Machtverhältnisse mit sich. In einer solchen Veränderung des Beziehungsverhältnisses hin zu einer zunehmenden Gleichstellung von Mitarbeitenden und Führungskräften erweckt der klassische Ansatz der Mitarbeiterbeurteilung einen hierarchischen und antiquierten Eindruck.
- **demografischer Wandel**
  Mit der Bestimmung eines vierten Treibers im demografischen Wandel lässt sich eine Verknüpfung zur Bedeutung für ein Umdenken herstellen, wie sie zuvor im Kontext einer Verknappung von Talenten betrachtet wurde. Diese Verknappung zwingt Unternehmen dazu, ihre Bemühungen im Talentmanagement zu erhöhen (Cappelli/Tavis 2016). Unternehmen sehen sich dem steigenden Druck ausgesetzt, interessante Entwicklungsmöglichkeiten anzubieten und sich als attraktiver Arbeitgeber zu positionieren. Damit einher geht die in der Einführung bereits skizzierte Verschiebung des Fokus von der Beurteilung zur Förderung der Mitarbeitenden (Shagirbasha 2022). Eine solche Konzentration auf die Förderung der Mitarbeitenden ist auch vor dem Hintergrund wichtig, dass immer mehr Tätigkeiten in wissens- und technologiebasierten Bereichen angesiedelt sind – für deren erfolgreiche Ausübung bedarf es einer kontinuierlichen Entwicklung der Mitarbeitenden.

6.2 Anforderungen und Umsetzung eines agilen Performance-Managements

Als zentrale Merkmale neuer Ansätze im Performance-Management lassen sich besondere Anforderungen identifizieren. Die Betrachtung solcher wesentlicher Kennzeichen agiler Perfomance-Management-Methoden bildet den Kern des nachfolgenden Kapitels.

6.2.1 Kennzeichen agiler Performance-Management-Methoden

Um einen von den Mitarbeitenden als fair wahrgenommenen und erlebten Ansatz der Leistungsbeurteilung zu gestalten, können nach Darino et al. (2019) die nachfolgenden drei Praktiken mit möglichen Ansätzen zu deren Umsetzung in agilen Organisationen als wesentlich erachtet werden:

Prinzipien einer als fair wahrgenommenen Leistungsbeurteilung

- **Verknüpfung von Zielen mit den Geschäftsprioritäten**
  Das erste Prinzip besteht in der transparenten Verknüpfung der Ziele der Mitarbeitenden mit den Prioritäten des Unternehmens als zentrale Praktik agiler Arbeitsweisen. Damit in

Zusammenhang steht die Vermittlung eines Sinns und Zwecks der Tätigkeit. Darino et al. (2019) bestimmen drei Ansätze, die Unternehmen dabei helfen können, auch bei der Zusammenarbeit von autonomen Teams in agilen Organisationen für sinnvolle und mit den übergeordneten Unternehmenszielen in Einklang stehende Ziele zu sorgen. Sie geben darüber hinaus einen Hinweis auf eine mögliche Sorge in agilen Organisationen, wie der Fokus auf individuelle Ziele mit den für Agilität charakteristischen autonomen Teams vereinbar ist.
Ein erster Ansatz besteht in der ergänzenden **Bestimmung von Teamzielen** – oder auch deren Formulierung anstelle individueller Ziele. Darüber hinaus verweisen Darino et al. (2019) auf die Bedeutung **gemeinsam im Team festgelegter Zielsetzungen** sowie einer regelmäßigen Besprechung der Ergebnisse und bei Bedarf vorzunehmender Anpassungen. Die Zusammenarbeit autonomer Teams in agilen Organisationen ist dadurch gekennzeichnet, dass die Teams eher breit angelegten Anweisungen als detaillierten Top-down-Anweisungen folgen und eine deutliche Konzentration auf den Output aufweisen. Schließlich sind agile Organisationen mit ihrem dezentralen Charakter zugleich in besonderer Weise darauf angewiesen, ein Höchstmaß an **Leistungs- und Zieltransparenz herzustellen**, um der mit dem dezentralen Charakter von agilen Organisationen verbundenen Gefahr entgegenzuwirken, dass Delegation und Empowerment ins Chaos abdriften. Dies ist der Kern eines dritten unterstützenden Ansatzes zur Umsetzung dieses Prinzips.

- **Investitionen in die Coaching-Skills von Manager:innen**
  Als zweites Prinzip lassen sich Investitionen in die Coaching-Skills von Manager:innen bestimmen. Diese Skills nehmen eine zentrale Rolle für ein effektives Performance-Management ein. Eine Investition in die Coaching-Skills von Manager:innen ist häufig die wirksamste Maßnahme bei der Umgestaltung des Performance-Managements, um sie damit zu besseren »Schiedsrichtern der Fairness« zu machen. Gleichwohl stellt sich in agilen Organisationen die Frage, wem – angesichts der Zweifel, die hier am traditionellen Modell des Linienmanagers gehegt werden – dann die Aufgabe des alltäglichen Schiedsrichters der Fairness zukommt und wessen Fähigkeiten aufgebaut werden müssen. Um diese Fragen zu adressieren, bestimmen Darino et al. (2019) einen ersten wichtigen Ansatz darin, Klarheit über die Aufgaben zu schaffen, die Führungskräfte bei der Entwicklung und der Beurteilung einnehmen. Als gemeinsames Thema dreier von ihnen unterschiedener Managertypen mit einem Fokus auf verschiedene Aufgaben bestimmen sie dabei ein aktives Coaching zur kontinuierlichen Entwicklung und Vermittlung von Fairness im Alltag. Aus der Bedeutung und Notwendigkeit einer kontinuierlichen Entwicklung ergibt sich der Fokus auf ein kontinuierliches Feedback und laufende Entwicklungsgespräche als zweiter wichtiger Ansatz. Abschließend besteht ein dritter wichtiger Ansatz darin, bei der Leistungsbeurteilung häufig Feedback aus vielfältigen Quellen einzuholen.
- **Differenzierende Konsequenzen**
  Eine Differenzierung der Ergebnisse bildet einen wichtigen Baustein eines Performance-Management-Ansatzes, der von den Mitarbeitenden mit einer höheren Wahrscheinlichkeit als fair erlebt wird. In gewisser Weise kann sich dies in agilen Organisationen als größere Herausforderung darstellen, da die Zusammenarbeit kollaborativer und stark voneinander abhängiger Teams es erschwert, die Ergebnisse auf individuelle Bemühungen zurückzuführen. Um eine differenzierte Betrachtung der Ergebnisse und das

damit verbundene Gefühl der Fairness ohne negative Auswirkungen auf den Teamgeist aufrechtzuerhalten, bestimmen Darino et al. (2019) eine wichtige Handlung darin, den individuellen Beitrag jedes/jeder Mitarbeitenden zur Teamleistung zu unterscheiden – basierend auf den gewünschten Werten, Denk- und Verhaltensweisen. Als zweiten wichtigen Baustein benennen sie einen stärkeren Fokus, der auf die intrinsische Motivation und nichtmonetäre Belohnungen gelegt wird.

Darino et al. (2019) betonen, dass Organisationen, die diesen Prinzipien folgen, mit einer höheren Wahrscheinlichkeit von 84% Performance-Management-Ansätze aufweisen, die von ihren Mitarbeitenden als fair wahrgenommen und anerkannt werden.

Ausgehend davon lassen sich weitere Kennzeichen neuer Ansätze im Performance-Management in den nachfolgenden Aspekten betrachten.

Fokus auf den Menschen und dessen Weiterentwicklung

Ein gemeinsames Merkmal der Vorreiter neuer Performance-Management-Ansätze ist deren Fokus auf die Entwicklung des Menschen und dessen Stärken anstelle einer Konzentration auf dessen Beurteilung und Rechenschaftspflicht (Schmidt, 2018). Dies reflektiert sich in einer zunehmenden Berücksichtigung der menschlichen Aspekte des Performance-Managements, wie sie sich als Orientierung in den neuen Ansätzen im Performance-Management bestimmen lässt (Pritchard/Wright, 2020). In diesem Kontext ist der Blick auf die Frage gerichtet, welchen Einfluss das gesundheitliche Wohlbefinden der Mitarbeitenden und die zwischenmenschlichen Beziehungen auf die Produktivität haben (Pritchard/Wright, 2020).

Zukunftsorientierung

Ein solcher Fokus auf den Menschen ist schließlich eng mit einem weiteren Merkmal neuer Performance-Management-Ansätze in deren Zukunftsorientierung verwoben (Shagirbasha, 2022). Es stellt sich die Frage, wie die identifizierten Stärken jedes und jeder einzelnen Mitarbeitenden in Zukunft gewinnbringend zur Unterstützung des Erfolgs der Organisation eingesetzt werden können (Schmidt, 2018).

Partizipative Gestaltung

Als ergänzendes gemeinsames Kennzeichen der Pioniere neuer Ansätze im Performance-Management ist zugleich auf eine partizipative Gestaltung des Prozesses hinzuweisen. Dies beinhaltet eine gemeinsame Vereinbarung der Prioritäten, die kontinuierlich angepasst werden. (Schmidt, 2018)

Ein Merkmal einer solchen partizipativen Gestaltung ist außerdem das zweiseitige »Feedback auf Augenhöhe«, das sowohl von der Führungskraft an den Mitarbeitenden als auch vom Mitarbeitenden an die Führungskraft gegeben wird. Diese Feedbackgespräche finden regelmäßig statt und werden anlass- und projektbezogen geführt. Sie ersetzen das Jahresgespräch. (Schmidt, 2018)

Schlank und informell gehaltener Prozess
Nachdem nun gezeigt wurde, wie Anforderungen an eine höhere Agilität und weniger Formalität den Hintergrund für eine Reihe neuer Entwicklungen im Performance-Management bilden (Pritchard/Wright, 2020), ist als Gemeinsamkeit unter den Pionieren neuer Ansätze zudem ein schlank und informell gehaltener Prozess zu beobachten, in dem der Schwerpunkt auf dem persönlichen Gespräch liegt und der administrative Aufwand minimiert wird (Schmidt, 2018).

6.2.2 Kontinuierliche Herausforderungen der Gestaltung eines agilen Performance-Managements

Auch wenn sich mit diesen Elementen bereits klare Eckpfeiler für die Gestaltung eines agilen Performance-Managements bestimmen lassen, soll auf einige Herausforderungen hingewiesen werden, mit denen Unternehmen in ihrem Prozess des Umdenkens nach wie vor konfrontiert sind. Das bedeutet nicht, dass für diese Herausforderungen keine Lösungsmöglichkeiten bestehen, sondern es zeigt sich, dass die neuen Ansätze im Performance-Management nicht als Patentrezept zur sofortigen Auflösung aller Problemfelder bisheriger Ansätze begriffen werden können.

In Anlehnung an Cappelli und Tavis (2016) bestehen die folgenden vier Herausforderungen:

Einklang zwischen individuellen und Unternehmenszielen
Während im traditionellen Ansatz die Unternehmensziele und -strategien von der Organisation festgelegt wurden und der Ausrichtungspunkt für die Bestimmung der Abteilungsziele und der Ziele der Mitarbeitenden waren, die die Unternehmensziele reflektieren und stärken sollten, können die Ziele der Mitarbeitenden heute auch auf spezifische Projekte bezogen sein. Voraussetzungen, wie sie für das Gelingen des beschriebenen traditionellen Ansatzes in der Möglichkeit für eine einfache Artikulation der Unternehmensziele und deren Konstanz im Verlauf eines Jahres bestehen, sind so heute immer weniger gegeben. Auf diese Weise ergibt sich eine neue Problemstellung in der Frage, wie eine Verknüpfung individueller Prioritäten mit den Zielen des gesamten Unternehmens vorgenommen werden kann – insbesondere vor dem Hintergrund kurzfristiger Unternehmensziele, die schnell an Marktveränderungen angepasst werden müssen. (Cappelli/Tavis, 2016)

An dieser Stelle soll an die möglichen Lösungen in den Ansätzen von Darino et al. (2019) erinnert werden, wie sie im vorherigen Kapitel unter dem Prinzip der Verknüpfung von Zielen mit den Geschäftsprioritäten betrachtet wurden.

Vergütung von Leistung

Beurteilungen boten Manager:innen bisher eine klare Möglichkeit, Vergütungen am individuellen Beitrag jedes Einzelnen auszurichten. In diesem Kontext wird von Cappelli und Tavis (2016) berichtet, wie Unternehmen in der Umsetzung eines neuen Ansatzes das Modell einer leistungsbezogenen Vergütung nicht ausdrücklich aufgegeben haben. Eine Differenzierung, wie sie weiterhin in der Vergütung vorgenommen wird, ist dabei in der Regel auf qualitative Beurteilungen der Manager:innen und nicht auf numerische Bewertungen gestützt. Pilotprogramme bei Juniper Systems und Cargill zeigen, dass keine Schwierigkeiten bei den Vorgesetzten bestanden, leistungsabhängige Vergütungen ohne gegebene Beurteilungsnoten zuzuweisen. Tatsächlich waren sowohl Vorgesetzte als auch die Mitarbeitenden der Personalabteilung davon überzeugt, dass eine genauere Beobachtung der Leistung der Mitarbeitenden während des Jahres zu einer höheren Validität ihrer Entscheidungen über die Leistungsvergütung führen würde.

Ob am Ende wirklich eine Überprüfung dieses im Verlauf des Jahres gegebenen Feedbacks vorgenommen wird, bevor Manager:innen eine Entscheidung über Vergütungserhöhungen treffen, bleibt fraglich.

Identifikation von Low-Performern

Schließlich bleibt in einem Prozess des Umdenkens und der Auseinandersetzung mit neuen Ansätzen die herausfordernde Frage der Identifikation von Low-Performern bestehen. Die Vorgehensweise eines traditionellen Performance-Managements bietet nur eine geringe Unterstützung für die Feststellung einer schlechten Mitarbeiterleistung. In Unternehmen, die Beurteilungen abgeschafft haben, beobachten Cappelli und Tavis (2016), dass von den Abteilungsleiter:innen eine direkte Identifikation von Problemmitarbeitenden verlangt wird. Hierbei lässt sich nach Cappelli und Tavis (2016) im Hinblick auf eine fehlende Bereitschaft der meisten Manager:innen zum Herausgreifen scheiternder Mitarbeitender gleichwohl nicht annehmen, dass eine Abschaffung der Beurteilungen tatsächlich zu einer Erleichterung dieser schwierigen Entscheidungen führen wird.

Vermeidung rechtlicher Probleme

Diese Herausforderung lässt sich einhergehend mit einer häufig wahrnehmbaren Befürchtung von Personalreferent:innen betrachten, Diskriminierungsklagen könnten zunehmen, wenn Unternehmen damit aufhören, Gehaltserhöhungen und Beförderungen auf eine numerische Bewertung zu stützen. Jedoch haben die jährlichen Beurteilungen nicht zur Verhinderung diskriminierender Praktiken beigetragen. Hinsichtlich der weiterhin bestehenden Notwendigkeit zur Vornahme einer Beurteilung, bei der jede für die Entscheidung herangezogene qualitative Information vorurteilsbehaftet sein kann, werfen Cappelli und Tavis (2016) die Frage auf, inwieweit neue Ansätze im Leistungsmanagement ihrerseits einen Beitrag dazu leisten werden können, Diskriminierung zu verringern.

Verwaltung des »Feedback Firehouse«

Abschließend bleibt eine wichtige Herausforderung bei der Umsetzung neuer Ansätze im Performance-Management darin bestehen, Lösungen zur Begegnung der Anforderungen an ein regelmäßiges und unmittelbares Feedback zu finden. Dazu weisen Cappelli und Tavis (2016) darauf hin, dass in den meisten HR-Informationssystemen eine Konzeption zur Bereitstellung eines kontinuierlichen Feedbacks fehlt. Die Entwicklung dieser Systeme war in den letzten Jahren vielmehr davon geprägt, jährliche Beurteilungen und deren Verknüpfung mit Gehaltserhöhungen online zur Verfügung zu stellen. Das ist ein Grund dafür, dass viele Mitarbeitergespräche mündlich stattfanden, ohne dass diese dokumentiert sind.

Schließlich weist Schmidt (2018) darauf hin, dass eine mögliche Gefahr für die Leistungskultur eines Unternehmens besteht, wenn der Fokus auf die Stärken der Mitarbeitenden und auf ein positives Feedback gerichtet wird und damit kritische Rückmeldungen vermieden und schlechte Leistungen nicht mehr benannt und geahndet werden (Schmidt 2018).

6.2.3 Gegenüberstellung traditioneller und agiler Performance-Management-Systeme

Nach der Betrachtung wesentlicher Problemfelder des bisherigen Performance-Managements im Kontext zentraler gesellschaftlicher und wirtschaftlicher Entwicklungen und der sich daran anschließenden Auseinandersetzung mit wichtigen Gestaltungselementen eines agilen Performance-Managements sollen in der Tabelle unten wesentliche Kennzeichen traditioneller und agiler Performance-Management-Systeme noch einmal pointiert gegenübergestellt werden. Diese Gegenüberstellung bildet die Grundlage, um im folgenden Kapitel verschiedene Bausteine für die Lösung der identifizierten Problemfelder sowie Perspektiven des Veränderungsprozesses im Performance-Management zu skizzieren.

	Traditionelle Performance-Management-Systeme	Agile Performance-Management-Systeme
Turnus	Leistungsbeurteilungen finden (lediglich) **einmal im Jahr** durch die Führungskraft statt.	Leistungsbeurteilungen finden **regelmäßig** durch die Führungskraft und die Kolleg:innen statt.
Schwerpunkt	• Die Konzentration liegt darauf, eine Rückmeldung zur Leistung zu geben, ohne dass Entwicklungs-perspektiven in den Blick genommen werden. • Der Fokus liegt darauf, Mitarbeitende zu befördern oder Wege außerhalb des Unternehmens zu suchen.	• Die Konzentration liegt auf einem konstruktiven Feedback zur Verbesserung der Leistung und zur Förderung der beruflichen Entwicklung der Mitarbeitenden. • Die Konzentration liegt darauf, Mitarbeitende quer in alle Richtungen (innerhalb des Unternehmens) zu bewegen.
Perspektive	**Rückblickende** Betrachtung	**Prospektiver** Charakter
Weiter-entwicklungs-möglichkeiten	Bedingt durch das Fehlen einer angemessenen Aufsicht, ist nur **minimaler Spielraum** für die berufliche Entwicklung der Mitarbeitenden gegeben.	Ein kontinuierliches Feedback eröffnet den Mitarbeitenden Möglichkeiten zur **Weiterentwicklung** und Arbeit an ihren Schwächen.
Engagement	**Niedriges Engagement** der Mitarbeitenden, da sie oft nicht für ihre guten Leistungen anerkannt werden. Sie fühlen sich unterbewertet.	Eine regelmäßige Belohnung und Anerkennung der Mitarbeitenden für ihre Leistung führen dazu, dass diese ein **stärkeres Engagement** zeigen.
Kommunikation	**Einseitige Kommunikation:** Manager:innen geben Feedback und überzeugen die Mitarbeitenden von den Ergebnissen.	**Mehrkanalige Kommunikation:** 360°-Feedback wird aus verschiedenen Quellen eingeholt, einschließlich interner und externer Interessengruppen.
Verantwortlichkeit	Der/Die **Manager:in** bewertet die Leistung der Mitarbeitenden.	Jede:r bewertet sich selbst.
Auszeichnung des besten Mitarbeiters	Der/Die beste Mitarbeiter:in wird von der Führungskraft ausgezeichnet.	Der/Die beste Mitarbeiter:in wird von den Kolleg:innen, Führungskräften und Teamleiter:innen ausgezeichnet.
Zielsetzung	Erwartungen und **Ziele** werden **oft nicht klar kommuniziert** und sind nicht auf die Unternehmensziele abgestimmt.	Es bestehen **klar definierte Ziele**, die entsprechend den Zielen der Organisation priorisiert werden.

	Traditionelle Performance-Management-Systeme	Agile Performance-Management-Systeme
Teamperspektive	Es findet **keine Teamarbeit** statt und den Mitarbeitenden wird bei der Ausführung ihrer Aufgaben nur ein geringes Maß an Autonomie eingeräumt.	Verbesserte Innovation und Teamentwicklung sowie ein stärkeres Gefühl der Zugehörigkeit zur Organisation. **Verbesserte Zusammenarbeit im Team** und regelmäßiger Austausch von Ideen.

Gegenüberstellung traditioneller und agiler Performance-Management-Systeme, eigene Darstellung in Anlehnung an SHAGIRBASHA, 2022, S. 86; Ranasinghe/Sangarandeniya 2021

Ungeachtet all dieser Unterschiede, wie sie in der vorangegangenen Gegenüberstellung sichtbar geworden sind, bleibt nach Pritchard und Wright (2020, S. 11) folgendes Grundprinzip des Performance-Managements bestehen:

Grundprinzip des Performance-Managements

»We can have a substantial positive (or negative) influence on work performance by changing how people are treated by the organization.« (Pritchard/Wright, 2020, S. 11)

6.2.4 Wege und Lösungsansätze zur Gestaltung eines agilen Performance-Managements

Welche Wege ergeben sich nun aus den vorherigen Betrachtungen für die Gestaltung eines agilen Performance-Managements einhergehend mit Lösungsansätzen für Problemfelder, wie sie zuvor beim Einsatz des »klassischen« Performance-Managements in Organisationen aufgezeigt wurden? Dieser Frage widmet sich das abschließende Kapitel dieses Beitrags und nimmt dazu eine Betrachtung differenziert nach den vier Bereichen Messgröße, Feedback, Zielsetzung sowie Fokus vor.

Bestimmung und Anwendung geeigneter Messgrößen

Die eingesetzten Messgrößen sollten eine hohe Steuerbarkeit aufweisen. Eine gute Messgröße zeichnet sich dadurch aus, dass sie für die Mitarbeitenden der Abteilung verständlich ist und von ihnen als bedeutsam empfunden wird. Dafür ist es wesentlich, dass die Messgrößen eine valide Messung des Ziels der Abteilung ermöglichen und alle wichtigen Aspekte jedes ihrer Ziele abdecken. Um von der Abteilung als bedeutsam empfunden zu werden, spielt als ergänzendes Kriterium die Verpflichtung des höheren Managements zu der Messgröße eine wichtige Rolle. Darüber hinaus bestimmen Pritchard und Wright (2020, S. 16) weitere wichtige Kriterien einer guten Messgröße darin, dass diese in Einklang mit den Zielen der übergeordneten Organisation steht und sich eine Verbesserung der Messgröße als Nutzen für das Unternehmen auswirkt. Abschließend stellen Pritchard und Wright (2020) die Möglichkeit zur zeitnahen Übermittlung von Informationen über die Messgröße als notwendiges Kriterium einer guten Maßzahl heraus, wobei die in der Maßzahl enthaltenen Informationen weder zu detailliert noch zu allgemein sein sollten.

Stärkung der Feedbackkompetenz

Um Problemen beim Performance-Management, so wie es in vielen Organisationen eingesetzt wird, zu begegnen, ist es wichtig, für ein häufigeres Feedback Sorge zu tragen. Nur so können tatsächliche Änderungen des Verhaltens bewirkt werden (Pritchard/Wright, 2020). Manager:innen müssen darin geschult werden, sowohl positives als auch negatives Feedback an Einzelpersonen und Gruppen geben zu können. Dazu muss ein positives Feedback-Umfeld gegeben sein, das dazu beiträgt, Vertrauen, Transparenz und Kohärenz zwischen den Vorgesetzten und den Mitarbeitenden zu fördern (Pritchard/Wright, 2020).

Schließlich ist auf die hohe Bedeutung hinzuweisen, die der Sicherstellung einer relativen Stabilität des Feedback-Systems zukommt. Dies beinhaltet das Bestehen kohärenter Leistungsmessungen und Prioritäten sowie vorhersehbarer Verfahren für die Einholung von Feedback (Pritchard/Wright, 2020).

Zielsetzungen auf mehreren Zielebenen und Fokussierung

Als Element im Prozess der Zielsetzung kann der Einsatz vielfacher Zielebenen gelten. Dies wirkt dem Problem entgegen, dass Mitarbeitende ihre Anstrengungen verringern, wenn sie sehen, dass sie das Ziel nicht erreichen werden oder das einzelne Ziel erreicht haben (Pritchard/Wright, 2020). Zugleich betonen Pritchard und Wright (2020), dass es wichtig ist, Ziele nicht nur für einige bestimmende Aspekte der Leistung, sondern vielmehr für alle zentralen Leistungsaspekte festzulegen.

- **Fokus auf der Veränderung der Leistung**
  Hinsichtlich der Auswahl der richtigen Schwerpunkte verweisen Pritchard und Wright (2020) darauf, die Konzentration weniger auf das Ziel selbst als vielmehr auf die Veränderung der Leistung zu richten. Anstelle des Fokus auf die Zielerreichung sollte die Wertschätzung der Mitarbeitenden für ihre Fortschritte in den Mittelpunkt gestellt werden.
- **Fokus auf dem Ergebnis**
  Als wesentlichen Aspekt, um das übergeordnete Ziel im Performance-Management zu erreichen, nämlich die Veränderung des Verhaltens von Mitarbeitenden, bestimmen Pritchard und Wright (2020) einen Fokus, der nicht auf die Person, sondern auf das Ergebnis gerichtet ist.
- **Fokus auf dem Team**
  Nicht zuletzt ist es wichtig, dass das Augenmerk nicht auf die ausschließliche oder primäre Steuerung der Leistung auf individueller Ebene, sondern auf die Bestimmung von Teamzielen und auf die Bewertung der Teamleistung gelegt wird (Darino et al., 2019). Darino und Johnson (2020) konstatieren hierbei, dass ein

teambasiertes Performance-Management-System nicht nur eine Anerkennung der richtigen Teams für eine hervorragende Leistung sicherstellt, sondern auch entschlüsselt, wie teambasierte Organisationen ihr volles Potenzial entfalten. Um in Zukunft ein wirklich teambasiertes Modell zu ermöglichen, bestimmen sie ausgehend von ihrem Wissen über die besten Einzelmodelle vier zentrale Praktiken: Teamziele, Teambeurteilungen, Teamentwicklung sowie Teambelohnungen und Anerkennung (Darino/Johnson, 2020).

6.2.5 Beispiele agiler Tools und Methoden

Um schließlich von der theoretischen Perspektive den Blick nun stärker auf die Praxis zu lenken, sollen nachfolgend die »OKR-Methode«, die »Performance Dimension Checklist« sowie der »Gehaltspoker« als drei Beispiele aus einer Vielzahl an Methoden und Tools vorgestellt werden, die Unternehmen dabei unterstützen können, die zuvor beschriebenen wichtigen Elemente in der Praxis ihres Performance-Management-Systems erlebbar zu machen.

Einhergehend damit sollen Perspektiven für die Erforschung eines neuen Weges im Performance-Management zugleich anhand konkreter Beispiele aus der Unternehmenspraxis aufgezeigt werden.

Objectives and Key Results (OKR)
Agile Management-Tools gibt es viele, eines davon ist OKR (»Objectives and Key Results«). Die OKR-Methode ist durch die beiden zentralen Komponenten »Objectives« und »Key Results« gekennzeichnet (HAUFE.TALENT, 2022). Während mit dem »Objective« als visionäres und qualitatives Ziel die Richtung vorgegeben wird, bestimmen die »Key Results« die konkreten Meilensteine, um dieses Ziel zu erreichen (Botta, 2020). OKR teilt also die klassischen Ziele in Objectives und Key Results auf. Objectives geben ein Ziel ähnlich wie eine Vision vor – abstrakt, polarisierend und motivierend. Key Results haben hingegen die Aufgabe, das Objective messbar zu machen und zu zeigen, wie das Objective erreicht werden kann.

Zur Veranschaulichung zieht Botta (2020) als Beispiel eine Marketingabteilung heran, die es sich zum Ziel gesetzt hat, die Reichweite und Qualität ihres Blogs auf der Unternehmenswebsite zu verbessern. Demnach bestimmt sich das Objective wie folgt: »Unsere Blogging-Strategie verbessern.« Als unterstützendes Key Result ergibt sich in der Folge beispielsweise die Veröffentlichung von 30 Blogbeiträgen im Quartal. Wichtig ist hierbei, nicht möglichst viele Ziele zu definieren, sondern sich auf die wichtigsten Objectives mit dem größten Potenzial zu beschränken. Dies führt zu einem weiteren wesentlichen Element: die gemeinsame Bestimmung der Objectives durch die Unternehmensführung und die Mitarbeitenden (Botta, 2020).

Performance Dimension Checklist
Als weiteres Instrument stellt die Performance Dimension Checklist (Hedley, 1993) einen Bezugsrahmen für die Durchführung von Leistungsbewertungen dar. Sie basiert auf der Identifikation verschiedener Dimensionen, Unterdimensionen und detaillierter Verhaltensweisen, die von einem Designteam hinsichtlich ihrer Passgenauigkeit für die zu beurteilende Position ausgewählt werden. Als Grundlage dient dafür die Annahme, dass die Ergebnisse umso besser sind, je genauer die erforderlichen spezifischen Verhaltensweisen definiert sind. Von Roth (2020) wurde daraufhin ein Softwaresystem entwickelt, welches die Performance Dimension Checklist in eine tägliche oder »sofortige« Feedback-Lösung übersetzt (Pritchard/Wright, 2020).

Gehaltspoker
Beim Gehaltspoker steht der Gedanke im Mittelpunkt, dass Teammitglieder den Beitrag ihrer Kolleg:innen am besten und vor allem fair einschätzen können. Dabei lässt sich eine genauere Beschreibung des Ablaufs anhand von drei Schritten nach Heintke (2021) vornehmen. Der Ausgangspunkt ist das Bemühen eines Mitarbeiters um eine Anpassung seines Gehalts. Er bestimmt daraufhin eine Gruppe von Kolleg:innen, die seinen Wunsch in einem gemeinsamen Feedback-Gespräch besprechen und eine Einschätzung seiner Kompetenzen vornehmen. Hierbei beurteilen sie, ob der Mitarbeitende in den vergangenen Monaten in bestimmten Bereichen eine Verbesserung seiner Leistung gezeigt hat.

In diesem System wird der Mitarbeitende von seinen direkten Kolleg:innen beurteilt, da diese durch ihre enge Nähe zu ihm am besten zur Beurteilung seines Beitrags in der Lage sind. Dabei ist die Debatte auf ein zuvor festgelegtes Zeitfenster begrenzt, um die Effizienz des Prozesses zu gewährleisten und zu vermeiden, dass sich die Kolleg:innen in endlose Diskussionen verstricken. Der eigentliche Gehaltspoker ist schließlich der dritte Schritt. Dafür notieren alle Kolleg:innen einen aus ihrer Perspektive fairen Gehaltsbetrag für den Mitarbeitenden. Aus diesen Zahlen wird dann ein Mittelwert gebildet, der das neue Gehalt bestimmt. (Heintke, 2021)

6.2.6 Weitere Umsetzungsbeispiele aus der Praxis

Nach dem vorherigen Blick auf Tools und Methoden, auf die sich Ansätze eines agilen Performance-Managements stützen können, sollen ergänzend dazu nachfolgend Beispiele aus der Unternehmenspraxis betrachtet werden:

- Darino und Johnson (2020) verweisen auf das Beispiel einer HR-Technologiefirma, die in Echtzeit anonyme Rückmeldungen von Teammitgliedern über das Verhalten ihrer Teamkolleg:innen sammelt und wöchentlich personalisierte Coaching-E-Mails an die Teammitglieder versendet.

- Elemente der Umsetzung eines teambasierten Performance-Management-Systems lassen sich in dem Beispiel einer Supermarktkette erkennen, die monatlich die Produktivität der Teams in den Filialen bewertet und Gewinnbeteiligungschecks an die produktivsten Mitarbeitenden vergibt (Darino/Johnson, 2020).
- Eine Forschungs- und Entwicklungsabteilung eines pharmazeutischen Unternehmens vergibt Mitarbeiterprämien sowohl für persönliche als auch für Teamleistungen (Darino/Johnson, 2020).
- Überdies nehmen Cappelli und Tavis (2016) Bezug auf das Beispiel des Unternehmens Colorcon, das jährliche Bewertungen im Jahr 2002 abschaffte, um mit einem sofortigen Feedback, das die Vorgesetzten in Verknüpfung mit den individuellen Zielen gaben, sowie mit der Verteilung von kleinen wöchentlichen Prämien an Mitarbeitende, die gute Leistungen erbrachten, für sich einen effektiveren Weg zu finden, um das gewünschte Verhalten bei Mitarbeitenden zu erreichen.

Diese Beispiele lassen sich durch weitere Aspekte in allgemeinerer Form ergänzen, die Elemente eines Umdenkprozesses in der Unternehmenspraxis zeigen. Dazu sind Beispiele von Unternehmen zu nennen, die den Weg eines **hybriden Ansatzes** ausprobieren, bei dem eine Leistungsbeurteilung auf mehreren Ebenen mit einem regelmäßigen Entwicklungsfeedback verbunden wird. (Cappelli/Tavis, 2016)

Nahezu in allen Unternehmen, die sich von traditionellen Beurteilungen gelöst haben, sind **Investitionen in die Schulung von Vorgesetzten** zu beobachten, damit diese mit ihren Mitarbeitenden mehr über Entwicklung sprechen können. Einhergehend damit ist zugleich auf den **Einsatz von Apps** hinzuweisen, die es den Vorgesetzten ermöglichen, jederzeit Feedback zu geben und nach Wunsch auch aufzunehmen (Cappelli/Tavis, 2016). In diesem Kontext verdeutlichen Aussagen Schmidts (2018) eine zentrale Rolle, die moderne Technologien – als Notwendigkeit zur Umsetzung agiler und partizipativer Prozesse in größeren Unternehmen – für erfolgreiche Performance-Management-Prozesse einnehmen werden.

6.3 Fazit

Ausgehend von den vorangegangenen Ausführungen lässt sich nach Schmidt (2018) zusammenfassend eine zentrale Aufgabe von Unternehmen bei der Suche nach dem passenden Prozess im Performance-Management feststellen. Es gilt eine Balance zu finden zwischen Agilität und stabilen Prozessen einerseits und zwischen Partizipation und individueller Verantwortlichkeit andererseits. Die Aufgabe zur Auflösung eines solchen Dilemmas ergibt sich aus zwei wichtigen Grundprinzipien neuer Performance-Management-Ansätze, wie sie im Prinzip der Agilität und im Prinzip der partizipativen Gestaltung bestehen (Schmidt, 2018):

- **Prinzip der Agilität**
  Das Prinzip der Agilität bildet mit der regelmäßigen Anpassung der Ziele in einem iterativen Prozess sowie dem unmittelbaren Feedback den Rahmen für eine permanente Weiterentwicklung von Mitarbeitenden und Teams. Dadurch wiederum werden wichtige Rahmenbedingungen für eine flexible Anpassung von Dienstleistungen und Produkten an sich stetig verändernde Kundenbedürfnisse geschaffen. Dies birgt allerdings die Gefahr der Entstehung einer Art Chaos, falls es durch eine fehlende strategische Abstimmung der Ziele dazu kommt, dass orientierungslose Mitarbeitende Entscheidungen treffen, die von der Geschäftsstrategie abgekoppelt sind. Darin zeigt sich das Dilemma zwischen Agilität und stabilen Prozessen, das es bei der Suche nach dem passenden Prozess zu berücksichtigen gilt. (Schmidt, 2018)
- **Prinzip der partizipativen Gestaltung**
  Als zweites wichtiges Grundprinzip liegt neuen Ansätzen im Leistungsmanagement das Prinzip der partizipativen Gestaltung zugrunde. Es ist durch das beidseitige Feedback »auf Augenhöhe« und eine gemeinsame Veränderung der Ziele gekennzeichnet. Dabei birgt es Schmidt (2018) zufolge die Gefahr einer Verleugnung der real existierenden Hierarchie, die in den meisten Unternehmen nach wie vor Bestand hat. Zugleich weist Schmidt (2018) bei der Verallgemeinerung des Prinzips der Partizipation auf die Gefahr der »Verantwortungsdiffusion« hin, die dann besteht, wenn sich niemand für die Vereinbarung und Erreichung der Ziele verantwortlich fühlt. Hierin spiegelt sich ein zweites Spannungsfeld wider. (Schmidt, 2018)

Dennoch lässt sich angesichts der Notwendigkeit einer raschen Anpassung und Veränderung der betrieblichen Prioritäten grundsätzlich eine klare Richtung in der **Entwicklung** von jährlichen Zielvereinbarungs- und Feedbacksystemen hin **zu einem adaptiven, flexiblen Ansatz** erkennen. Dabei werden moderne Technologien eine zentrale Rolle in der Umsetzung agiler und partizipativer Prozesse in größeren Unternehmen einnehmen und sich auf diese Weise als Schlüsselfaktor erfolgreicher Performance-Management-Prozesse erweisen. (Schmidt, 2018)

Ein weiteres wichtiges Element, das betrachtet werden muss, ist die Notwendigkeit des raschen Einholens und Analysierens von Feedback einer Vielzahl von Kolleg:innen (Schmidt, 2018). Der besondere Wert eines kontinuierlichen Feedbacks soll zum Abschluss noch einmal durch das nachfolgende Zitat hervorgehoben werden:

> *»Hören Sie nicht auf, Leistung zu messen, beginnen Sie aber, viel mehr sinnvolle Gespräche über anstehende Aufgaben, erledigte Projekte und aktualisierte Ziele zu führen. Halten Sie die Gespräche mit Mitarbeitenden aufrecht, in dem Sie dauerhaft Feedback geben.«*
>
> Harbinger AG, 2022

6.4 Literatur

Botta, Christian (2020). Modernes Leistungsmanagement mit OKR. Wiesbaden: Springer Fachmedien, https://www.springerprofessional.de/fuehrungstools/mitarbeitermotivation/modernes-leistungsmanagement-mit-okr/17624084, abgerufen am 21.6.2022.

Cappelli, Peter/Tavis, Anna. The Performance Management Revolution (2016). Harvard Business Review, https://hbr.org/2016/10/the-performance-management-revolution, abgerufen am 10.9.2022.

Darino, Lucia/Johnson, Christine (2020). From me to we: the next shift in performance management. McKinsey & Company, https://www.mckinsey.com/business-functions/people-and-organizational-performance/our-insights/the-organization-blog/from-me-to-we-the-next-shift-in-performance-management, abgerufen am 22.6.2022.

Darino, Lucia/Sieberer, Marcus/Vos, Arthur/Williams, Owain (2019). Performance management in agile organizations. McKinsey & Company, https://www.mckinsey.com/business-functions/people-and-organizational-performance/our-insights/performance-management-in-agile-organizations, abgerufen am 22.6.2022.

Harbinger AG (2022). Performance Management (o. J.): Höchste Zeit, alte Zelte abzubrechen und Ihre Führung für eine neue Epoche zu stärken, https://www.harbinger-consulting.com/blog/performance-management/, abgerufen am 14.9.2022.

HAUFE.TALENT (2022). Mit OKR zu mehr Empowerment von Teams & Organisationen. Wie unterscheiden sich die Erfolgsbilanzen von Unternehmen mit und ohne OKR? Online verfügbar unter https://images.aktuell.haufe.com/Web/HaufeLexwareGmbHCoKG/%7Be1354ba1-ffc1-4bd6-8869-43bf2a49b409%7D_HaufeTalent_OKR_Whitepaper_Studie.pdf?emos_sid=AYGFl0iAmGx1IsN29TXglaatAebAdtgZ&emos_vid=AYFMxZgmDZU2ERdMP1z3*eDct8isw_f5, abgerufen am 21.6.2022.

Heintke, Thorsten (2021). Agile Vergütung – veränderte Gehaltsstruktur. K-ZEITUNG, https://www.k-zeitung.de/agile-verguetung-veraenderte-gehaltsstruktur, abgerufen am 2.6.2023.

Kumar, Vikas/Gupta, Gaurav (Hrsg.) (2022). Strategic management during a pandemic. New York: Routledge, Taylor & Francis Group.

Me & Company (2022). Performance Management: 7+3 neue Ansätze für agile Führungskräfte, https://www.me-company.de/magazin/performance-management/, abgerufen am 21.6.2022.

Mercer (2013). 2013 Global Performance Management Survey Report, https://www.mercer.com/content/dam/mercer/attachments/global/Talent/Assess-BrochurePerfMgmt.pdf, abgerufen am 14.9.2022.

Peren, Klaus (2019). Agile Performance Reviews – wie funktioniert das? Human Resources Manager, https://www.humanresourcesmanager.de/content/agile-performance-reviews-wie-funktioniert-das/, abgerufen am 10.9.2022.

Pritchard, Robert D./Wright, Natalie E. (2020). How to avoid the 10 biggest problems in performance management. InPractice – THE EAWOP PRACTITIONERS E-JOURNAL (14),

S. 8–36, http://www.eawop.org/ckeditor_assets/attachments/1400/inpractice_2020_issue_14_full.pdf, abgerufen am 2.6.2023.

Ranasinghe, Vimansha/Sangarandeniya, Y. S.W.V.M. (2021). Agile Human Resource Management 2021, https://www.researchgate.net/publication/352135010_Agile_Human_Resource_Management, abgerufen am 29.9.2022.

Schmidt, Thomas (2018). Performance Management im Wandel. Wiesbaden: Springer Fachmedien.

Shagirbasha, Shameem (2022). Managing Efficiency and Effectiveness in the »New Normal« Work Environment. In: Vikas Kumar/Gaurav Gupta (Hrsg.). Strategic management during a pandemic. New York: Routledge, Taylor & Francis Group, S. 79–97.

Woods, Alastair (2014). Are performance ratings heading towards extinction? PwC, https://pwc.blogs.com/the_people_agenda/2014/07/are-performance-ratings-heading-towards-extinction.html, abgerufen am 12.9.2022.

7 Evidenzbasiertes Human-Resource-Management im Kontext hybriden Arbeitens

Julia A. M. Reif und Simon Werther

Human-Resource-Management (HRM) ist einer der Bereiche im Unternehmen, der durch hybrides Arbeiten vor großen Herausforderungen steht. Wenn sich Arbeitsformen verändern und sich damit auch neue Formen der Zusammenarbeit zwischen Menschen entwickeln, muss das HRM neue Perspektiven einnehmen, innovative Wege beschreiten und neue Schwerpunkte setzen. In diesem Beitrag werden deshalb nach einer Skizzierung ausgewählter neuer Arbeitsformen im Kontext hybriden Arbeitens zentrale Schwerpunkte des HRM dargestellt. Diese Schwerpunkte reichen von E-Onboarding über virtuelle Führung bis hin zum Umgang mit technologiebedingtem Stress als einer Wirkung von Arbeit in hybriden Kontexten. Empfehlungen für Führungskräfte und das HRM werden basierend auf wissenschaftlicher Evidenz diskutiert. Dabei werden auch Studien zu ausschließlich virtuellen Arbeitssituationen oder zu Präsenzarbeit auf den hybriden Kontext übertragen.

7.1 Neue Arbeitsformen im Kontext hybriden Arbeitens

Neue Arbeitsformen im Kontext hybriden Arbeitens treten in sehr unterschiedlicher Form auf. Einführend soll deshalb anhand einer Auswahl von neuen Arbeitsformen ein Einblick vermittelt werden, warum evidenzbasierte Perspektiven auf diese Themen so an Bedeutung für das Human-Resource-Management (HRM) gewinnen. Das Spektrum reicht dabei von Plattformökonomie mit den dort entstehenden Formen von Cloudwork und Gigwork bis hin zu agilem Arbeiten und anderen Arbeitsformen im Kontext von Arbeit 4.0 und New Work.

Die *Plattformökonomie* bezeichnet Onlinemarktplätze, auf denen Plattformbetreiberinnen und -betreiber als Intermediäre zwischen Angebot und Nachfrage vermitteln. Je nachdem, ob die angebotenen Dienstleistungen orts- bzw. personengebunden bzw. -ungebunden sind, lassen sich verschiedene Formen der Arbeit in der Plattformökonomie klassifizieren (vgl. Schmidt, 2016):

- **Cloudwork** bezeichnet *ortsunabhängige* Dienstleistungen, bei der Arbeit vollständig über das Internet abgewickelt werden kann (vgl. Schmidt, 2016). **Crowdwork** ist eine Form der Cloudwork, bei der Aufgaben *personenunabhängig* an eine unspezifische Gruppe von Personen (crowd) im Internet gegeben wird, also egal ist, wer genau die Aufgabe ausführt. Wenn eine Aufgabe in Kleinstaufgaben mit festem Stückpreis aufgeteilt und an die Gruppe verteilt wird, so wird das als **Microtasking** bezeichnet (z. B. Clickworker). Wird eine Aufgabe an die ganze Gruppe gegeben und nur ein Ergebnis wird am Ende ausgewählt und bezahlt, so wird dies als **Kreativwettbewerb** bezeichnet (z. B. 99designs). Eine Form der *personenabhängigen* Cloudwork sind Freelancing-Marktplätze (z. B. Upwork, Freelancer.com) (vgl. Schmidt, 2016).

- **Gigwork** bezeichnet *ortsgebundene* Dienstleistungen. Wird die Aufgabe *personenunabhängig* an die Crowd gegeben, so spricht man von **lokalem Mikrotasking** (z. B. App-Jobber). *Personenabhängige* Gigwork findet man z. B. im Gastgewerbe (z. B. Airbnb), bei der Personenbeförderung (z. B. Uber), in der Logistik (z. B. Lieferando) oder bzgl. Haushalts- und persönlicher Dienste (z. B. Taskrabbit) (vgl. Schmidt, 2016).
- **Agiles Arbeiten** umfasst die »Fähigkeit, sich flexibel, lernend, kreativ und gestalterisch in kürzester Zeit an ein sich veränderndes Umfeld anzupassen« (Gaida 2021, S. 3). Agiles Arbeiten geht einher mit hoher Kundenorientierung, also einer Anpassung von Produkten und Dienstleistungen an den Kundenbedarf, dynamischen Teams, die durch gute Koordination und klare Verantwortlichkeiten schnell auf Veränderungen reagieren können, sowie eine agile Denkweise mit Fokus auf Wachsen und Reifen (vgl. Gaida, 2021).
- Unter **Coworking** als Arbeitsform versteht man das »flexible Arbeiten weitgehend voneinander unabhängiger Wissensarbeiter an einem gemeinsamen, institutionalisierten Ort« (Bauer et al., 2014, S. 43). Physisches Arbeiten an einem Ort kann somit mit der virtuellen Einbindung in Teams an anderen Orten einhergehen, sodass hybrides Arbeiten hier in vielerlei Hinsicht gelebt wird.

Zusätzlich gibt es zahlreiche Entwicklungen im Kontext von **Arbeit 4.0** (vgl. Werther/Bruckner, 2018) und **New Work** (vgl. Werther, 2021), die sich direkt oder indirekt auf neue Arbeitsformen mit hybriden Anteilen beziehen, die jedoch keiner festen Arbeitsform zuzuordnen sind.

Daneben ist *Work-Life-Blending* als Verschmelzen von Arbeits- und Privatleben eine Entwicklung, die in diesem Kontext relevant ist. Die Verteilung der Arbeitsphasen ist bei Work-Life-Blending zentral, da hier nicht die Balance von Arbeits- und Privatleben im Fokus steht, sondern der fließende und nicht mehr trennscharfe Übergang zwischen beiden Lebensbereichen (vgl. Trowitzsch, 2018). Diese Arbeitsform kann natürlich insbesondere von jenen Personen gelebt werden, deren Aufgaben größtenteils oder vollständig orts- und zeitunabhängig bearbeitet werden können. **Knowledge Working** und **digitales Nomadentum** sind zwei Konzepte, die damit oftmals einhergehen. Andere Entwicklungen im Bereich Arbeitszeit und/oder Arbeitsort sind der aktuelle Trend in Richtung der 4-Tage-Woche, der gerade von einigen Branchen mit großem Fachkräftemangel forciert wird, wo jedoch Präsenzarbeit im Mittelpunkt steht, beispielsweise im Tourismus oder im Handwerk (vgl. Werther, 2022a).

Insgesamt lässt sich festhalten, dass durch die Flexibilisierung des Arbeitsortes und durch flexibilisierte Arbeitszeiten verschiedenste Varianten hybriden Arbeitens entstehen. Evidenzbasierte Perspektiven auf HRM im Kontext hybriden Arbeitens entlang des Mitarbeitendenlebenszyklus sind folglich wertvoll, wenn es um die aktive Gestaltung und Integration verschiedener Arbeitsformen geht.

7.2 HRM im Kontext hybriden Arbeitens

In den folgenden Abschnitten wird anhand ausgewählter Perspektiven auf den Lebenszyklus von Mitarbeitenden HRM im Kontext hybriden Arbeitens aus evidenzbasierter Perspektive betrachtet. Dabei beginnt die Betrachtung mit dem Onboarding und endet mit Wirkungen von Arbeiten in hybriden Kontexten.

7.2.1 E-Onboarding und E-Sozialisation

Wie lange arbeiten Sie bereits bei Ihrem aktuellen Arbeitgeber? Insgesamt liegt die Betriebszugehörigkeit der Arbeitnehmenden in Deutschland über die letzten 25 Jahre hinweg stabil auf einem hohen Niveau von durchschnittlich knapp elf Jahren (vgl. iwd, 2022). Eine kürzere Beschäftigungsdauer hängt oft auch mit befristeten Arbeitsverträgen zusammen (vgl. Destatis, 2022). Trotzdem hört und liest man immer wieder, dass Beschäftigte wie Nomaden von Arbeitgeber zu Arbeitgeber ziehen, und von jüngeren Arbeitnehmenden, die deutlich schneller zum Jobwechsel bereit sind, auch dann, wenn sie noch keinen neuen Job in Aussicht haben. Immerhin dachten auch gemäß einer Studie des Meinungsforschungsinstituts Forsa im Auftrag von Xing E-Recruiting 37 % der Erwerbstätigen 2022 über einen Jobwechsel nach (vgl. Burger, 2022). Allerdings müssen Intentionen dieser Art aufgrund des Intention-Behavior Gap mit Vorsicht interpretiert werden, da eine Intention noch keine Umsetzung tatsächlichen Verhaltens, sprich in diesem Fall eine Kündigung, bedeutet (vgl. Werther, 2022b).

Die dargestellten Entwicklungen heißen dennoch, dass sich Unternehmen trotz der immer noch hohen durchschnittlichen Betriebszugehörigkeit, die mit der Größe der Firma zusammenhängt – je größer, desto länger –, aber nach Branche deutlich schwankt (vgl. iwd, 2022), verstärkt Gedanken um die Bindung ihrer Mitarbeitenden machen, die mit dem Onboarding beginnt und mit der Sozialisation im Unternehmen ihren weiteren Lauf nimmt. Immerhin arbeiten 69 % der Arbeitnehmenden mit erhöhter Wahrscheinlichkeit drei Jahre in ihrer Firma, wenn sie positive Onboarding-Erfahrungen gemacht haben (vgl. Martin, 2021).

Im Kontext hybriden Arbeitens nehmen Onboarding und Sozialisation nun aber teilweise virtuelle Formen an. Man spricht von »E-Onboarding« und »E-Sozialisation«, wenn selbige vermittelt über Informations- und Kommunikationstechnologien stattfinden (vgl. Gruman/Saks, 2018; Saks/Gruman, 2021). Was sagt nun die Forschung zum Erfolg dieser technisch vermittelten E-Onboarding- und E-Sozialisationspraktiken?

Was sagt die Evidenz?
Hinsichtlich **E-Orientierungsprogrammen** zeigt die Forschung, dass technische Informationen und Faktenwissen durchaus gut über E-Orientierungsprogramme vermittelt werden können, dass aber insbesondere das Erlernen sozialer Inhalte sowie die soziale Integration und soziale Entwicklung der Neulinge leiden (für eine Überblicksarbeit siehe Gruman/Saks, 2018).

Dies gilt auch für **E-Trainingsprogramme**. Die allgemeine Wirksamkeit von E-Learnings bzw. E-Trainings ist zwar bestätigt (vgl. Bell et al., 2017; Bell/Federman, 2013) und kann je nach zu vermittelndem Inhalt durch bestimmte Gestaltungsoptionen weiter optimiert werden (Reichhaltigkeit der inhaltlichen Darstellung, Realitätsnähe, Interaktivität und Kommunikationsmöglichkeiten). Im Kontext des Onboardings und der organisationalen Sozialisation allerdings scheinen auch hier soziale Outcomes zu leiden, wie etwa der Aufbau sozialer Beziehungen und die Entwicklung von Verhaltensnormen (vgl. Gruman/Saks, 2018; Brown/van Buren, 2007).

Im Zuge von Onboarding und Sozialisation werden häufig auch Sozialisationsagentinnen und Sozialisationsagenten (z. B. Buddies, Mentorinnen und Mentoren) eingesetzt, deren Wirksamkeit in Hinblick auf den Sozialisationserfolg vielfach gezeigt wurde (vgl. Gruman/Saks, 2018). Diese Personen unterstützen Neulinge häufig auf informelle Art und Weise, durch Informationen, Feedback, Rat und Tat, beim Einleben in der neuen Organisation. In hybriden Arbeitskontexten kann die Wirksamkeit von **E-Sozialisationsagentinnen** bzw. **E-Mentoren** dadurch beeinträchtigt werden, dass die durch Technik vermittelte Interaktion mit den Neulingen zu verzögerten (asynchronen) Reaktionen, mehr aufgabenbezogener Kommunikation und weniger Nähe führt und dadurch der Aufbau einer persönlichen Beziehung erschwert wird. Dabei spielen gerade bei der E-Sozialisation Sozialisationsagentinnen und -agenten eine vergleichsweise große Rolle, da sie wichtige Quellen für formale und informelle Informationen sind (vgl. Gruman/Saks, 2018).

Auch die Neulinge selbst können durch das Einholen von Informationen und Feedback oder den Aufbau von Beziehungen aktiv an ihrem Onboarding bzw. ihrer Sozialisation mitwirken. Die **E-Proaktivität** der Neulinge wird in hybriden Arbeitskontexten einerseits gefördert (z. B. können sie sich durch verschiedene Informations- und Kommunikationstechnologien schnell und unkompliziert Informationen beschaffen), andererseits aber auch beeinträchtigt (z. B. wird das proaktive Einholen von Feedback durch die erhöhte soziale Distanz in hybriden Arbeitskontexten erschwert) (vgl. Gruman/Saks, 2018).

Wie können E-Onboarding und E-Sozialisation im Kontext hybriden Arbeitens unterstützt durch Führungskräfte gelingen?
Die Forschung schlägt vor, Face-to-Face-Komponenten in E-Orientierungsprogramme einzubauen und E-Trainings in »blended« Formaten zu gestalten, um sozialen Kontakt herzustellen und soziales Lernen zu ermöglichen (vgl. Gruman/Saks, 2018). Im Sinne einer stärkeren Gruppenorientierung und Strukturierung ist es auch von Vorteil, E-Orientierungsprogramme und E-Trainings auf ganze Gruppen von Neulingen anzuwenden und feste Zeitpläne und Deadlines vorzugeben, sodass alle zur gleichen Zeit die gleichen Materialien zur Verfügung haben und sich kollektiv in der Gruppe engagieren und darüber austauschen können (vgl. Gruman/Saks, 2018). Diese Art der »institutionalisierten« Sozialisationstaktiken (vgl. van Maanen/Schein, 1979) wirken sich zudem förderlich auf die Proaktivität der Neulinge aus (vgl. Gruman et al., 2006). Die Wirksamkeit von E-Mentoring kann durch häufigere Interaktionen zwischen Mentorin oder Mentor und Mentee, technologievermittelte Gespräche und gelegentliche Face-to-Face-Treffen gesteigert werden (vgl. z. B. Murphy, 2011).

Wichtig ist es, die Vor- und Nachteile von E-Onboarding und E-Sozialisation zu berücksichtigen. Einerseits sollte man sich der erhöhten Wahrscheinlichkeit von Kommunikationsproblemen, Unstrukturiertheit und einem schwierigeren Aufbau von persönlichen Beziehungen gewahr sein und gezielt gegensteuern. Andererseits können durch Informations- und Kommunikationstechnologien im Onboarding- und Sozialisationsprozess schneller größere (aber losere) Netzwerke aufgebaut und größere Mengen an Information komfortabel abgerufen werden. Alternative Mentoring-Modelle wie z. B. Netzwerk-Mentoring oder Team-Mentoring können durch virtuelle Settings etabliert werden (vgl. Hamilton/Scandura, 2003). In anderen Bereichen (E-Onboarding von Studierenden) gibt es bereits eine Vielzahl an kreativen E-Onboarding Maßnahmen, die ggf. auch für organisationale Kontexte adaptiert und genutzt werden könnten (für eine Überblicksarbeit siehe Schilling et al., 2022).

Wie können E-Onboarding und E-Sozialisation im Kontext hybriden Arbeitens aus der Perspektive des HRM gelingen?
Für das HRM ist insbesondere die Auswahl, Gestaltung und Einführung einer passenden virtuellen Onboarding-Plattform von zentraler Bedeutung. Dabei kann vorhandene HR-Software genutzt werden, doch sollte ein besonderes Augenmerk auf die Kombination aus strukturiertem systematischem Onboarding und selbstgesteuertem informellem Austausch sowie dem Aufbau von Netzwerken für neue Mitarbeitende liegen. Insofern sollten neben virtuellen Plattformen auch bewusst Präsenzformate eingeplant werden, da insbesondere die Vermittlung von Werten, von Kultur und somit der Prozess der Sozialisation durch Präsenzbegegnungen und -erfahrungen intensiviert und beschleunigt werden kann.

7.2.2 Virtuelle Teamarbeit

Arbeiten Sie in einem Team, in dem es auch virtuelle Mitglieder gibt, oder sind Sie selbst ein Teammitglied, das virtuell mitarbeitet? Im Jahr 2028 werden fast drei Viertel aller Teams Mitglieder haben, die rein virtuell arbeiten (vgl. Martin, 2021). Virtuelle Teams sind definiert als Teams, in denen mindestens ein Mitglied an einem anderen Standort, in einem anderen Unternehmen oder zu einer unterschiedlichen Zeit arbeitet, wodurch die Arbeit im Team, also Kommunikation und Koordination, vorrangig durch Technologie vermittelt stattfindet (vgl. Hertel et al., 2005; Maynard et al., 2017). Virtuelle Teams bieten viele Vorteile. Virtuelle Teams können rein nach fachlicher Qualifikation zusammengesetzt werden und sind nicht mehr von der räumlichen Verfügbarkeit von Personen abhängig. Dadurch kann auch regionales oder kulturelles Expertenwissen direkt ins Team eingebracht werden. Durch schnelle Kommunikationsmöglichkeiten können Verzögerungen vermieden werden, durch wegfallende Reise- und Trennungsgeldkosten sowie Kosten für Büroraum kann Geld eingespart werden. Ausgetauschte Informationen können aufgrund ihrer digitalen Natur gespeichert und somit unkomplizierter dokumentiert und weitergegeben werden. Erhöhte Flexibilität und vergrößerter Handlungs- und Entscheidungsspielraum im virtuellen Team können sich positiv auf Arbeitszufriedenheit und -motivation der Teammitglieder auswirken (vgl. Konradt/Hertel, 2002; Dulebohn/Hoch, 2017).

Was sagt die Evidenz?
Die Forschung belegt einige Herausforderungen virtueller (Team-)Arbeit, die von Beziehungen, Vertrauen und Konflikten bis hin zum Umgang mit der Diversität der Teammitglieder reichen.

Beziehungen, Vertrauen und Konflikte. In virtuellen Settings fehlen oft tiefergehende persönliche Interaktionen, nebenbei stattfindender Small Talk und sozioemotionale sowie nonverbale Kommunikation, die dazu beitragen würden, dass man andere Personen besser einschätzen und deren Intentionen interpretieren und Handlungen vorhersehen kann. Diese fehlende Face-to-Face-Interaktion im virtuellen Team sowie Isolation und Entfremdung erschweren den Aufbau von qualitativ hochwertigen Beziehungen. Es dauert entsprechend länger, bis sich Vertrauen unter den Teammitgliedern entwickelt (vgl. Eisenberg/Krishnan, 2018). Vertrauen ist aber wichtig für die Effektivität von Teams, da Vertrauen Koordinations- und Kooperationsprozesse im Team erleichtert (vgl. Breuer et al., 2016). Das Risiko für Konflikte auf der Beziehungsebene ist in virtuellen Teams durch fehlendes Vertrauen, mangelnde Beziehungsqualität und ungehemmtere Kommunikation aufgrund der Anonymität im virtuellen Setting erhöht (vgl. Kauffeld et al., 2016). Durch die Asynchronität der Kommunikation werden Konflikte ggf. auch erst mit zeitlicher Verzögerung entdeckt, was deren Lösung zusätzlich erschwert (vgl. Kauffeld et al., 2016).

Kommunikation, Informationsaustausch und Teilen von Wissen. Kommunikation ist eine zentrale Herausforderung in virtuellen Teams. Insbesondere bei Aufgaben, bei denen es darum geht, Wissen zu teilen, gestaltet sich technologievermittelte Kommunikation als schwieriger (vgl. Eisenberg/Krishnan, 2018). Die Einschränkungen der Kommunikation in virtuellen Settings (formalisiertere Kommunikation, weniger nonverbale Kommunikation etc.) führen dazu, dass weniger Wissen geteilt werden kann und somit geteilt wird und es weniger Möglichkeiten für Feedback im Team gibt (vgl. Eisenberg/Krishnan, 2018; Kauffeld et al., 2016). Dadurch ist es in virtuellen Settings schwieriger, geteilte »mentale Modelle« zu entwickeln, also ein geteiltes Verständnis von Aufgaben oder Situationen, was die Zusammenarbeit erschwert (vgl. Maynard/Gilson, 2014). Durch die technologievermittelte Kommunikation in virtuellen Teams kann es auch zu einer Informationsüberflutung der Teammitglieder kommen, etwa durch die Menge an täglich eingehenden E-Mails (vgl. Kauffeld et al., 2016). Psychologische Sicherheit ist ebenfalls ein wichtiges Konstrukt bei der Betrachtung von Kommunikation, Informationsaustausch und Teilen von Wissen (vgl. Fischer et al., 2022). Im virtuellen Kontext spielt psychologische Sicherheit für den Informationsaustausch eine besondere Rolle, da die technologievermittelte Kommunikation ein umso sichereres Lernklima für das Team notwendig macht.

Entscheidungsfindung und Wahrnehmung. In virtuellen Teams kann die Entscheidungsfindung beeinträchtigt sein, z. B. dadurch, dass durch Kommunikationsbarrieren, schlechte Beziehungsqualität und mangelndes Vertrauen weniger Informationen ausgetauscht und geteilt werden. Aufgrund von erhöhter Unsicherheit hinsichtlich Interaktionen wird auch Ungerechtigkeit im virtuellen Setting stärker wahrgenommen (vgl. Eisenberg/Krishnan, 2018).

Diversität der Teammitglieder. Die Vielfalt der Teammitglieder (z. B. hinsichtlich Alter, Herkunft, kulturellem Hintergrund, Religion, Sprache, Funktion usw.) kann sich im virtuellen Setting verstärkt beeinträchtigend auf die Funktionsfähigkeit von Teams auswirken, da im virtuellen Setting, wie eingangs beschrieben, Möglichkeiten zur Kommunikation und zum persönlichen Austausch eingeschränkt sind. Dadurch können unterschiedliche Verhaltensweisen, Traditionen und Normen, die auf verschiedenen Backgrounds beruhen, schwerer verstanden werden, was zu Unsicherheit im virtuellen Team führen kann (vgl. Eisenberg/Krishnan, 2018). Es kann zu Grüppchenbildung und zur Bevorzugung von Teammitgliedern aufgrund bestimmter Merkmale kommen. Aufgrund von Sprachbarrieren entstehende Missverständnisse erhöhen das Konfliktpotenzial in virtuellen Teams (vgl. Kauffeld et al., 2016).

Wie kann virtuelle Teamarbeit, unterstützt durch Führungskräfte, gelingen?
Um den Herausforderungen virtueller Teamarbeit in der Praxis begegnen zu können, schlägt die Forschung verschiedene Wege vor.

Beziehungen, Vertrauen und Konflikte. Um gute Beziehungen und Vertrauen in virtuellen Teams zu fördern, sollte eine gemeinsame Teamidentität entwickelt werden, z. B. durch die Betonung des gemeinsamen »Purpose« (also Sinn und Bedeutung der gemeinsamen Arbeit im Team). Das schafft ein stärkeres Gefühl von Nähe unter den Teammitgliedern, die sich wiederum positiv auf die Qualität der Beziehungen im Team auswirkt (vgl. Eisenberg/Krishnan, 2018). Transparenz hinsichtlich der Beiträge der Teammitglieder, eine offene Kommunikation und zeitnahes Feedback sind förderlich für das Vertrauen im virtuellen Team. Um Vertrauen und Kohäsion (also den Zusammenhalt im Team) zudem zu stärken, sollten in der Kennenlernphase des virtuellen Teams Face-to-Face-Treffen stattfinden. Bereits der Austausch von Fotos und vorherigen Erfahrungen kann hilfreich beim Aufbau von Vertrauen sein (vgl. Kauffeld et al. 2016).

Es geht aber nicht nur darum, eingangs Vertrauen aufzubauen, sondern auch bestehendes Vertrauen in virtuellen Teams auszubauen und aufrechtzuerhalten. Dazu gehört ein regelmäßiges Monitoring der Interaktionen und der Zufriedenheit im Team, um Konflikte und schwindendes Vertrauen rechtzeitig zu entdecken und entsprechend gegensteuern zu können (vgl. Feitosa/Salas, 2021). Durch eine längere Zusammenarbeit im virtuellen Setting und die Möglichkeit, sich durch tiefergehende Gespräche auch im virtuellen Setting besser kennenzulernen, und ein dadurch verbessertes gegenseitiges Verständnis können Konflikte abgeschwächt werden (vgl. Feitosa/Salas, 2021; Kauffeld et al., 2016).

Kommunikation, Informationsaustausch und Teilen von Wissen. Durch die Möglichkeit, häufiger informell und spontan zu kommunizieren, sowie ein offenes Kommunikationsklima verbessert sich auch der Informationsaustausch und das Teilen von Informationen im Team. Teams, die bereits in der Vergangenheit zusammengearbeitet haben, und Teams mit gemeinsamen Zielen und Anforderungen zeigen auch im virtuellen Kontext einen besseren Informationsaustausch (vgl. Eisenberg/Krishnan, 2018). Werden komplexere Informationen ausgetauscht, sollten reichhaltigere Medien verwendet werden. Für einfache Informationen reichen auch einfache Medien (vgl. Hertel/Orlikowski, 2015; Kauffeld et al., 2016). Eine Etikette für computervermittelte Kommunikation kann im virtuellen Team etabliert werden und sollte eingehalten werden. Um Informationsflut durch digitalen Informationsaustausch zu managen, können Filter bzw. Priorisierungstools genutzt werden (vgl. Kauffeld et al., 2016). Grundlage für eine effiziente Kommunikation und einen gelungenen Informationsaustausch ist das Vorhandensein einer funktionierenden Infrastruktur für reichhaltiges virtuelles Zusammenarbeiten im Team (vgl. Kauffeld et al., 2016). Um das Fehlen von unmittelbarem Feedback durch Teammitglieder oder Vorgesetzte (wozu es im virtuellen Team durch fehlende räumliche und zeitliche Nähe kommen kann) zu kompensieren, sollten die Teammitglieder Selbstmanagementkompetenzen entwickeln (vgl. Kauffeld et al., 2016).

Wahrnehmung und Entscheidungsfindung. Schulungen zur Vermeidung von Urteilsverzerrungen und die Etablierung flacher hierarchischer Strukturen im Team können zu einer verbesserten Wahrnehmung und Entscheidungsfindung im virtuellen Team beitragen. Um zu vermeiden, dass Redebeiträge von Mitgliedern im virtuellen Setting untergehen, sollte allen Teammitgliedern durch spezifische Zeitslots die Möglichkeiten gegeben werden, ihre Ideen zu äußern und aktiv einzubringen (vgl. Eisenberg/Krishnan, 2018; Feitosa/Salas, 2021).

Diversität der Teammitglieder. Für einen erfolgreichen Umgang mit einer hohen Diversität in virtuellen Teams sollten reichhaltigere Medien verwendet werden, um mehr Informationskanäle bespielen und Informationen austauschen zu können (vgl. Hertel/Orlikowski, 2015). Es bietet sich zudem an, gezielt die Vorteile der technologievermittelten Kommunikation zu nutzen. Zum Beispiel kann sie dazu beitragen, Statusunterschiede (als eine Ausprägung von Diversität) zwischen den virtuellen Teammitgliedern zu reduzieren. Teammitglieder sollten des Weiteren auf den Umgang mit neuen und unerwarteten Situationen, die durch die Diversität der Teammitglieder entstehen können, vorbereitet werden, z. B. durch ein Training zur Entwicklung interkultureller Fähigkeiten und Fertigkeiten (vgl. Kauffeld et al., 2016). Wie auch in traditionellen Teams können gemeinsame Aktivitäten zur Integration der Teammitglieder angeboten werden. Auf Unternehmens- und Managementebene sollte ein Vorleben von und das Bekenntnis zu Diversität im Unternehmen sichtbar sein (vgl. Eisenberg/Krishnan, 2018).

Wie kann virtuelle Teamarbeit, unterstützt durch das HRM, gelingen?
Das HRM muss für virtuelle Teamarbeit die passende Software und Plattformen zur Verfügung stellen, um sowohl synchrone als auch asynchrone Kommunikations- und Austauschformate zu ermöglichen. Darüber hinaus ist die Schulung und Sensibilisierung von Führungskräften und Mitarbeitenden für Herausforderungen der virtuellen Teamarbeit ein wichtiger Erfolgsfaktor. Für virtuelle Teamarbeit sind andere oder erweiterte Kompetenzen erforderlich als für Teamarbeit in Präsenz, sodass diesbezüglich auch Kompetenzmodelle in der Personalentwicklung aktualisiert und entsprechende Entwicklungsmaßnahmen angepasst werden müssen.

7.2.3 Virtuelle Führung

Virtuelle oder E-Führung umfasst den Prozess der sozialen Einflussnahme in technologievermittelten Kontexten (vgl. Kahai et al., 2017). Mit der steigenden Anzahl an virtuellen Teams steigt auch die Anzahl an Führungskräften, die in hybriden oder virtuellen Kontexten führen müssen. Aber was macht eine gute virtuelle Führungskraft aus? Sollte sie ihre Geführten bitten, den ganzen Tag im Homeoffice die Laptop-Kamera anzulassen, damit sie überprüfen kann, ob die Mitarbeitenden tatsächlich arbeitend am Schreibtisch sitzen? Oder sollte sie ihren Mitarbeitenden abends im Büro Sekt spendieren, sie damit für ihre Anwesenheit belohnen und eine Präsenzkultur erzwingen, um nicht virtuell führen zu müssen (vgl. Salzburger, 2021)? Diese Extrembeispiele verdeutlichen, dass virtuelle Führung eine Herausforderung für Führungskräfte und Geführte sein kann. Aufgrund des virtuellen Kontexts verringert sich die Wirkungsstärke klassischer Führung. Führungskräfte müssen Kontrolle abgeben und Geführte müssen mehr Eigenverantwortung übernehmen. Auch das Entstehen emergenter Führung und geteilter Führung im Team ist in virtuellen Kontexten schwieriger (vgl. Eisenberg/Krishnan, 2018). Andererseits steigt aber gerade im virtuellen Kontext die Bedeutung von Führung aufgrund der erhöhten Distanz (vgl. Kahai et al., 2017).

Was sagt die Evidenz?

Beziehungsmanagement. Gute Führung basiert wesentlich auf dem Vorhandensein qualitativ hochwertiger Beziehungen zu den Geführten. Diese qualitativ hochwertigen Beziehungen lassen sich im hybriden Kontext schwerer aufbauen und pflegen als in klassischen, nicht virtuellen oder nicht hybriden Kontexten (vgl. Eisenberg/Krishnan, 2018).

Monitoring. In hybriden oder virtuellen Arbeitskontexten stehen Führungskräfte vor der Herausforderung, die Arbeit ihrer Geführten zu monitoren. Dieses Monitoring ist durch den mangelnden persönlichen Kontakt beim Arbeiten im hybriden Kontext erschwert (vgl. Eisenberg/Krishnan, 2018).

Struktur. Da klassische, formal festgelegte Führung in virtuellen oder hybriden Settings nicht so gut funktioniert wie in traditionellen Kontexten, muss klassische Führung in virtuellen Settings durch andere Formen der (indirekteren) Führung, also etwa durch mehr Struktur ersetzt werden (vgl. Hoch/Kozlowski, 2014), was auch zu einem gefühlten Kontrollverlust bei Führungskräften führen kann (vgl. Salzburger, 2021).

Partizipation. Autoritäre und hierarchische Führung wird im Kontext hybriden Arbeitens erschwert, da die ständige Präsenz der Führungskraft gar nicht möglich ist. Folglich können mitarbeiterorientierte Führungsansätze wie authentische Führung oder Servant Leadership dazu beitragen, dass Führung auch in hybriden Kontexten gelingt. Dabei zeigen Metaanalysen, dass mitarbeiterorientierte Führungsansätze wie authentische Führung oder Servant Leadership über traditionellere hierarchische Führungsansätze wie transformationale Führung hinaus einen Anteil am Führungserfolg erklären können (vgl. Hoch et al., 2018).

Wie kann virtuelle Führung, unterstützt durch Führungskräfte, gelingen?

Teambuilding und Teamarbeit. Führungskräfte müssen sich in virtuellen bzw. hybriden Kontexten verstärkt um Teambuilding kümmern und die Zusammenarbeit im Team fördern (vgl. Kahai et al., 2017). Dazu gehört auch das Aufbauen und Aufrechterhalten von Vertrauen im Team (vgl. Eisenberg/Krishnan, 2018). Ebenso müssen Führungskräfte lernen, ein Stück weit loszulassen und Vertrauen in die Mitarbeitenden zu setzen (vgl. Salzburger, 2021). Eine Vertrauenskultur zu schaffen beinhaltet einen offenen und konstruktiven Umgang mit Fehlern im Team (vgl. Zeuge et al., 2020). Um ein Zusammengehörigkeitsgefühl im Team zu entwickeln (vgl. Zeuge et al., 2020), können Führungskräfte gemeinsam mit den Geführten Ziele und die Vision der gemeinsamen Arbeit formulieren und sich in regelmäßigen Abständen Face-to-Face oder zumindest hybrid mit dem Team treffen, im Sinne eines »modernen Lagerfeuers« (vgl. Käsebier, 2022).

Führungskräfte müssen in hybriden Kontexten auch dafür sorgen, dass die virtuelle Teamarbeit funktioniert. Dazu kann z. B. gemeinsam ein Teamkodex mit Verhaltensregeln vereinbart werden (z. B. Kamera in Meetings einschalten) (vgl. Salzburger, 2021). Zudem sollten Führungskräfte in der Lage sein, kompetent mit Diversität im Team umzugehen. Sie sollten z. B. Sprachschwierigkeiten managen (für Sprachkurse sorgen, Übersetzende organisieren) und Teammitglieder darauf hinweisen, Slang und regionale Ausdrücke zu vermeiden, sodass auch Nicht-Muttersprachlerinnen und Nicht-Muttersprachler der Konversation im Team gut folgen können (vgl. Zeuge et al., 2020). Termine von Meetings und Deadlines könnten zeitlich variiert werden, um Fairness für Teammitglieder aus unterschiedlichen Zeitzonen zu schaffen (vgl. Zeuge et al., 2020). Kulturelle Intelligenz ist hier eine Voraussetzung (vgl. Eisenberg/Krishnan, 2018). Durch das Schaffen einer flexiblen, agilen Arbeitsumgebung ergeben sich bessere Reaktionsmöglichkeiten auf Schwierigkeiten in Kommunikation und Koordination, die aufgrund von hybrider Arbeit entstehen können (vgl. Zeuge et al., 2020).

Kommunikation. Führung in hybriden Arbeitskontexten stellt hohe Anforderungen an die Kommunikationsfähigkeit, Medienkompetenz und Kamerapräsenz der Führungskräfte (vgl. Käsebier, 2022). Sie müssen z. B. auch via Kamera die nonverbalen Zeichen der Mitarbeitenden wahrnehmen und deuten können (vgl. Salzburger, 2021). In Einzeltelefonaten nach Meetings (Care Calls, vgl. Zeuge et al., 2020) können sie persönliche Befindlichkeiten mit einzelnen Geführten besprechen (Salzburger, 2021) und somit ein Ohr »an der Basis« haben und Empathie zeigen (vgl. Zeuge et al., 2020). Auch im Team sollten Führungskräfte für eine kontinuierliche (auch informelle) Kommunikation sorgen z. B. durch virtuelle Partys oder virtuelle Kaffeepausen (vgl. Zeuge et al., 2020). Führungskräfte sollten im hybriden Kontext Präsenz zeigen, also verfügbar und ansprechbar sein sowie schnelle und kontinuierliche Rückmeldung geben (vgl. Zeuge et al., 2020).

Struktur und Klarheit. Da klassische Führung im virtuellen Setting an ihre Grenzen stößt, bedarf es hier stellvertretender Führungsmechanismen. Struktur und Klarheit können als Leitplanken dienen und so eine stellvertretende, indirekte Führungsrolle einnehmen. Führungskräfte müssen also Strukturen und Routinen aufbauen und etablieren (vgl. Hoch/Kozlowski, 2014) und Stabilität vermitteln (vgl. Zeuge et al., 2020). Unter Struktur fallen beispielsweise

- ein klares Zeitmanagement im Sinne einer temporalen Führung,
- eine transparente Organisation der Teamarbeit (wer ist wann wo erreichbar? Wo wird was abgelegt?) (vgl. Käsebier, 2020),
- motivierende Leistungsbeurteilungssysteme,
- faire und transparente Entlohnungssysteme für virtuelle Teamarbeit und
- eine hochwertige Informationsinfrastruktur, die einen qualitativ hochwertigen Informationsaustausch und transparente Kommunikationsprozesse ermöglicht (vgl. Hoch/Kozlowski, 2014).

Darüber hinaus sollte die Führungskraft für Rollenklarheit und klare Verantwortlichkeiten im Team sorgen und klare Erwartungen an die Teammitglieder und die Zusammenarbeit im Team formulieren (vgl. Zeuge et al., 2020).

Monitoring. Um Struktur und Klarheit verwirklichen zu können, müssen Führungskräfte das Einhalten von Regeln, die Ausführung der Teamarbeit und den Aufgabenfortschritt im hybriden Kontext überprüfen und kontrollieren (vgl. Eisenberg/ Krishnan, 2018). Führungskräfte können hierzu den Vorteil von Technologien und virtueller Teamarbeit gezielt nutzen: Die Verwendung von Technologie im hybriden Arbeitskontext kann Führungskräften helfen, auf dem Laufenden hinsichtlich individueller Leistungsbeiträge der Geführten zu bleiben, Arbeitsbeiträge, Fähigkeiten und Kompensation transparent zu machen und somit zu Fairness beizutragen (vgl. Kahai et al., 2017). Unterstützend können hier moderne Performance-Management-Ansätze mit hoher Transparenz wirken, wie es beispielsweise bei OKR (Objectives and Key Results) der Fall ist.

Wie kann virtuelle Führung aus Perspektive des HRM gelingen?

Letztlich muss das HRM den Rahmen dafür bieten, dass virtuelle Führung gelingen kann. Das setzt bereits bei der Auswahl von Führungskräften an, da bei virtueller Führung andere Führungskompetenzen erforderlich sind als bei ausschließlicher Präsenzführung. Somit müssen Interviewleitfäden für Bewerbungsgespräche sowie Assessment-Center und andere Auswahlmethoden für Führungskräfte überarbeitet und angepasst werden. Darüber hinaus ist eine Weiterentwicklung der Führungskräfte notwendig, ähnlich wie es bereits in Bezug auf virtuelle Teamarbeit dargestellt wurde. Die konkrete Begleitung von Führungskräften in virtuellen Settings durch Coaches und Trainer und daran anschließende Reflexionsgespräche können hier einen großen Mehrwert darstellen, um »on the Job« die notwendige Medienkompetenz sowie weitere Kompetenzen aufzubauen oder weiterzuentwickeln. Auch eine Anpassung von Führungsleitbildern und Führungswerten kann aus Sicht des HRM notwendig sein, um die veränderten Rahmenbedingungen in Bezug auf Partizipation, Vertrauen und andere Aspekte angemessen aufzugreifen.

7.3 Wirkung von Arbeit in hybriden Kontexten

Durch die Arbeit in hybriden Kontexten und die nahezu durchgehende Anwendung von (Informations- und Kommunikations-)Technologien im Arbeitsalltag, aber auch durch die allgemeine Präsenz von Technologie und Digitalisierung im Alltag kann es zu technologiebedingtem Stress bei den Betroffenen kommen. Typische technologiebedingte Stressoren sind z. B. die Unzuverlässigkeit von Technologien, eine fehlende technologische Infrastruktur oder Inkompatibilitäten zwischen Systemen und eine erhöhte Belastung durch den Gebrauch zu vieler verschiedener Technologien. Stärker auf die Person bezogene Stressoren sind eine mangelnde Technologieaffinität und eine negative Einstellung zu Technologie (z. B. wenn Technologie eher als Hindernis denn als Chance interpretiert wird). Im sozialen Umfeld kann durch neue Technologien der Druck entstehen, »mithalten« zu wollen, bzw. die Angst, »abgehängt« zu werden. Ungewollte Normen und Erwartungshaltungen, z. B. das unmittelbare Reagieren auf Nachrichten, können entstehen und Druck erzeugen. Auf allgemeinerer Ebene können das Gefühl, von Technologie abhängig zu sein, von Technologie kontrolliert und überwacht zu werden, von Technologie am Arbeitsplatz ersetzt zu werden, sowie die Angst vor Cyberkriminalität und die Unvorhersehbarkeit technologischer Entwicklungen Stress auslösen (vgl. z. B. Rohwer et al., 2021; Pfaffinger et al., 2020, 2021; Fischer et al., 2021; Reif et al., 2023).

Technologiebedingter Stress kann sich negativ auf die Produktivität, das Innovationsklima am Arbeitsplatz, die Arbeitszufriedenheit, das Engagement und das Commitment auswirken. Zudem können Schlafqualität, Gesundheit und Wohlbefinden sowie die Work-Life-Balance der Betroffenen beeinträchtigt werden (Gimpel et al., 2018; Jager/Thiemann, 2021; Pfaffinger et al., 2022; Saim et al., 2021; Tarafdar et al., 2019; Fischer et al., 2021).

7.3.1 Schaffung und Nutzung technologiebezogener Ressourcen

Eine Herausforderung für das HRM im Kontext hybriden Arbeitens ist folglich die Schaffung, Förderung und Nutzung technologiebezogener Ressourcen, um technologiebedingten Stressoren entgegenzuwirken. Dazu gehören z. B. eine realistische Personal- und Zeitplanung sowie das Einplanen von Zeitressourcen, damit sich die Belegschaft neue Technologien aneignen kann. Ein kontinuierliches Trainingsangebot hinsichtlich der Benutzung von Technologien und entsprechende technologiebezogene Weiterbildungsangebote können die Selbstwirksamkeit und Technologiekompetenz der Nutzenden sowie deren Interesse an und Optimismus hinsichtlich neuer Technologie positiv beeinflussen. Auch in Teams sollte gezielt der Austausch von technologiebezogenem Wissen und bewährten Verfahrensweisen und somit das technologiebezogene soziale Lernen gefördert werden. Möglichkeiten zur gegenseitigen sozialen Unterstützung im Team können dadurch generiert werden (vgl. Rohwer et al., 2021; Pfaffinger et al., 2020; Jager/Thiemann, 2021).

Aufgrund der Technoinvasion, also des Eindringens von Technologie in unseren Alltag, und der dadurch verschwimmenden Grenzen zwischen Arbeit und Privatleben sollte für eine Begrenzung von Arbeitszeit und Überstunden bzw. für eine systematische Kontrolle von Work-Home-Grenzen Sorge getragen werden. Durch organisationsweite Regelungen, wie eine Regulierung des E-Mail-Verkehrs, kann das Work-Home-Management der Belegschaft unterstützt werden. Auf organisationaler Ebene sollte für funktionale, benutzerfreundliche Technologie und Regelungen zur Datensicherheit sowie einen funktionierenden technischen Support gesorgt werden. Die regelmäßige Durchführung von Gefährdungsbeurteilungen kann beim Monitoring technologiebedingter Stressoren und technologiebezogener Ressourcen hilfreich sein (vgl. Rohwer et al., 2021; Pfaffinger et al., 2020; Jager/Thiemann, 2021).

7.3.2 Organisationale Akkulturation internationaler Beschäftigter

Eine weitere Herausforderung für das HRM im Kontext hybriden Arbeitens ist die organisationale Akkulturation internationaler Beschäftigter. Die Bezeichnung »organisationale Akkulturation« ergibt sich aus der mehrfachen Herausforderung, der internationale Beschäftigte beim Eintritt in eine neue Organisation oder ein neues virtuelles Team gegenüberstehen: der organisationalen Sozialisation, also dem Einleben im neuen Unternehmen und Team, sowie der Akkulturation, also dem Ankommen im neuen kulturellen Umfeld (vgl. Reif et al., 2017; Reif/Spieß, 2020).

Das HRM kann hier auf verschiedenen Wegen aktiv werden (vgl. z. B. Becker, 2015; Reif/Spieß, 2020; Flake/Jambo, 2018; Rybnikova/Wilkmann, 2021; Government of Canada, 2019). Im Rahmen von Personalmarketing und Personalauswahl können erforderliche fachliche Anforderungen und Qualifikationen klar kommuniziert werden. Der Recruitingprozess kann durch die Verwendung klarer Sprache bzw. Mehrsprachigkeit barrierefrei gestaltet werden. Die Unterstützung von Bewerbenden bei Alltagsfragen, wie etwa organisatorischen Angelegenheiten und Verwaltungsfragen, kann sich zudem förderlich auf die organisationale Akkulturation auswirken.

Im Rahmen der Personalentwicklung können im Zuge des (E-)Onboardings formale Orientierungsprogramme aufgesetzt und konsequent umgesetzt werden. Die fachliche Integration kann durch betriebsspezifische Sprachkurse und Schulungen, zusammen mit den neuen Kolleginnen und Kollegen, gefördert werden. Die soziale Integration kann durch gemeinschaftliche Aktivitäten und Teambuilding-Maßnahmen unterstützt werden.

Nicht nur für die Neulinge, sondern auch für die an der Integrationsarbeit beteiligten Kolleginnen und Kollegen sollte es Unterstützungsangebote in Form von interkulturellen Schulungen und Workshops zu Konflikt- und Problemlösung geben. Die kulturelle und wertorientierte Integration von internationalen Mitarbeitenden kann durch die Vermittlung der Organisationskultur, also der Normen, Handlungsweisen, Erwartungen und betrieblichen Werte im Unternehmen (vgl. Werther/Jacobs, 2014) sowie der gesellschaftlichen Grundsätze und kulturellen Besonderheiten in der neuen Kultur verwirklicht werden.

Im Rahmen der Organisations(kultur)entwicklung sollten Mitarbeitende für die kulturelle Vielfalt im Unternehmen sensibilisiert werden, strukturelle Ungleichheiten, wie etwa benachteiligende Beschäftigungsmodi für unterschiedliche Mitarbeitendengruppen, aufgedeckt und hinterfragt werden, Sprachbarrieren durch Sprachkurse oder die Einführung einer großen Weltsprache als Arbeitssprache abgebaut werden, innerbetriebliche Antidiskriminierungsrichtlinien entwickelt sowie eine Willkommenskultur etabliert werden.

7.3.3 Neue Formen der Verwaltung von (hybrider) Arbeit

Blockchain als Basistechnologie für Kryptowährungen hat ihre Leistungsfähigkeit im Bereich der Finanzen bereits gezeigt. Bei der Blockchain handelt es sich um ein dezentrales, unveränderliches digitales »Register«, quasi ein »mit allen Teilnehmern geteiltes Kassenbuch« (Digital Chiefs, 2020). Blockchain ermöglicht eine erhöhte Sicherheit im Informationsaustausch, Transparenz, Unveränderbarkeit und die Rückverfolgbarkeit von Transaktionen.

Und auch im Bereich des HRM tun sich vielfältige und vielversprechende Anwendungsmöglichkeiten auf. Bei der *Gehaltsabrechnung* kann Blockchain-Technologie zur Automatisierung und Sicherung von Zahlungen an Arbeitnehmende beitragen, auch über Grenzen hinweg und an Personen, die über keine Bankverbindungen verfügen, wie es in der »Gig Economy« der Fall sein kann. Im Rahmen der *Rekrutierung* können Bewerbende mittels Blockchain-Technologie virtuelle Arbeitsnachweise und Zeugnisse einreichen, die unveränderlich und fälschungssicher sind und auf deren Korrektheit sich Arbeitgebende folglich verlassen können, ohne langwierige Überprüfungen anstellen zu müssen. Auch *Mitarbeitendendaten* können in Unternehmen durch Blockchain-Technologie verschlüsselt und unveränderbar verwaltet werden. *Verträge* können in transparente digitale Verträge umgewandelt werden, erbrachte Leistung kann effizient verwaltet werden (z. B. durch automatische Gehaltserhöhung bei erbrachten Leistungen) (vgl. Baker, 2021; Digital Chiefs, 2020). Herausforderungen hinsichtlich des Einsatzes von Blockchain-Technologie im HRM stellen Cybersicherheit und Datenschutz dar.

7.4 Fazit zu evidenzbasierten Perspektiven auf HRM im Kontext hybriden Arbeitens

Durch die Verbindung von Präsenzarbeit und virtuellem Arbeiten im Kontext hybriden Arbeitens entstehen neue Herausforderungen, die maßgeblich auch durch das HRM in Organisationen gemanagt werden müssen. Hybrides Arbeiten ist in dieser flächendeckenden Verbreitung zwar verhältnismäßig neu, doch die Forschung der letzten Jahrzehnte bietet viele Anhaltspunkte für die Gestaltung passender Rahmenbedingungen. Zahlreiche Befunde zu virtuellem Arbeiten lassen sich auf hybrides Arbeiten übertragen und doch bleiben Fragen offen, die erst in den nächsten Jahren von weiterer Forschung beantwortet werden müssen. Umso wichtiger erscheint die Grundhaltung, dass wirklich der Mensch im Mittelpunkt der Personalarbeit steht und dass das HRM weniger als administrative Funktion, sondern viel mehr als aktiver Gestalter von Rahmenbedingungen für eine gesunde, zufriedenstellende, sinnstiftende und produktive Arbeitssituation auftritt.

7.5 Literatur

Baker, P. (2021). Blockchain HR technology: 5 use cases impacting human resources, https://www.techtarget.com/searchhrsoftware/tip/Blockchain-HR-technology-5-use-cases-impacting-human-resources, abgerufen am 3.11.2022.

Bauer, W., Rief, S., Stiefel, K.-P., Weiss, A. (2014). Faszination Coworking: Potenziale für Unternehmen und ihre Mitarbeiter. Stuttgart: Fraunhofer.

Becker, M. (2015). Systematisches Diversity Management: Konzepte und Instrumente für die Personal- und Führungspolitik. Stuttgart: Schäffer-Poeschel.

Bell, B. S., Federman, J. E. (2013). E-learning works – exactly how well depends on its unique features and barriers. CAHRS, 1, S. 1–5.

Bell, B. S., Tannenbaum, S. I., Ford, J. K., Noe, R. A., Kraiger, K. (2017). 100 years of training and development research: What we know and where we should go. Journal of Applied Psychology, 102(3), S. 305–323, https://doi.org/10.1037/apl0000142

Breuer, C., Hüffmeier, J., Hertel, G. (2016). Does trust matter more in virtual teams? A meta-analysis of trust and team effectiveness considering virtuality and documentation as moderators. Journal of Applied Psychology, 101(8), S. 1151–1177, http://dx.doi.org/10.1037/apl0000113

Brown, K. G., Van Buren, M. E. (2007). Applying a social capital perspective to the evaluation of distance training. In: S. M. Fiore und E. Salas (Hrsg.), Toward a science of distributed learning (S. 41–63). Washington, D.C.: American Psychological Association, https://doi.org/10.1037/11582-003

Burger, C. (2022). Jeder vierte Beschäftigte denkt über Jobwechsel nach. VDI Nachrichten, https://www.vdi-nachrichten.com/karriere/arbeitsmarkt/jeder-vierte-beschaeftigte-denkt-ueber-jobwechsel-nach/, abgerufen am 29.10.2022.

Destatis (2022). Dauer der Beschäftigung beim aktuellen Arbeitgeber, https://www.destatis.de/DE/Themen/Arbeit/Arbeitsmarkt/Qualitaet-Arbeit/Dimension-4/dauer-beschaeftigung-aktuell-Arbeitgeber.html, abgerufen am 29.10.2022.

Digital Chiefs (2020). Wie Blockchain die Personalarbeit unterstützt, https://www.digital-chiefs.de/wie-blockchain-die-personalarbeit-unterstuetzt/, abgerufen am 3.11.2022.

Dulebohn, J. H., Hoch, J. E. (2017). Virtual teams in organizations. Human resource management review, 27(4), S. 569–574, http://dx.doi.org/10.1016/j.hrmr.2016.12.004

Eisenberg, J., Krishnan, A. (2018). Addressing virtual work challenges: learning from the field. Organization Management Journal, 15(2), S. 78–94, https://doi.org/10.1080/15416518.2018.1471976

Feitosa, J., Salas, E. (2021). Today's virtual teams: Adapting lessons learned to the pandemic context. Organizational dynamics, 50(1), 100777, https://doi.org/10.1016/j.orgdyn.2020.100777

Fischer, J. A., Hüttermann, H., Werther, S. (2022). Angstfreies Lernklima schaffen: Psychologische Sicherheit: Erfolgsfaktor für Informationsverarbeitung in Teams. Weiterbildung, 5, S. 28–31.

Fischer, T., Reuter, M., Riedl, R. (2021). The digital stressors scale: Development and validation of a new survey instrument to measure digital stress perceptions in the workplace context. Frontiers in psychology, 12, 607598, https://doi.org/10.3389/fpsyg.2021.607598

Flake, R., Jambo, S. (2018). Flüchtlinge integrieren – Chancen, Herausforderungen und Unterstützungsmöglichkeiten für Unternehmen. In: A. Frintrup (Hrsg.), Berufliche Integration von Flüchtlingen und Migranten (S. 117–138). Berlin: Springer.

Gaida, I. (2021). Agiles Arbeiten in der Praxis. Berlin: Springer.

Gimpel, H., Lanzl, J., Manner-Romberg, T., Nüske, N. (2018). Digitaler Stress in Deutschland. Eine Befragung von Erwerbstätigen zu Belastung und Beanspruchung durch Arbeit mit digitalen Technologien. Working Paper Forschungsförderung 101. Hans Böckler Stiftung, https://www.boeckler.de/pdf/p_fofoe_WP_101_2018.pdf, abgerufen am 2.11.2022.

Government of Canada (2019). The employer's roadmap. Hiring & retaining internationally trained workers, https://www.canada.ca/content/dam/ircc/migration/ircc/english/pdf/pub/employer-roadmap-en.pdf, abgerufen am 3.11.2022.

Gruman, J. A., Saks, A. M. (2018). E-Socialization. The Problems and the Promise of Socializing Newcomers in the Digital Age. In: J. H. Dulebohn und D. L. Stone (Hrsg.), The brave new world of eHRM 2.0 (S. 111–139). Charlotte, North Carolina: Information Age Publishing.

Gruman, J. A., Saks, A. M., Zweig, D. I. (2006). Organizational socialization tactics and newcomer proactive behaviors: An integrative study. Journal of vocational behavior, 69(1), S. 90–104, https://doi.org/10.1016/j.jvb.2006.03.001

Hamilton, B. A., Scandura, T. A. (2003). E-Mentoring: Implications for organizational learning and development in a wired world. Organizational Dynamics, 31(4), S. 388–402, https://doi.org/10.1016/S0090-2616(02)00128-6

Hertel, G., Orlikowski, B. (2015). Project Management in Distributed Virtual Teams. In: M. Wastian, L. von Rosenstiel, M. A. West und I. Braumandl (Hrsg.), Applied psychology for project managers (S. 305–321). Berlin, Heidelberg: Springer.

Hertel, G., Geister, S., Konradt, U. (2005). Managing virtual teams: A review of current empirical research. Human Resource Management Review, 15(1), S. 69–95.

Hoch, J. E., Kozlowski, S. W. (2014). Leading virtual teams: Hierarchical leadership, structural supports, and shared team leadership. Journal of Applied Psychology, 99(3), S. 390–403, https://doi.org/10.1037/a0030264

Hoch, J. E., Bommer, W. H., Dulebohn, J. H., Wu, D. (2018). Do ethical, authentic, and servant leadership explain variance above and beyond transformational leadership? A meta-analysis. Journal of Management, 44(2), S. 501–529.

Iwd (2022). Betriebszugehörigkeit: Lange im Betrieb. Informationsdienst des Instituts der deutschen Wirtschaft, https://www.iwd.de/artikel/lange-im-betrieb-355822/, abgerufen am 29.10.2022.

Jager, A., Thiemann, D. (2021). Technostress als Schattenseite der Digitalisierung: Ansatzpunkte für eine gesundheitsförderliche Gestaltung digitaler Arbeitswelten. In: S. Kaiser, A. Kozica, F. Böhringer und J. Wissinger (Hrsg.), Digitale Arbeitswelt. Wie Unternehmen erfolgreich die digitale Transformation gestalten können (S. 75–92). Wiesbaden: Springer Gabler.

Kahai, S., Avolio, B. J., Sosik, J. J. (2017). E-Leadership. In: G. Hertel, D. L. Stone, R. D. Johnson and J. Passmore, The Wiley Handbook of the Psychology of the Internet at Work (S. 285–314). Hoboken, New Jersey: John Wiley & Sons.

Käsebier, J. (2022). Tipps zum Führen in hybriden Arbeitswelten, https://topeins.dguv.de/dossiers/interviews/tipps-zum-fuehren-in-hybriden-arbeitswelten/, abgerufen am 2.11.2022.

Kauffeld, S., Handke, L., Straube, J. (2016). Verteilt und doch verbunden: Virtuelle Teamarbeit. Gruppe. Interaktion. Organisation. Zeitschrift für Angewandte Organisationspsychologie (GIO), 47(1), S. 43–51, https://doi.org/10.1007/s11612-016-0308-8

Konradt, U., Hertel, G. (2002). Management virtueller Teams. Von der Telearbeit zum virtuellen Unternehmen. Weinheim: Beltz.

Martin, P. (2021). 33 Mitarbeiter-Statistiken, die Sie in 2021 kennen sollten, https://www.happeo.com/de/blog/mitarbeiter-statistiken-die-sie-kennen-sollten, abgerufen am 30.10.2022.

Maynard, M. T., Gilson, L. L. (2014). The role of shared mental model development in understanding virtual team effectiveness. Group & Organization Management, 39(1), S. 3–32, https://doi.org/10.1177/1059601113475361

Maynard, M. T., Gilson, L. L., Jones Young, N. C., Vartiainen, M. (2017). Virtual teams. In: G. Hertel, D. L. Stone, R. D. Johnson und J. Passmore, The Wiley Handbook of the Psychology of the Internet at Work (S. 315–345). Hoboken, New Jersey: John Wiley & Sons.

Murphy, W. M. (2011). From e-mentoring to blended mentoring: increasing students' developmental initiation and mentors' satisfaction. Academy of Management Learning & Education, 10(4), S. 606–622, https://doi.org/10.5465/amle.2010.0090

Pfaffinger, K. F., Reif, J. A., Spieß, E. (2022). When and why telepressure and technostress creators impair employee well-being. International Journal of Occupational Safety and Ergonomics, 28(2), S. 958–973, https://doi.org/10.1080/10803548.2020.1846376

Pfaffinger, K. F., Reif, J. A., Huber, A. K., Eger, V. M., Dengler, M. K., Czakert, J. P., Berger, R. (2021). Digitalisation anxiety: Development and validation of a new scale. Discover Mental Health, 1(1), S. 1–14, https://doi.org/10.1007/s44192-021-00003-w

Pfaffinger, K. F., Reif, J. A., Spieß, E., Berger, R. (2020). Anxiety in a digitalised work environment. Gruppe. Interaktion. Organisation. Zeitschrift für Angewandte Organisationspsychologie (GIO), 51(1), S. 25–35, https://doi.org/10.1007/s11612-020-00502-4

Reif, J. A. M., Spieß, E. (2020). Psychologische Bedingungen für eine erfolgreiche Integration von internationalen Fachkräften in Organisationen. In: O. Döring (Hrsg.), Fachkräftezuwanderung in Deutschland. Potenziale, Herausforderungen, Gestaltungsoptionen (S. 183–195). Bielefeld: wbv.

Reif, J. A. M., Czakert, J. P., Spieß, E., Berger, R. (2023). Digitalisierungsangst als Gefahr für ein digitales Mindset? In: S. Kaiser und B. Ertl (Hrsg.), Digitale Mindsets. Wiesbaden: Springer.

Reif, J. A. M., Spieß, E., Berger, R. (2017). Ein theoretisches Modell zur Integration von Arbeitsmigranten in Organisationen. Gruppe. Interaktion. Organisation. Zeitschrift für Angewandte Organisationspsychologie (GIO), 48, S. 61–68, https://doi.org/10.1007/s11612-017-0355-9

Rohwer, E., Flöther, J. C., Harth, V., Mache, S. (2022). Overcoming the »Dark Side« of Technology – A Scoping Review on Preventing and Coping with Work-Related Technostress. International journal of environmental research and public health, 19(6), 3625, https://doi.org/10.3390/ijerph19063625

Rybnikova, I., Wilkmann, S. (2021). Betriebliche Integration von Geflohenen: Ergebnisse einer explorativen qualitativen Studie. Zeitschrift für Arbeits- und Organisationspsychologie A&O, 65(2), S. 98–107.

Saim, M. A. S. M., Rashid, W. E. W., Ma'On, S. N. (2021). Technostress creator and work life balance: A systematic literature review. Romanian Journal of Information Technology and Automatic Control, 31(1), S. 77–88, https://doi.org/10.33436/v31i1y202106

Saks, A. M., Gruman, J. A. (2021). How do you socialize newcomers during a pandemic? Industrial and Organizational Psychology, 14(1-2), S. 217–220. https://doi.org/10.1017/iop.2021.44

Salzburger, S. (2021). Wie Führung auf Distanz gelingen kann. Süddeutsche Zeitung, https://www.sueddeutsche.de/wirtschaft/plan-w-kongress-home-office-fuehrung-1.5418408, abgerufen am 30.10.2022.

Schilling, H., Wittner, B., Kauffeld, S. (2022). Current Interventions for the Digital Onboarding of First-Year Students in Higher Education Institutions: A Scoping Review. Education Sciences, 12(8), 551, https://doi.org/10.3390/educsci12080551

Schmidt, F. A. (2016). Arbeitsmärkte in der Plattformökonomie – Zur Funktionsweise und den Herausforderungen von Crowdwork und Gigwork. Friedrich-Ebert-Stiftung, https://www.researchgate.net/profile/Florian-Schmidt-4/publication/317168308_

Arbeitsmarkte_in_der_Plattformokonomie_zur_Funktionsweise_und_den_Herausforderungen_von_Crowdwork_und_Gigwork/links/592833ab0f7e9b9979a3520e/Arbeitsmaerkte-in-der-Plattformoekonomie-zur-Funktionsweise-und-den-Herausforderungen-von-Crowdwork-und-Gigwork.pdf, abgerufen am 29.10.2022.

Tarafdar, M., Cooper, C. L., Stich, J. F. (2019). The technostress trifecta-techno eustress, techno distress and design: Theoretical directions and an agenda for research. Information Systems Journal, 29(1), S. 6–42, https://doi.org/10.1111/isj.12169

Trowitzsch, E. (2018). Generation Y und ihr Freizeitverhalten: »Work-Life-Blending« – wenn Freizeit und Arbeitszeit verschmelzen. Praxis Gemeindepädagogik, 71(3), S. 11–13.

Van Maanen, J., Schein, E. H. (1979). Toward a theory of organizational socialization. In: B. M. Staw (Hrsg.). Research in organizational behavior (S. 209–264). Stamford, CT: JAI Press.

Werther, S., Bruckner, L. (2018). Arbeit 4.0 aktiv gestalten – Die Zukunft der Arbeit zwischen Agilität, People Analytics und Digitalisierung. Berlin: Springer.

Werther, S., Jacobs, C. (2014). Organisationsentwicklung – Freude am Change. Berlin, Heidelberg: Springer.

Werther, S. (2021). Coworking als Revolution der Arbeitswelt. Berlin: Springer.

Werther, S. (2022a). Warum eine 42-Stunden-Woche und die Vier-Tage-Woche vom eigentlichen Problem ablenken: Mehr Arbeit ist auch keine Lösung. Personalmagazin, 12, S. 68–70.

Werther, S. (2022b). Wollen Sie wirklich gehen? Kündigungsabsicht ist nicht gleich Kündigung – Umfragen zur Verhaltensintention sagen oft wenig über das tatsächliche spätere Verhalten aus. Personalwirtschaft, 07/08, S. 72–74.

Zeuge, A., Oschinsky, F., Weigel, A., Schlechtinger, M., Niehaves, B. (2020). Leading Virtual Teams – A Literature Review, https://www.researchgate.net/profile/Andreas-Weigel/publication/343473371_Leading_Virtual_Teams_-A_Literature_Review/links/5f2bcb6392851cd302dfc180/Leading-Virtual-Teams-A-Literature-Review.pdf, abgerufen am 2.11.2022.

New Work – New Learning

8 New-Skill-Management

Stefan Remhof und Daniel Zinner

Nicht erst seit der Corona-Pandemie erlebt die Arbeitswelt einen enormen Wandel – im Werteverständnis, in den Arbeitsmodellen und -entwürfen sowie in den Möglichkeiten und Einsatzorten. Dabei trifft diese Arbeitswelt auf einen Arbeitsmarkt, der durch Fachkräftemangel, digitale Transformation und sich verändernde Anforderungen unter Druck steht.

Damit einher geht ein verändertes Anforderungsprofil an Fähigkeiten und Kenntnissen, was die Herausbildung von New Skills in der New-Work-Umgebung erforderlich macht. New Work erfordert von Arbeitgebern, Mitarbeitende auf die Zukunft der Arbeit vorzubereiten sowie Möglichkeiten der individuellen Weiterbildung und ein durch Werte und Kultur geprägtes Arbeitsumfeld anzubieten (vgl. PwC, 2022, S. 3). Damit verbunden ist auch die Frage, welche Skills künftig – vor allem durch hybride Arbeitsmodelle – an Bedeutung gewinnen werden.

8.1 Definition »New Skills«

»New Skills« bezieht sich im Allgemeinen auf neue Fähigkeiten oder Kompetenzen, die eine Person erwirbt, um in einer sich ständig verändernden Arbeitswelt wettbewerbsfähig zu bleiben oder um neue berufliche Möglichkeiten zu nutzen. Diese Fähigkeiten können sowohl auf weichen und sozialen Fähigkeiten basieren, umfassen aber auch technisches Wissen. Hier sind einige Beispiele für neue Fähigkeiten, die in verschiedenen Branchen und Berufen relevant sein können:

New Skills – weiche Faktoren

- **Global Mindset:** Durch die globale Vernetzung der Welt steigt die Anforderung an eine globale Denkweise, um effizient in internationalen Teams und mit internationalen Stakeholdern arbeiten zu können.
- **Kreativität und Innovation:** Die Fähigkeit, kreativ zu denken und innovative Lösungen für Probleme zu finden, ist in vielen Branchen und Berufsfeldern gefragt. Dies kann das Entwickeln neuer Produkte, Dienstleistungen, Geschäftsmodelle oder Marketingstrategien umfassen.
- **Kommunikationsfähigkeiten:** Die Fähigkeit, effektiv zu kommunizieren, ist in nahezu jedem Berufsfeld – vor allem im Dienstleistungssektor – von Bedeutung. Kommunikationsfähigkeiten umfassen schriftliche Kommunikation, mündliche Präsentationen, Teamarbeit und zwischenmenschliche Fähigkeiten.

- **Kritisches Denken und Problemlösungsfähigkeit:** Die Fähigkeit, komplexe Probleme zu analysieren und fundierte Entscheidungen zu treffen, ist entscheidend. Dies umfasst das Identifizieren von Herausforderungen, die Bewertung von Optionen und die Auswahl der besten Lösung.
- **Anpassungsfähigkeit:** In einer sich schnell verändernden Welt ist die Fähigkeit, sich an neue Umstände, Technologien und Anforderungen anzupassen, von großer Bedeutung.
- **Empathie und soziale Intelligenz:** Soziale Fähigkeiten sind in vielen Berufen wichtig, insbesondere in den Bereichen Gesundheitswesen, Bildung, Kundenbetreuung und Führung.
- **Sprachkenntnisse:** Je nach Berufsfeld können Fremdsprachenkenntnisse von Vorteil sein, insbesondere in einer globalisierten Welt.
- **Umweltbewusstsein:** In einer Zeit, in der Nachhaltigkeit eine immer wichtigere Rolle spielt, sind Kenntnisse über Umweltfragen und nachhaltige Praktiken von Vorteil.

Wie bereits aufgeführt, können diese eher weichen Faktoren durch eine Anzahl technischer und konzeptioneller Fähigkeiten ergänzt werden, die sich wie folgt darstellen lassen:

New Skills – technische Faktoren

- **Digitale Kompetenzen:** In einer zunehmend digitalisierten Welt sind Fähigkeiten im Umgang mit digitalen Werkzeugen und Technologien entscheidend. Dazu gehören Programmierung, Datenanalyse, Cybersecurity und Kenntnisse in der Nutzung verschiedener Softwareanwendungen.
- **Projektmanagement:** Die Fähigkeit, Projekte zu planen, zu organisieren und zu überwachen, ist in vielen Berufsfeldern von Relevanz. Dies gilt insbesondere in Bereichen wie IT, Bauwesen, Gesundheitswesen, Marketing und Unternehmensberatung.
- **Finanzkompetenz:** Das Verständnis von Finanzkonzepten und -praktiken kann in vielen Berufen und im persönlichen Leben von Nutzen sein.

Die Art der erforderlichen neuen Fähigkeiten hängt dabei stark von der Branche, dem Berufsfeld, der Berufserfahrung, der Persönlichkeit und den individuellen Zielen ab. Es ist jedoch wichtig, lebenslanges Lernen und die Entwicklung neuer Fähigkeiten als eine kontinuierliche Anstrengung zu betrachten, um in einer sich wandelnden Arbeitswelt erfolgreich zu sein (vgl. McKinsey, 2021).

8.2 Stärkung des Skill-Managements

Skills und Fähigkeiten stellen keine statische Einheit dar, sie sind vielmehr dynamisch und müssen regelmäßig justiert werden. Unternehmen erkennen Weiterbildung und Stärkung des Skill-Managements zunehmend als entscheidendes Instrument einer zukunftsorientierten HR-Strategie (vgl. Wacke/Remhof/Zinner, 2023, S. 60).

Das Stärken des Skill-Managements in einer Organisation erfordert eine gezielte Herangehensweise, um sicherzustellen, dass die Fähigkeiten der Mitarbeitenden optimal genutzt und die Ziele der Organisation bzw. des Unternehmens erreicht werden. Einige Schritte und Maßnahmen können dabei helfen:

Maßnahmen zur Verbesserung der Skills

- **Bedarfsanalyse durchführen:** Unternehmen sollten diejenigen Fähigkeiten und Kompetenzen identifizieren, die für den Erfolg der Organisation entscheidend sind. Dies kann durch Gespräche mit Führungskräften, Mitarbeiterbefragungen, Leistungsanalysen und die Überprüfung der Unternehmensziele geschehen
- **Fähigkeitslücken identifizieren:** Sobald die Anforderungen im Unternehmen bekannt sind, sollte ein Abgleich zwischen den vorhandenen Fähigkeiten der Mitarbeitenden und den erforderlichen Fähigkeiten stattfinden. Dieser Abgleich ermöglicht es, gezielt in die Entwicklung der benötigten Kompetenzen der Mitarbeitenden zu investieren.
- **Entwicklung von New Skills fördern:** Unternehmen sollten Trainings- und Entwicklungsprogramme einrichten, um die Fähigkeiten der Mitarbeitenden zu verbessern. Dies kann sowohl formales Training als auch informelles Lernen, wie Mentoring oder Job-Rotation, umfassen.
- **lebenslanges Lernen fördern:** Mitarbeitende sollten dazu ermutigt werden, kontinuierlich neue Fähigkeiten zu erlernen und bestehende Skills zu verbessern. Unternehmen können hier aktiv unterstützen, indem sie den Zugang zu Online-Lernressourcen, Schulungen und Weiterbildungsmaßnahmen ermöglichen.
- **Skill-Matching durchführen:** Unternehmen sollten sicherstellen, dass die richtigen Mitarbeitenden mit den richtigen Fähigkeiten für die entsprechenden Aufgaben eingesetzt werden. Dies kann eine enge Zusammenarbeit zwischen HR und den Führungskräften erfordern.
- **Feedback und Evaluierung einsetzen:** Die Implementierung regelmäßiger Bewertungs- und Feedback-Mechanismen stellt sicher, dass die Mitarbeitenden ihre Fähigkeiten verbessern und sich kontinuierlich weiterentwickeln. Dies kann in Form von Leistungsbeurteilungen, 360-Grad-Feedback oder anderen Instrumenten geschehen.
- **Technologie nutzen:** Durch den Einsatz digitaler Tools, Apps und Plattformen können Unternehmen und Mitarbeitende das Skill-Management effizienter und zielgerichteter gestalten. Digitale Unterstützung kann bei der Verfolgung von Fortschritten, der Personalplanung und der Analyse von Skill-Daten hilfreich sein.
- **Kultur des Wissensaustauschs fördern:** Eine Unternehmenskultur, die den Austausch von Wissen und Fähigkeiten zwischen Mitarbeitenden fördert, unterstützt das Skill-Management. Eine Kultur des Wissensaustauschs kann durch die Einführung von Wissensmanagement-Plattformen oder das Organisieren von Wissens-Sharing-Veranstaltungen erreicht werden.
- **Belohnungssystem anpassen:** Das Belohnungs- und Bonussystem sollte durch die Entwicklung von Fähigkeiten ergänzt werden. Mitarbeitende sollten Anreize erhalten, ihre Fähigkeiten zu erweitern und anzuwenden (vgl. Dension/Faude, 2022).

Das Stärken des Skill-Managements erfordert eine kontinuierliche Anstrengung und Anpassung sowohl seitens des Unternehmens wie auch seitens der Mitarbeitenden, da sich die Anforderungen in einer sich ständig verändernden Geschäftsumgebung ändern können. Ein gut durchdachtes Skill-Management kann jedoch dazu beitragen, die Wettbewerbsfähigkeit eines Unternehmens zu steigern und die Mitarbeiterbindung zu verbessern.

8.3 Bedeutung eines Global Mindset

In der globalisierten, aber zugleich auch digitalisierten Unternehmenswelt sind Führungskräfte, Mitarbeitende und die Organisation selbst mit vielfältigen Herausforderungen, Mehrdeutigkeiten und Unsicherheiten konfrontiert, für deren Bewältigung bisherige Denkmuster und Lösungen nicht mehr ausreichen. Daher bedarf es einer angepassten menschlichen Kognition und Verhaltensweise, um mit den Herausforderungen einer komplexen globalen Umgebung umgehen zu können (vgl. Andresen/Bergdolt, 2017, S. 170).

Hier ist als Skillset ein Global Mindset bzw. globales Denken nötig. Es bezieht sich auf die Fähigkeit und Bereitschaft einer Person, über den eigenen kulturellen Horizont hinauszublicken, die eigene Denkweise zu hinterfragen und in einem globalen Kontext zu denken und zu handeln. Es geht darum, kulturelle Vielfalt zu wertzuschätzen, interkulturelle Kompetenzen zu entwickeln und globale Perspektiven in die Entscheidungsfindung einzubeziehen. Ein Global Mindset ist die Erkenntnis, Offenheit gegenüber und das Bewusstsein für unterschiedliche Kulturen und Märkte zu entwickeln und zwischen diesen Verschiedenheiten zu vermitteln.

Ein Global Mindset besteht aus drei wesentlichen Dimensionen, die miteinander interagieren:

Dimensionen eines Global Mindset

- **intellektuelles Kapital:** Dieser kognitive Aspekt zielt darauf ab, was eine Person über die globalen Verflechtungen in ihrer Branche oder Industrie und die weitere Makroumgebung weiß. Es bezieht sich zudem darauf, wie leicht es einer Person fällt, diese Informationen zu analysieren, zu verarbeiten und zu interpretieren.
- **psychologisches Kapital:** Dieser affektive Aspekt zielt auf die emotionale Beschaffenheit einer Person, ihre Fähigkeit zur Selbstreflexion und ihre Bereitschaft, in einer globalen Umgebung zu agieren. Das psychologische Kapital umfasst eine positive und konstruktive Einstellung hinsichtlich kultureller Diversität sowie der Unterschiedlichkeit von Gedanken und Handlungsweisen. Sie umschließt auch den Wunsch und die Fähigkeit, kulturelle Unterschiede zu verstehen.

- **soziales Kapital:** Dieser verhaltensbezogene Aspekt reflektiert die Fähigkeit einer Person, so zu agieren, dass vertrauensvolle Beziehungen zu Menschen mit einem anderen kulturellen Hintergrund aufgebaut werden (vgl. Thunderbird School of Global Management, 2021).

Ein Global Mindset ist durch die folgenden Eigenschaften gekennzeichnet:

Eigenschaften eines Global Mindset

- **kulturelle Sensibilität:** Die Fähigkeit, kulturelle Unterschiede zu erkennen, zu verstehen und zu respektieren. Die Fähigkeit umfasst Sprache, Werte, Normen, Verhaltensweisen und andere kulturelle Aspekte.
- **interkulturelle Kommunikation:** Die Fähigkeit, effektiv mit Menschen mit und aus verschiedenen kulturellen Hintergründen zu kommunizieren. Dies erfordert oft die Beherrschung mehrerer Sprachen und die Kenntnis interkultureller Kommunikationsmuster.
- **Offenheit für Vielfalt:** Die Bereitschaft, unterschiedliche Perspektiven und Denkweisen anzuerkennen und davon zu profitieren. Ein Global Mindset bedeutet, Vorurteile und Stereotypen abzubauen.
- **Flexibilität und Anpassungsfähigkeit:** Die Fähigkeit, sich in verschiedenen kulturellen Umgebungen anzupassen und erfolgreich zu agieren. Das schließt auch die Bereitschaft ein, sich neuen Situationen und Herausforderungen zu stellen.
- **globale Perspektive:** Die Fähigkeit, globale Trends und Entwicklungen zu verstehen und in die Entscheidungsfindung einzubeziehen – dies kann sowohl auf persönlicher als auch auf organisatorischer Ebene relevant sein.

Ein Global Mindset ist damit in unserer zunehmend vernetzten und globalisierten Welt von großer Bedeutung, insbesondere für Menschen in internationalen Geschäfts- und Organisationskontexten. Es ermöglicht Mitarbeitenden und Unternehmen, sich besser auf die Herausforderungen und Chancen der globalen Märkte und der kulturellen Vielfalt vorzubereiten und effektiv darauf zu reagieren (vgl. Thunderbird School of Global Management, 2021). Hier steht vor allem die Entwicklung eines Unternehmens zu einer global denkenden Organisation im Fokus. Für diesen Prozess ist eine fortlaufende Anpassung an sich verändernde kulturelle Gegebenheiten notwendig (vgl. Hanke/Hruby, 2015).

8.4 Skilltransfer in die New-Work-Umgebung

Der Transfer neuer Fähigkeiten in die New-Work-Umgebung und in die hybride Arbeitswelt erfordert die Bereitschaft von Unternehmen und Mitarbeitenden zum Reskilling und Upskilling in einem sich ändernden Arbeits- und Lebensumfeld. Unter »Reskilling« sind Instrumente und Maßnahmen der Umschulung von Mitarbeitenden zu verstehen (vgl. Clevis, 2023). Unter »Upskilling« wird die Mitarbeitendenweiterbildung verstanden (vgl. Haufe Akademie, 2022).

Der Begriff »New Work«, im anglo-amerikanischen Raum auch »future of work« genannt, umfasst im Wesentlichen vier Gebiete:

8.4.1 Führung

Neben der Organisation und den Mitarbeitenden liegt der Erfolg des Skilltransfers ganz klar bei einer Ebene: der Führung (vgl. Kindler, 2023). In der New-Work-Umgebung wird mitarbeiterzentrierte Unternehmensführung zum Schlüsselelement: Mitarbeitende müssen befähigt und gestärkt werden, damit sie neue und komplexe Herausforderungen erfolgreich bewältigen können und ihr Unternehmen erfolgreich und einmalig machen (vgl. Haufe, 2018).

Das Führungskräfteverhalten spielt hier eine zentrale Rolle. Neben verschiedenen Führungskräftetypen spielen vor allem diverse Eigenschaften eine Rolle:

Neue Führungskräftetypen	Angepasste Verhaltensweisen
Vorbildliches Vorangehen	Lösungsorientiertes statt problemfokussiertes Handeln
Exzellenter Zuhörer mit hoher Informationsaufnahme	Produktiv und keine Zeit verschwendend
Fähigkeit, andere zu inspirieren und in ihrem Handeln zu stärken	Ehrliches Interesse, die Arbeitsumgebung zu verändern
Wille zur Verantwortungsstärkung und -weitergabe	Ehrlich und loyal im Bestreben, die Unternehmensziele zu verfolgen
Positive Grundeinstellung	Jemand, der Ziele setzt und erreicht
Selbstbewusster und klarer Auftritt (vor allem in Krisenzeiten)	Authentisch und überzeugend

Eigenschaften von Führungskräften in der New-Work-Umgebung (vgl. Harbinger, 2023)

8.4.2 Technologie

Verschiedene digitale Lösungen tragen zur digitalen Transformation von Arbeitsplätzen bei und treiben damit auch die organisatorischen Transformationen. Gab es in den letzten Jahren die Entwicklung von HR-Tech zu Work Tech (vgl. Bersin, 2023), so wird heute zunehmend auch von »People Tech« gesprochen. Während »HR-Tech« die Digitalisierung von einzelnen oder modularen HR-Prozessen meint, die im besten Fall noch über Schnittstellen verbunden werden, umfasst »Work Tech« digitale Lösungen, welche die digitale Zusammenarbeit von Menschen unterstützen. Work Tech hilft vor allem bei der Zusammenarbeit in hybriden Arbeitsumgebungen. »Hybrid« kann hier die Verbindung von Homeoffice-Arbeitsplätzen und Büroteams bedeuten, aber auch die Zusammenarbeit von Teams über Landes- und Kulturgrenzen hinweg. Mit People Tech hat sich eine Lösung entwickelt, die Technologie mit menschlichen Bedürfnissen verbindet. So verknüpft People Tech reine digitalisierte Prozesse mit menschlicher Interaktion. Zum Beispiel werden bei einem internationalen Umzug eines Mitarbeitenden alle Prozesse auf einer SaaS-Plattform administriert, aber durch das Aufschalten von selbstständigen Beratern wird die Humankomponente für den Expatriate sichergestellt.

Auch die unterschiedliche Komplexität von Technologie kann in verschiedenen Bereichen von HR angewendet werden. Hier zeigt der Verweis auf internationale Arbeitsweisen, in welchen Richtungen verschiedene Technologien eingesetzt werden können. Mit der Blockchain-Technologie etwa kommt in Zeiten von globaler Mobilität und verteilten (»distributed«) Teams der Überprüfung von Leistungsnachweisen, vor allem im Bereich von Blue-Collar-, Shopfloor- bzw. Frontline-Mitarbeitenden, eine bedeutende Rolle zu. Blockchain kann genutzt werden, um eine lückenlose Dokumentation der erworbenen Fähigkeiten darzustellen.

Künstliche Intelligenz (KI) dagegen wird vor allem im Bereich Rekrutierung angewendet, um die großen Datenmengen von Bewerbern aus dem globalen Talentpool zu screenen (vgl. Taraba, 2023).

8.4.3 Arbeitsweisen und Arbeitstypen

New Work steht vor allem für neue Arbeitsweisen, aber auch Arbeitstypen. Eine neue Art von Freiheit, getrieben durch hybride Arbeitsweisen oder auch (internationale) Remote-Arbeit, begünstigt einen neuen Arbeitstyp – etwa Freelancer, Digital Nomads oder auch Gig-Arbeiter. Zudem wird die Arbeitsform verändert. Arbeit von überall (»work from anywhere«) hat spätestens nach der Pandemie Einzug erhalten in die Arbeitswelt. Angespornt von Freiheitsgedanken, Flexibilität und auch Nebenerwerb wächst diese Arbeitsform weiter.

Für Arbeitgeber ist es hier wichtig, die richtige Unternehmenskultur zu definieren, um solche Talente in der eigenen Organisation nutzen zu können. Auch die Arbeitsüberforderung und Auswirkungen auf die mentale Gesundheit sind nicht zu unterschätzen. Wie lassen sich diese Arbeitskräfte an eine Organisation binden? Welcher Entwicklungspfad lässt sich aufzeigen? Was wollen diese Personen lernen und wohin wollen sie sich entwickeln (vgl. KPMG, 2023)? Das sind Fragen, die unter anderem mit einem Verständnis des Mobilitätsbedarfs von Menschen einhergehen.

8.4.4 People Mobility

Der Bereich »People Mobility« umfasst verschiedene Aspekte der Mobilität von Menschen.

Bei der globalen Mobilität (»Global Mobility«) geht es um den Mitarbeitendentransfer über Landesgrenzen hinaus. Ländergrenzen stellen oft auch den Übergang in einen anderen Kulturraum dar. Im sogenannten Expatriate-Management wurden internationale Personaleinsätze schon früher auch als Personalentwicklungseinsätze strukturiert. Der Austausch mit anderen Kulturen und Sprachen fördert die Bildung von Vertrauen, Empathie und Kommunikationsfähigkeiten in einem emotional volatilen Umfeld (vgl. Personalwirtschaft, 2023).

Talentmobilität (»Talent Mobility«) wiederum meint die Mobilität von Mitarbeitenden innerhalb eines Unternehmens. Durch den Einsatz von Technologie ist es möglich zu identifizieren, wo im Unternehmen in welcher Abteilung Bedarf an speziellen Fähigkeiten herrscht. Auch kann mit den schon vorhandenen Fähigkeiten von Mitarbeitenden der Bedarf gematcht werden. Ein Delta kann dann mit entsprechenden Upskilling-Angeboten geschlossen werden. So wird aus einer starren hierarchiegetriebenen Organisation eine transparente, fluide Organisation (vgl. Frye, 2023).

Mentale Mobilität (»Mental Mobility«) hängt eng mit dem Begriff des globalen Mindsets zusammen. Wie zuvor beschrieben, erfordert eine zunehmend vernetzte und globalisierte Welt Fähigkeiten, die eine Zusammenarbeit über Landesgrenzen bzw. Kontinente hinweg ermöglichen (vgl. Zinner/Hruby, 2022).

Die Einstellung und Haltung zur Arbeit – Stichwort »Purpose« – hat sich in den letzten Jahren massiv geändert. Wie dieser Beitrag aufzeigt, unterstützen neue Technologien und Lösungen die Verwirklichung neuer Arbeitsmodelle. Nicht umsonst wird in der Organisationsentwicklung von der digitalen Transformation als Treiber der Organisationstransformation gesprochen. Zugleich wird deutlich, dass sich auch die Rolle von Führungskräften stark verändern wird. In der New-Work-Umgebung und getrieben durch neue Arbeitsmodelle wird ein mitarbeiterzentrierter Führungsstil zum Erfolgsfaktor. Hier spielt der Faktor Vertrauen eine zunehmend wichtigere Rolle. Außerdem sind Unternehmen mehr denn je in der Pflicht, ihre Mitarbeitenden durch Upskilling und Reskilling an die neue Arbeitsumgebung anzupassen.

8.5 Literatur

Andresen, Maike; Bergdolt, Franziska (2017). A Systematic Literature Review on the Definitions of Global Mindset and Cultural Intelligence – Merging two Different Research

Streams. In: International Journal of Human Resource Management, Bd. 28, Nr. 1, S. 170–195.

Bersin, J. (2023). How Will 2023 Redefine Work, The Workforce, and HR?, https://joshbersin.com/josh-bersins-predictions-for-2023/, abgerufen am 25.9.2023.

Clevis (2023). Definition Reskilling, https://www.clevis.de/hr-wissen/glossar/r/, abgerufen am 25.9.2023.

Denson, K.; Faude, B. (2022). So modernisieren Sie Ihr Skill Management, https://www.personalwirtschaft.de/news/personalentwicklung/so-modernisieren-sie-ihr-skill-management-132870/, abgerufen am 25.9.2023.

Frye, M. (2023). Talentmobilität – wenn die eigenen Fachkräfte mitwachsen, https://www.haufe.de/personal/neues-lernen/talent-mobility/talentmobilitaet-wenn-die-eigenen-fachkraefte-mitwachsen_589614_595444.html, abgerufen am 25.9.2023.

Hanke, T.; Hruby, J. (2015). Global Mindset als Teil der Unternehmensidentität, https://www.humanresourcesmanager.de/future-of-work/global-mindset-als-teil-der-unternehmensidentitaet/, abgerufen am 25.9.2023.

Harbinger (2023). Moderner Führungsstil – die 7 wirksamsten Modelle in 2023 und wie Sie sie anwenden, https://www.harbinger-consulting.com/blog/moderner-fuehrungsstil/, abgerufen am 25.9.2023.

Haufe (2018). Skills, https://newmanagement.haufe.de/skills, abgerufen am 25.9.2023.

Haufe Akademie (2022). Up- und Reskilling: Entwickeln Sie sich in die Zukunft, wie es Ihnen gefällt, https://www.haufe-akademie.de/perspektiven/re-und-upskilling-entwickeln-sie-sich-in-die-zukunft-wie-es-ihnen-gefaellt/, abgerufen am 25.9.2023.

Kindler, S. (2023). Mit New Leadership zum Erfolg in der modernen Arbeitswelt, https://www.haufe-akademie.de/blog/themen/fuehrung-und-leadership/new-leadership-new-skills-statt-neuen-buzzwords/, abgerufen am 25.9.2023.

KPMG (2023). Work from Anywhere: Globale Mitarbeitermobilität neu denken, https://kpmg.com/de/de/home/themen/2020/07/work-from-anywhere.html, abgerufen am 25.9.2023.

McKinsey (2021). Defining the Skills Citizens will Need in the Future World of Work, https://www.mckinsey.com/industries/public-sector/our-insights/defining-the-skills-citizens-will-need-in-the-future-world-of-work#/, abgerufen am 25.9.2023.

Personalwirtschaft (2023). Global Mobility, https://www.personalwirtschaft.de/themen/global-mobility/, abgerufen am 25.9.2023.

PwC (2022). Workforce of the Future. Eine Checkliste zur erfolgreichen Einführung von New Work in Ihrer Organisation. O. O.

Taraba, T. (2023). HR Tech, Work Tech und People Tech Trends 2023, https://kunveno.de/blog/hr-tech-work-tech-people-tech-trends-2023, abgerufen am 25.9.2023.

Thunderbird School of Global Management (2021). Developing a Global Mindset, https://thunderbird.asu.edu/thought-leadership/insights/developing-global-mindset, abgerufen am 25.9.2023.

Wacke, Timo; Remhof, Stefan; Zinner, Daniel (2023). »Too Good to Let Go« – Unternehmensfinanzierte Weiterbildung als Werkzeug der Mitarbeiterbindung in der IT-Branche. In: Personalführung, 02/2023, S. 56–63.

Zinner, D.; Hruby, J. (2022). Global Mindset: Der Faktor zur Steigerung Ihrer Unternehmensleistung, https://www.clevis.de/hr-blog/global-mindset/, abgerufen am 25.9.2023.

9 Wissensmanagement

Sandra Niedermeier, Katrin Winkler und Svenja König

9.1 Einleitung

Die Informationsexplosion ist seit Langem in aller Munde. Digitalisierung und Globalisierung haben dazu den Weg bereitet. Informationen sind leichter zugänglich geworden, Wissen steht jederzeit und an jedem Ort dank technologischem Fortschritt zur Verfügung. In der heutigen Welt, die geprägt ist von Flüchtigkeit, Ungewissheit, Komplexität und Mehrdeutigkeit bestehen besondere Herausforderungen für Unternehmen (Gläser, 2021). So führt die technologische Entwicklung unter den genannten Besonderheiten insbesondere zu einer Zunahme der Anforderungen in der virtuellen Zusammenarbeit (Bernardy et al., 2021). Eine höhere Flexibilität im Umgang mit der Unvorhersehbarkeit in einer VUCA-Welt (Volatility, Uncertainty, Complexity, Ambiguity) wird in virtuellen Teams und deren besonderer Form der hybriden Teams durch ein dort bestehendes größeres Wissensspektrum ermöglicht. Gleichzeitig birgt es Gefahren.

Eine Umfrage des Instituts für Führungskultur im digitalen Zeitalter (IFIDZ, 2021) zeigt, dass 53% der befragten Führungskräfte bei der Zusammenarbeit in hybriden Teams eine ungenügende Kommunikation befürchten und 47% die Sorge haben, dass die Weitergabe von Informationen erschwert wird. Vor diesem Hintergrund ist es wichtig, sich ausgehend von einer Betrachtung der grundlegenden Bedeutung, wie sie dem Wissensmanagement in einem heutigen volatilen Umfeld zukommt, mit spezifischen Herausforderungen und Chancen für die Umsetzung eines agilen Wissensmanagements in hybriden Arbeitskontexten auseinanderzusetzen. Dies soll in diesem Beitrag geschehen. Außerdem soll er zur Bestimmung spezifischer wissensorientierter Anforderungen und Aufgaben für das Führungshandeln in hybriden Teams dienen.

9.2 Wissensmanagement als Baustein agilen Handelns in Organisationen

Mit dem nachfolgenden Kapitel soll ein genaueres Verständnis der Ausgangssituation für das Wissensmanagement und dessen Bedeutung in einem volatilen Umfeld geschaffen werden. Im Kontext der zuvor bereits kurz skizzierten prägenden Merkmale der heutigen Unternehmensumwelt wird ein Schwerpunkt dabei auf das agile Wissensmanagement gelegt. Dieses ist durch seine Fähigkeit zur flexiblen Anpassung an die sich verändernden Herausforderungen und Dynamiken der Arbeitswelt gekennzeichnet. Um Möglichkeiten zur Gestaltung eines solchen agilen Wissensmanagements zu verdeutlichen, wird im zweiten Abschnitt dieses Kapitels Bezug auf das Modell der Wissenstreppe 4.0 nach North und Maier (2018) genommen. Nach North (2021) ist für den Erfolg wissensorientierter Unternehmensführung die Gestaltung des Transfers von individuellem Wissen in kollektives Wissen und kollektiven Wissens in individuelles Wissen wesentlich.

9.2.1 Ausgangssituation und Bedeutung des Wissensmanagements in einem volatilen Umfeld

Die sich für Unternehmen immer turbulenter und komplexer darstellende VUCA-Welt führt zu einer besonderen Bedeutung für das Wissensmanagement, welche in Verbindung mit dessen Unterstützung »eine[r] schnellen Reaktionsfähigkeit und Problemlösung im operativen Geschäft« (North, 2020, S. 9) sowie mit dem Beitrag, den es für die Entwicklung des zukünftig benötigten Wissens leistet, steht. Damit lassen sich zwei wichtige Funktionen für das Wissensmanagement identifizieren: die Funktion des operativen Wissensmanagements als »Stabilisator« (North/Maier, 2018, S. 10) und die des strategischen Wissensmanagements als »Dynamisierer«.

Im strategischen Wissensmanagement stellt man sich die Frage, welches Wissen benötigt wird, um wettbewerbsfähig zu werden. Das operative Wissensmanagement untersucht den Prozess der Vernetzung von Wissen, Können und Handeln. Ersterem kommt dabei vor dem Hintergrund der schnellen Veränderung und Komplexität des heutigen Unternehmensumfelds eine zentrale Verantwortung für die Gewährleistung der Handlungsfähigkeit in einer unsicheren Zukunft durch eine kritische Reflexion des Wissens und der Kompetenzen einer Organisation zu. Damit verbunden ist die Identifikation »blinde[r] Flecken« (North/Maier, 2018, S. 11). Im selben Augenblick liegt das Ziel des operativen Wissensmanagements darin, mit der Bereitstellung des »richtige[n] Wissen[s] zur richtigen Zeit am richtigen Ort« (siehe North/Maier, 2018, S. 13) Unterstützung zu leisten.

Wissen in der heutigen VUCA-Welt sollte demnach nicht als Selbstzweck betrachtet werden. Aufbau und Austausch von Wissen folgen dem Ziel, der Anforderung eines volatilen Umfelds an schnelle Entscheidungen und kurze Reaktionszeiten für die Handlungsfähigkeit von Personen, Teams und Organisationen Sorge zu tragen (North, 2020).

North und Maier (2018, S. 9) zufolge ist darin eine wesentliche Anforderung an das Wissensmanagement der Zukunft zu sehen, nachdem der Fokus des Wissensmanagements der Vergangenheit in einem stabilen Umfeld überwiegend auf das »Bewirtschaften vorhandenen Wissens« und insbesondere dessen Dokumentation ausgerichtet war. Um diese Aufgabe erfüllen zu können, liegt eine wichtige Voraussetzung im Konzept der »Beidhändigkeit«, wie zuvor bei der Erläuterung des strategischen und operativen Wissensmanagements bereits kurz angedeutet, in dem das operative Wissensmanagement die »optimale Nutzung von Wissen für das aktuelle Geschäft« garantiert, während das strategische Wissensmanagement dafür sorgt, »das Wissen und die Lernfähigkeit für das zukünftige Geschäft [zu] entwickeln« (North/Maier, 2018, S. 9).

In der nachfolgenden Tabelle werden die beiden zentralen Funktionen des Wissensmanagements noch einmal zusammengefasst:

Wissensmanagement in einem stabilen Umfeld	**Wissensmanagement in einem turbulenten Umfeld**
Wissen explizieren und Prozesse dokumentieren	Implizites Wissen teilen
Auf Erfahrungen bauen	Hohe Lernfähigkeit entwickeln
»Best Practices« austauschen	»Next Practices« entwickeln
Wissenstransfer über Mitarbeitergenerationen sicherstellen	Ad-hoc-Verfügbarkeit von Wissen ermöglichen

Wissensmanagement in stabilem und turbulentem Umfeld, eigene Darstellung in Anlehnung an North/Haas 2014, S. 54

9.2.2 Gestaltungsmöglichkeiten eines agilen Wissensmanagements am Beispiel der Wissenstreppe 4.0

Im Verständnis von North und Maier (2018) stellen sich solche wesentlichen Rollen des zukünftigen Wissensmanagements auch als Folge einer durch die Anwendung digitaler Technologien hervorgerufenen Veränderung im Wertschöpfungsprozess dar, welche im Folgenden anhand der Wissenstreppe 4.0 (siehe Abbildung) ausführlich betrachtet werden soll.

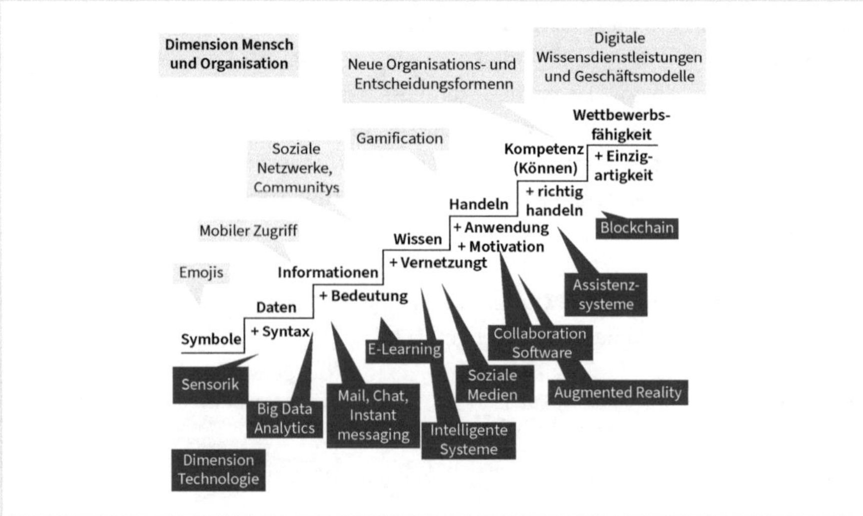

Abb. 7: Wissenstreppe 4.0, Quelle: North/Maier, 2018, S. 5

Das Ursprungsmodell von North (2021) macht die Wertschöpfung dort zunächst als einen stufenweisen Prozess sichtbar, »in dem Ressourcen in vielen Lernschleifen angereichert werden« (North/Maier, 2018, S. 4). Als Ausgangspunkt bestehen dabei *Symbole*, deren Organisation zu *Daten* den ersten Schritt dieses Prozesses bildet (North, 2021). Ein anschließender Prozessschritt, in dem diese Daten in einen Bedeutungskontext gestellt werden, führt schließlich dazu, dass aus ihnen Informationen entstehen (North, 2021). Diese sind für sich allein betrachtet zunächst noch wertlos und erst ihre bewusste oder unbewusste Verarbeitung ermöglicht es daraufhin, aus einer adäquaten Verknüpfung der Informationen *Wissen* zu generieren (North, 2021). Letzteres entfaltet seinen Wert für das Unternehmen im Weiteren dadurch, dass es »in ein Können (Wissen, WIE) umgesetzt wird« (North, 2021, S. 38). Dieses wiederum drückt sich in entsprechenden *Handlungen* aus. Die Fähigkeit zu deren situationsangemessener und zweckorientierter Ausführung, wie sie von North (2021) unter dem Begriff der *Kompetenz* verstanden wird, kennzeichnet hierbei einen nächsten Schritt innerhalb des Wertschöpfungsprozesses. In ihrer Bedeutung für die *Wettbewerbsfähigkeit* als letzte Stufe dieses Prozesses sind diesbezüglich sogenannte Kernkompetenzen hervorzuheben, deren Wert für ein Unternehmen sich daraus erschließt, dass sie einzigartig und nicht einfach zu imitieren und zu transferieren sind, was auch Konsequenz ihrer synergetischen Verbindung mit anderen Kompetenzen ist (North, 2021).

In der Weiterentwicklung dieses ursprünglichen Modells der Wissenstreppe zur Wissenstreppe 4.0 werden die Dimensionen *Mensch* und *Organisation* durch die Dimension *Technologie* ergänzt. Damit soll deutlich werden, wie digitale Technologien in dem zuvor beschriebenen Wertschöpfungsprozess die »Anreicherung von Ressourcen« (North/Maier, 2018, S. 4) ermöglichen.

Als Hintergrund für eine solche Erweiterung des Modells lässt sich der Beginn der *Wissensgesellschaft 4.0* begreifen, welche von der allgegenwärtigen Anwendung digitaler Technologien bestimmt ist (North/Maier, 2018, S. 4). Die nachfolgende Abbildung veranschaulicht den Prozess in der Entwicklung einer Wissensgesellschaft 1.0 zu einer heute digitalen Wissensgesellschaft. Eine wissensorientierte Unternehmensführung heute bedeutet nach North (2021), alle Stufen der Wissenstreppe auszugestalten.

Phasen der Wissensproduktion und Nutzung

16.–17. Jahrhundert	18.–19. Jahrhundert	20. Jahrhundert	21. Jahrhundert
Age of Reason	**Industriegesellschaft**	**Informations-/ Wissensgesellschaft**	**Digitale Gesellschaft**
• wissenschaftliche Durchdringung der Natur und des Menschen • »Scientific Method«: systematisch-methodisches Aneignen neuen Wissens • Die Gruppe der Wissensproduzenten und Universitäten blüht auf.	• Wissensproduktion durchdringt alle Lebensbereiche. • industrielle Revolution • Trennung von Wissen (Planen/Konzipieren) und Ausführen (Wissen in Maschinen »gepackt«). • Professionalisierung der Wissensproduzenten (Ingenieure/Ärzte).	• Wissen wird dominanter Produktionsfaktor. • Computer, Internet; Artificial Intelligence; Algorithmen für Routineaufgaben • Akademisierung der Gesellschaft	• Digitalisierung des Alltags und der Wertschöpfung • kognitive und vernetzte Systeme, Augmented Intelligence • digitale Durchdringung von Professionen und Bildung
Wissen 1.0	Wissen 2.0	Wissen 3.0	Wissen 4.0

Abb. 8: Phasen der Wissensproduktion und Nutzung, Quelle: North/Maier 2018, S. 3

9.3 Herausforderungen für die Umsetzung eines agilen Wissensmanagements in hybriden Teams

Anschließend an die vorangegangene Betrachtung der einzelnen Stufen im Modell der Wissenstreppe und der Bedeutung, wie sie damit verbunden für eine bewusste Gestaltung jeder dieser Stufen bestimmt wurde (North, 2021), fokussiert sich das folgende Kapitel darauf, in diesem Prozess liegende Herausforderungen für die Zusammenarbeit hybrider Teams sichtbar zu machen.

Bildung von Subgruppen

Aus der in hybriden Teams immer nur für einen Teil des Teams bestehenden Möglichkeit einer reichhaltigen Face-to-Face-Kommunikation, mit der Folge, dass sich Teamkognitionen und -emotionen innerhalb des Teams sehr unterschiedlich entwickeln können, ergibt sich die Gefahr der Bildung von Subgruppen. Diese wiederum kann sich negativ auf die Kommunikation über das gesamte Team hinaus auswirken. (Bernardy et al., 2021)

Die besonderen Herausforderungen, mit denen hybride Teams in dieser Hinsicht konfrontiert sind, zeigen sich bereits als Ergebnis eines Vergleichs von face-to-face und virtuell arbeitenden Teams mit semivirtuellen Teams, wie er von Webster und Wong (2008) in einer empirischen Studie hinsichtlich ihrer Teamidentität und ihres Vertrauens vorgenommen wurde. So bildeten sich in semivirtuellen Teams Subgruppen, die sich durch ein besonders starkes Identitätsgefühl und ein hohes Vertrauen zwischen den Teammitgliedern vor Ort auszeichneten, das jedoch nicht gegenüber den virtuell arbeitenden Teammitgliedern ausgebildet wurde. Damit in Verbindung stehend konnten die Autoren zudem beobachten, dass zwischen dem Teilteam vor Ort und den virtuellen Teammitgliedern weniger häufig kommuniziert wurde. (Webster/Wong, 2008)

Erschwerter Aufbau von Vertrauen und sozialer Beziehungen
So entstehen spezifische Herausforderungen hinsichtlich des Aufbaus sozialer Beziehungen und der Entwicklung einer gemeinsamen Vertrauensbasis (Webster/Wong, 2008). Der Zusammenhalt und das Vertrauen im Team stellen wesentliche Erfolgsfaktoren virtueller Teamarbeit dar, was in dem Beitrag begründet liegt, den diese für eine effektivere Kommunikation sowie eine höhere Bereitschaft zum Teilen von Wissen leisten (Bernardy et al., 2021).

Nach Bernardy et al. (2021, S. 120) birgt außerdem eine sich zum Teil täglich verändernde »Online- und Offline-Zusammensetzung« in hybriden Teams Herausforderungen für den Aufbau sozialer Beziehungen in sich, die in Zusammenhang mit der Möglichkeit sich daraus entwickelnder **Disparitäten im Informationsfluss und der Einbindung im Team** stehen.

Hidden Profiles in hybriden Teams
Anknüpfend daran soll als Herausforderung der Wissenskommunikation in hybriden Teams ebenso Bezug auf das Hidden-Profile-Paradigma genommen werden. Dafür ist zunächst eine genauere Bestimmung des Begriffs »Hidden Profile« bedeutsam, mit dem eine »Entscheidungssituation in einer Gruppe [beschrieben wird], bei der aufgabenrelevante Informationen unter den Gruppenmitgliedern auf eine Weise verteilt sind, dass kein individuelles Gruppenmitglied aufgrund seiner eigenen Informationen die beste Lösung finden kann« (Schulz-Hardt/Brodbeck, 2014, S. 485). Ausgehend davon meint das Hidden-Profile-Paradigma das Phänomen, dass solche Informationen, über die ein Gruppenmitglied exklusiv verfügt, im Entscheidungsprozess ungeteilt bleiben und nur die Informationen ausgetauscht werden, die bereits allen bekannt sind (Kopp, 2020). So ist das Hidden-Profile-Paradigma als Hindernis in der Ausschöpfung von Informationsvorteilen und Synergieeffekten zu verstehen und verhindert in der Folge Möglichkeiten, um zu besseren Entscheidungen zu gelangen (Mojzisch et al., 2004).

Eine Betrachtung dieses Phänomens stellt sich für das Wissensmanagement in hybriden Teams als besonders bedeutsam dar, vor allem hinsichtlich der dort aus der Zusammenarbeit von lokalen Teammitgliedern und Remote-Mitgliedern folgenden häufig sehr hohen Ungleichverteilung von Informationen. So ist dort gegenüber einer geringeren Menge an geteilten Informationen eine höhere Anzahl individueller Informationsbausteine gegeben. Im Begreifen der spezifischen Chancen der hybriden Zusammenarbeit, die sie insbesondere für die Zusammenführung von Spezial- und Expertenwissen bildet (Leitner/Tuppinger, 2004), lässt sich die Bedeutung erkennen, wie sie die Auseinandersetzung mit dem Paradigma und dessen Auflösung erfahren.

Aufbau von Kompetenzen hybrider Teams

Abschließend kann eine weitere Herausforderung im Bedarf zum Ausbau und der Entwicklung spezifischer Kompetenzen betrachtet werden, die für die hybride Zusammenarbeit notwendig sind. Leitner und Tuppinger (2004) weisen hierbei auf erhöhte Anforderungen hin, wie sie die Zusammenarbeit in hybriden Teams und den Teammitgliedern untereinander, insbesondere an die Kommunikationsfähigkeit und das Selbstmanagement der Teammitglieder sowie den Umgang mit Informations- und Kommunikationstechnologien stellt. Hier eine genauere Erläuterung:

- Erhöhte Anforderungen an die **Kommunikationsfähigkeit:** Bernardy et al. (2021, S. 132) zufolge werden spezifische Anforderungen an die Kommunikationsfähigkeit durch ein »Fingerspitzengefühl für die passende Sprache in der Kommunikation über virtuelle Medien« sowie ein Feingefühl für die Wahrnehmung von Untertönen in der schriftlichen Kommunikation und in Telefonaten abgebildet.
- Erhöhte Anforderungen an das **Selbstmanagement:** Daneben können erhöhte Anforderungen, wie sie die hybride Zusammenarbeit für das Selbstmanagement mit sich bringt, in Zusammenhang mit einer Minderung des »strukturierende[n] und kontrollierende[n] Beitrag[s] der Führung« (Bernardy et al., 2021, S. 126) betrachtet werden. Hierbei ist es wichtig, sich selbst in seinen Fähigkeiten zu vertrauen. Als Element der spezifischen Anforderungen an das Selbstmanagement ist eine besondere Selbstdisziplin zu betonen, die notwendig ist, damit man sich insbesondere im Homeoffice-Kontext nicht ablenken lässt (Bernardy et al., 2021, S. 126).
- Vertrautheit mit **Informations- und Kommunikationstechnologien:** Neben erhöhten Anforderungen an das Selbstmanagement und die Kommunikationsfähigkeit konstatieren Leitner und Tuppinger (2004) eine spezielle Fähigkeit beim Umgang mit und bei der Aufgabenbewältigung mithilfe von Technologien. So sehen sie in der Bereitschaft zum Austausch auch informeller Kommunikation über Technologien beispielsweise eine Voraussetzung dafür, dass sich Beziehungen im Team entwickeln können. Hierbei weisen sie auf die Notwendigkeit einer entsprechenden schriftlichen Ausdrucksfähigkeit hin, um Wissenstransfer in einer textbasierten indirekten Kommunikation zu ermöglichen.

Neben solchen Kompetenzen, die sich als spezifische Anforderung an die Mitglieder hybrider Teams ergeben, erfordert diese Form der Zusammenarbeit in gleicher Weise spezielle Fähigkeiten aufseiten der Führungskraft.

Schließlich sollen anknüpfend an die Betrachtung solcher Herausforderungen aber auch Chancen nicht unberücksichtigt bleiben, die sich für die Weitergabe von Wissen und zur Erlangung neuen Wissens ergeben. Als besondere Chance lässt sich nach Leitner und Tuppinger (2004, S. 12) zunächst die »Bündelung von Kernkompetenzträgern« bestimmen. Diese ergibt sich als Nutzen aus dem Einsatz moderner Technologien mit den damit verbundenen Möglichkeiten der Integration von Spezial- und Expertenwissen auch über große Distanzen (Leitner/Tuppinger, 2004).

In ähnlicher Weise identifizieren Bernardy et al. (2021) Möglichkeiten, wie sie sich aus der durch virtuelle Zusammenarbeit geschaffenen räumlichen und zeitlichen Flexibilität für die globale Aufstellung von Teams und die ortsunabhängige Einbindung von Talenten ergeben. So sind aus der räumlichen Flexibilität Chancen in Verbindung mit einem höheren Grad an Autonomie herauszustellen. Ergebnissen einer Studie von Winkler et al. (2018, S. 202)

zufolge kommt der Autonomie eine zentrale Rolle bei der »Bereitschaft der Mitarbeitenden zur Weitergabe von Wissen und zur Erlangung neuen Wissens« zu.

9.3.1 Wissensorientierte Aufgaben und Anforderungen an das Führungshandeln in hybriden Teams

Nach der vorangegangenen Betrachtung von Herausforderungen für das Wissensmanagement in hybriden Teams sollen im Folgenden konkrete Aufgaben und Anforderungen in den Blick genommen werden, die sich daraus für das Führungshandeln ableiten lassen. In Anlehnung an die zuvor betrachteten Funktionen des Wissensmanagements kann dafür eine Differenzierung zwischen Aufgaben auf der Ebene des strategischen Wissensmanagements und der Ebene des operativen Wissensmanagements vorgenommen werden (North/Maier, 2018).

9.3.2 Verantwortung der Führungskraft im strategischen Wissensmanagement

Nach North und Maier (2018, S. 10) besteht eine zentrale Aufgabe des strategischen Wissensmanagements in der »Sinnstiftung« und der Ermöglichung eines »gemeinsame[n] Verständnis[ses] als Handlungsgrundlage«. Übereinstimmend dazu sehen Bernardy et al. (2021) eine wesentliche Aufgabe der Führung darin, mit der Gestaltung von Teamprozessen, welche die Entwicklung geteilter Kognitionen und Emotionen im gesamten Team ermöglichen, die Identifikation mit dem Team und die Effektivität zu fördern. Die Beschränkung der Möglichkeit einer reichhaltigeren Face-to-Face-Kommunikation auf einen Teil des Teams mit der Folge, dass sich Teamkognitionen und -emotionen zwischen den Teammitgliedern sehr unterschiedlich entwickeln können, erweist sich als ein wesentliches Element der besonderen Bedeutung dieser Aufgabe bei der Führung hybrider Teams (Bernardy et al., 2021).

Überdies ist nach North und Maier (2018, S. 10) eine weitere Verantwortung der Führungskraft im Kontext der Aufgaben des strategischen Wissensmanagements darin zu sehen, zu »Erneuerung, agilem Lernen und Reflexion« zu ermutigen. Dafür bestimmen die Autoren als eines der Instrumente auch die Gestaltung lernförderlicher Rahmenbedingungen.

Wichtig in diesem Zusammenhang ist, ein Bewusstsein für die unterschiedlichen Anforderungen hinsichtlich Zeit und Ort, die verschiedene Aufgaben mit sich bringen, zu entwickeln (Gratton, 2021). Dies geschieht im Kontext der vier Produktivitätsfaktoren Energie, Konzentration, Koordination und Kooperation. Sie beeinflussen die Arbeitsorganisation entlang der Orts- und Zeitachse. Verdeutlicht wird dies am Beispiel der Rolle der Strateg:innen, für die insbesondere der Ort nebensächlich ist. Entsprechend liegt hier ein wichtiges Augenmerk auf der Zeitachse, um durch die Unabhängigkeit von den Zeitplänen anderer zu ermöglichen, dass Strateg:innen sich über längere Zeit ungestört auf ihre Aufgabe – wie beispielsweise die Entwicklung eines Businessplans – konzentrieren können.

9.3.3 Verantwortung der Führungskraft im operativen Wissensmanagement

Eine wichtige Verantwortung der Führungskraft auf der Ebene des operativen Wissensmanagements ist es, »ubiquitäre und kuratierte Informations- und Wissensflüsse« (North/Maier, 2018, S. 10) zu gewährleisten. In Übereinstimmung dazu sehen Bernardy et al. (2021) eine wichtige Aufgabe der Führungskraft darin, Überblick über den Informationsfluss im Team zu wahren und diesen aktiv zu steuern. Als Kennzeichen eines besonderen Stellenwerts, der dieser Aufgabe in der Führung hybrider Teams zukommt, verweisen sie hierbei darauf, dass nur ein Teil des Teams die Möglichkeit zu einer reichhaltigeren Face-to-Face-Kommunikation hat und dass daraus Ungleichheiten in der Informationsverteilung folgen. Sie betonen eine hohe Bedeutsamkeit, die dies für die Einbindung und individuelle Führung jedes einzelnen Teammitglieds mit sich bringt, damit trotz unterschiedlicher Teamerfahrungen die Durchgängigkeit von Informationen gewährleistet ist und Erkenntnisse über den jeweiligen individuellen Informationsstand gewonnen werden können. Daneben ist auf den besonderen

Stellenwert hinzuweisen, welcher der individuellen Berücksichtigung jedes Teammitglieds bei der Identifikation möglicherweise bestehender individueller Belastungen und Motivationsprobleme zukommt (Bernardy et al., 2021). Dies ist deshalb so entscheidend, weil die Motivation der Mitarbeitenden im Zusammenhang mit der Bereitschaft zur Kommunikation und zur Nutzung von Wissen als wesentlicher Erfolgsfaktor des Wissensmanagements begriffen werden kann (Nerdinger, 2004). So lässt sich eine wichtige Führungsaufgabe in der »Motivation der Mitarbeiter im Rahmen des Umgangs mit Wissens« (Nerdinger, 2004, S. 100) ableiten. Schließlich liegt eine wichtige Verantwortung der Führungskraft auf der Ebene des operativen Wissensmanagements auch in der Unterstützung und Akzeptanz struktureller Formen der Führung und der Delegation von Führungsaufgaben (Bernardy et al., 2021). Mit der Bestimmung einer solchen Führungsaufgabe unterstreichen Bernardy et al. (2021) eine Notwendigkeit, wie sie von Leitner und Tuppinger (2004) im Zusammenhang mit einer größeren Autonomie der Teammitglieder in virtuellen Teams und damit mit der Anwendung neuer Führungsmechanismen herausgestellt wird.

Leitner und Tuppinger (2004) machen darauf aufmerksam, dass der Aufbau eines gemeinsamen Kontextwissens notwendig ist, um einen vollständigen Wissenstransfer zu ermöglichen. Hierbei führt die Heterogenität im Umfeld der Mitglieder hybrider Teams gleichzeitig dazu, dass diese sich mit erschwerten Bedingungen beim Aufbau eines solchen gemeinsamen Kontextwissens konfrontiert sehen. So stellen sich daraus Anforderungen an eine besondere Sensibilität in der Kommunikation, um bei einem Wissenstransfer über soziale, organisatorische und kulturelle Grenzen hinweg vorzusorgen, dass möglichst wenige Missverständnisse und Konflikte entstehen. (Leitner/Tuppinger, 2004)

9.4 Fazit

In dem Beitrag wurden Herausforderungen für die Umsetzung eines agilen Wissensmanagements in hybriden Arbeitskontexten verdeutlicht. Dabei zeigt sich, wie Unternehmen neben einer erschwerten Informationsweitergabe und ungenügenden Kommunikation in hybriden Teams (IFIDZ, 2021) auch vor der Herausforderung eines erschwerten Aufbaus von Teamkognitionen und Vertrauen in hybriden Teams stehen. Als besondere Chance stellt sich demgegenüber die Möglichkeit zur Bündelung von Kernkompetenzträgern und zur Zusammenführung von Spezial- und Expertenwissen dar (Leitner/Tuppinger, 2004; Bernardy et al., 2021).

Aus der Betrachtung solcher Herausforderungen für die Umsetzung eines agilen Wissensmanagements in hybriden Arbeitskontexten lässt sich insbesondere die von der Ermutigung zu »Erneuerung, agilem Lernen und Reflexion« (North/Maier, 2018, S. 10) getragene Führung jedes einzelnen Mitarbeitenden als wichtiger Stellhebel identifizieren. So kann die Entwicklung von Vertrauen und die Bereitschaft der Mitarbeitenden, Wissen zu teilen, gefördert und die gezielte Nutzung von Wissen unterstützt werden.

Die Vertrauensbildung als Kern des hybriden Teams ist ein zentrales Instrument bei der Zusammenführung unterschiedlicher Wissensquellen zu einer Zielkompetenz. Mit dem Aufbau von Vertrauen ist auch eine besondere Bedeutung der Motivation verbunden, damit nicht nur dieses Wissen zusammengeführt, sondern auch in Handlungen umgesetzt wird.

9.5 Literatur

Bernardy, Valeria/Müller, Rebecca/Röltgen, Anna T./Antoni, Conny H. (2021): Führung hybrider Formen virtueller Teams – Herausforderungen und Implikationen auf Team- und Individualebene. In: Susanne Mütze-Niewöhner/Winfried Hacker/Thomas Hardwig et al. (Hrsg.). Projekt- und Teamarbeit in der digitalisierten Arbeitswelt. Berlin/Heidelberg: Springer, S. 115–138.

Gläser, Waltraud (2021): VUCA Welt – Volatility | Uncertainty | Complexity | Ambiguity, https://www.vuca-welt.de/, abgerufen am 13.7.2021).

Gratton, Lynda (2021): Wie Teams digital zueinander finden. Harvard Business manager (09/2021), S. 54–63, https://www.manager-magazin.de/harvard/fuehrung/leitfaden-wie-teams-hybrid-zusammenarbeiten-a-335cfa64-0002-0001-0000-000178696578, abgerufen am 3.6.2023).

IFIDZ – Institut für Führungskultur im digitalen Zeitalter (2021): Leadership-Trendbarometer – Herausforderungen beim Führen hybrider Teams, https://ifidz.de/digital-leadership-beratung-metastudie/leadership-development-berater/hybride-teams-fuehrung-fuehren-beratung/, abgerufen am 11.11.2021).

Kopp, B. (2020): Hidden profile. In: Markus Antonius Wirtz (Hrsg.). Dorsch – Lexikon der Psychologie. 19. Aufl. Bern: Hogrefe.

Leitner, Werner/Tuppinger, Josef (2004). Wissenstransfer bei der virtuellen Teamarbeit. In: Corinna Engelhardt/Karl Hall/Johann Ortner (Hrsg.). Prozesswissen als Erfolgsfaktor. Wiesbaden: Deutscher Universitätsverlag, S. 245–266.

Mojzisch, Andreas/Kerschreiter, Rudolf/Schulz-Hardt, Stefan/Frey, Dieter (2004): Wissensmanagement bei Entscheidungen in Gruppen. In: Psychologie des Wissensmanagements. Göttingen: Hogrefe, S. 189–203.

Nerdinger, Friedemann W. (2004): Die Bedeutung der Motivation beim Umgang mit Wissen. In: Psychologie des Wissensmanagements. Göttingen: Hogrefe.

North, Klaus (2021): Die Wissenstreppe. In: Klaus North (Hrsg.). Wissensorientierte Unternehmensführung. Wiesbaden: Springer Fachmedien, S. 33–69.

North, Klaus/Haas, Oliver (2014). Zwischen Experiment und Routine. Wie wird Wissensmanagement erwachsen? Organisationsentwicklung (3), 50–56. Online verfügbar unter http://www.north-online.de/documents/ZOE-3_14-North_Haas.pdf, abgerufen am 3.6.2023).

North, Klaus/Maier, Ronald (2018): Wissen 4.0 – Wissensmanagement im digitalen Wandel, http://north-online.de/documents/North_WM-4-0_Wissensmgmt-Wandel.pdf, abgerufen am 3.6.2023).

North, Klaus (2020): Wissensmanagement für agile Organisationen. In: Benno Ackermann/Oliver Krancher/Klaus North et al. (Hrsg.). Erfolgreicher Wissenstransfer in agilen Organisationen. Wiesbaden, Springer Fachmedien, S. 9–27.

Schulz-Hardt, Stefan/Brodbeck, Felix C. (2014): Gruppenleistung und Führung. In: Klaus Jonas/Wolfgang Stroebe/Miles Hewstone (Hrsg.). Sozialpsychologie. Berlin/Heidelberg: Springer, S. 469–505.

Webster, J./Wong, W. K. P. (2008): Comparing traditional and virtual group forms: identity, communication and trust in naturally occurring project teams. In: The International Journal of Human Resource Management 19 (1), S. 41–62. https://doi.org/10.1080/09585190701763883.

Winkler, Katrin/Heinz, Tabea/Wagner, Barbara (2018): Gut zu wissen: Herausforderung New Work – Wissen managen und Lernen fördern. In: Sebastian Wörwag/Alexandra Cloots (Hrsg.). Zukunft der Arbeit – Perspektive Mensch. Wiesbaden: Springer Fachmedien, S. 193–203.

Hybrid-Work-Infrastruktur und wie HR sie gestaltet

10 Personalprozesse und Automatisierung

Gina Schreiber und Vassilios Vlachos

Neue Anforderungen an Bewerbungsprozesse

Seit drei Wochen hat Lara mit nur 23 Jahren ihren Bachelor in der Tasche. Für sie steht fest: Der Traumjob muss erfüllend und sinnhaft sein. Dabei zählt auch der erste Eindruck des potenziellen neuen Arbeitgebers! In einem umständlichen Software Tool den Lebenslauf Zeile für Zeile neu anlegen? Das schreckt Lara ab – dann doch lieber bei einem Unternehmen bewerben, das es zulässt, das LinkedIn-Profil mit einem Klick in eine Bewerbung zu verwandeln.

Genauso geht es Rasmus, der mit 19 ausgelernter Mechatroniker ist, in seiner Freizeit gern Videospiele spielt und alles mit seinem Smartphone regelt. Er folgt mehreren bekannten sog. Car-Influencern auf TikTok und bewegt sich nicht auf Business-Netzwerk-Plattformen. Er weiß, dass seine Fähigkeiten und sein Berufsstand wegen des Fachkräftemangels händeringend gesucht werden, jedoch sieht er keinen Anreiz, für die Bewerbung extra einen Lebenslauf zu erstellen und diesen gar ausgedruckt in einer Werkstatt abzugeben – das ist ihm zu »old school«.

Die beiden Beispiele zeigen deutlich, wie die Anforderungen von vorwiegend jüngeren Bewerber:innen an eine nahtlose und digitale Employee Experience gestiegen sind. Bereits in der Bewerbungsphase entscheidet sich oft, ob ein potenzieller Arbeitgeber zu den Bewerber:innen passt oder eben nicht. Die Kompetenzen und Fähigkeiten genau dieser künftigen Mitarbeitenden sind einer der zentralen Wettbewerbsfaktoren auf dem Weltmarkt und die Unternehmen müssen diesen Anforderungen u. A. in Form von einer nahtlosen und durchdachten Employee Experience daher schnell begegnen. Geballt kommen die Anforderungen in den Personalabteilungen an und sie machen die Personalprozesse komplexer, komplizierter und vielfältiger. Die jungen Generationen sind verwöhnt von intuitiven Tool-Oberflächen, schneller Lieferung von Informationen und flexiblen Rahmenbedingungen. (Vlachos/Schreiber, 2022, S. 3)

Definition: Employee Experience (EX)

Die Art und Weise, wie Mitarbeitende eine Organisation wahrnehmen und über sie denken, basierend auf ihren individuellen und kumulativen Interaktionen mit Kund:innen, Führungskräften, Kolleg:innen und dem gesamten Arbeitsumfeld. (Whitter, 2022)

Wenn mehr remote oder hybrid gearbeitet wird, müssen auch die Personalprozesse auf neu entstehende Anforderungen hin geprüft werden. Die Digitalisierung und Automatisierung von Prozessketten und Prozessschritten bieten große Chancen, die hybride Zusammenarbeit bestmöglich zu unterstützen. Oftmals müssen Personalprozesse neu gedacht und Prozessschritte hinzugefügt werden, um die Abläufe im analogen, hybriden und voll digitalen Arbeitsumfeld gleichwertig zu gestalten.

Die herausragende Bedeutung der Digitalisierung von Personalprozessen ist laut NTT DATA HR Transformation Report 2022 fast allen gefragten Unternehmen bewusst. Und doch ist die faktische Umsetzung eine Hürde, die viele Arbeitgeber noch nehmen müssen. So geben 52% der Befragten an, dass die Digitalisierung die größte Herausforderung innerhalb des HR-Managements darstellt. Weiterhin gaben 30% der Befragten an, dass die Umstellung auf neue Prozesse innerhalb der HR-Abteilung Schwierigkeiten bereitet. (Vlachos/Schreiber, 2022, S. 3)

In diesem Beitrag geben wir Anregung dazu, wie die transaktionale Seite der Personalprozesse standardisiert, digitalisiert und teilweise automatisiert werden kann. Hierdurch kann die Personalabteilung die neue Rolle einnehmen, die es im Hybrid-Work-Kontext braucht, und sie kann strategischer Berater der Unternehmensbereiche werden sowie ein hybrides Arbeitsmodell für die Mitarbeitenden von morgen unterstützen.

10.1 Einführung in das Thema Personalprozesse

An dieser Stelle geben wir eine Einführung in das Thema Personalprozesse hinsichtlich deren Standards sowie Klassifizierungen. Diese Einordnung stellt eine wichtige Grundlage für die spätere Automatisierung dar und grenzt die transaktionale Seite der Personalprozesse von den strategischen ab.

10.1.1 Standardisierung von Personalprozessen

Gängige Standards und Methodiken, die für alle Unternehmensprozesse gelten, finden auch in der Personalabteilung Anwendung. Hier sind beispielhaft zu nennen: 9000er-ISO-Normen, Business Process Model and Notation (BPMN), Six Sigma oder Total Quality Management (EFQM). Nicht alle davon unterstützen bei einer Prozessgestaltung, welche die Digitalisierung oder Automatisierung begünstigt. Nach einer erfolgten ISO-9000-Zertifizierung zum Beispiel können Prozesse nur mit aufwendiger Dokumentation agil verändert und an sich aktualisierende Arbeitsweisen angepasst werden. (Göpfert/Lindenbach, 2013, S. 2; Wirsing-Schneider, 2022; Zare et. al., 2017, S. 2)

Trotz all dieser Methodiken gelingt es bisher nicht, Prozesslücken im Personalwesen auszumerzen. 46% aller Unternehmen berichten von Prozesslücken, die sich negativ auf die Effizienz in der Personalabteilung auswirken. Nicht nur die Personalabteilungen selbst, sondern auch die abteilungsübergreifende Zusammenarbeit über alle Supportbereiche hinweg leidet darunter, wenn Prozesse lückenhaft oder gar nicht definiert sind. 12% der Befragten des NTT DATA Transformation Reports nehmen HR-Prozesse eher als negativ wahr. (Vlachos/Schreiber, 2022, S. 9)

Sieht man sich zum Beispiel den Onboarding-Prozess an, so kommt es schnell zu Frustration bei neuen Mitarbeitenden, wenn Prozesse zwischen HR- und IT-Abteilung nicht abgestimmt ablaufen (bspw. bei der Bereitstellung von IT-Equipment). Prozesse sind unmittelbar an der Wertschöpfung beteiligt. Es ist deshalb nicht verwunderlich, dass sie auch bei jeder HR-Transformation als Dreh- und Angelpunkt dienen und wachsenden Unternehmen zur erfolgreichen Personalarbeit verhelfen können. (Göpfert/Lindenbach, 2013, S. 4; Meißner, 2022, S. 53)

Berater:innen empfehlen daher, standardisierte Methoden, wo dies sinnvoll ist, zu nutzen. Eine formale Prozessbeschreibung bildet eine fundierte Grundlage für die Entwicklung von Process Engines. Diese dienen wiederum der teilweisen oder vollständigen Automatisierung von transaktionalen Personalprozessen. (Göpfert/Lindenbach, 2013, S. 4)

10.1.2 Klassifizierung von Personalprozessen – eine Taxonomie

Da die Personalprozesslandkarte schnell sehr voll und unübersichtlich wird, gehen wir von einer Personalprozess-Taxonomie als Übersicht aus, um eine ganzheitliche Sicht auf die Abläufe zu erhalten. Diese Taxonomie gliedert sich in drei wesentliche Prozessklassen:

- **Erlebte Personalprozesse** sind Abläufe, von denen Mitarbeitende und/oder Führungskräfte direkt betroffen sind und die sich am Mitarbeiterlebenszyklus orientieren. Es müssen nicht alle Prozessschritte erlebt werden und damit »erlebbar« sein. Der Großteil dieser Abläufe erfordert die Einbeziehung der Mitarbeitenden und der Führungskraft sowie eine kontinuierliche Verbesserung und eine Digitalisierung, wo dies Sinn ergibt.
- **Diskrete oder transaktionale Personalprozesse** sind Abläufe, die im Hintergrund in der Personalabteilung abgewickelt werden und vor allem die Administration von Mitarbeiterdaten, die Zeiterfassung, die Gehaltsabrechnung, aber auch verschiedene andere dokumentenbezogene Abläufe betreffen.
- **Acceleratoren** sind meist auswertungsbezogene Prozesse und helfen der Personalabteilung sowie weiteren Entscheidungsträgern, schnelle Entscheidungen zu treffen und ein gutes Mitarbeitererlebnis zu generieren, zu verifizieren und zu quantifizieren.

Die drei Prozessklassen bilden die Grundlage für Automatisierungsüberlegungen für digitale sowie hybride Prozesse. Hierbei ist es zweitrangig, wer die jeweiligen Prozessschritte ausführt, denn am Ende zählt bei den erlebten Prozessen die Wahrnehmung durch die Mitarbeitenden bzw. Manager:innen. Demnach ist diese Taxonomie für jede Art von Unternehmen und jede Art von Personalorganisation anwendbar. (Gerlach, 2018, S. 41; Appel/Felsiak, 2016, S. 29)

10.2 Prozessautomatisierung in der HR-Abteilung

Die Personalabteilungen müssen in einer wettbewerbsorientierten Welt ihre Personalprozesse an die sich schnell verändernde technologische Landschaft anpassen. Sie können sich nicht mehr auf manuelle Abläufe verlassen, denn diese sind fehleranfällig und mitunter sehr teuer und ressourcenintensiv. Prozessautomatisierung ist mit der neuen Generation von Mitarbeiter:innen eine Technologie, die das Potenzial hat, Personalprozesse zu transformieren und der Organisation große Vorteile zu bieten. (Appel/Felsiak, 2016, S. 213)

10.2.1 Technologien und Beispiele

Wenn Prozesse automatisiert werden sollen, gibt es klassische Erfolgsfaktoren, die es zu beachten gilt: Die richtigen Personalprozesse müssen priorisiert und die Anforderungen an das Automatisierungsprojekt aus dem Personalbereich klar definiert werden. Zudem sollte zuvor eine fundierte Analyse und Einordnung der bestehenden analogen Prozesse mithilfe einer Prozessstandardisierungsmethodik durchgeführt werden. So können der digitale Reifegrad und die Anforderungen verlässlich bestimmt werden. Am schwersten wiegt die Bereitschaft der Personalabteilung, eine Veränderung der Prozesse und Abläufe anzugehen und umzusetzen, was unbedingt durch einen strukturierten Changemanagement-Prozess und externe Partner begleitet werden sollte. (Appel/Felsiak, 2016, S. 219; Verma et. al., 2020)

Drei verschiedene Stufen der Prozessautomatisierung werden unterschieden (Praxiswissen der NTT DATA):

- **standardisierte Automatisierung:** Hierbei werden Routinejobs und sich mehrmals wiederholende, meist transaktionale Prozessschritte automatisiert. Es kommen dabei vor allem Bots zum Einsatz, die strukturierte Daten lesen und zuvor genau definierte Aktionen ausführen (Logik: wenn x, dann y). Das klassische »aufs Köpfchen drücken« wird so durch eine Software erledigt.
  Beispiel für einen Personalprozess: Automatisierte Zusendung von Standarderinnerungen per E-Mail an Vorgesetzte für die Durchführung eines Probezeitgesprächs oder eines regelmäßigen Mitarbeitergesprächs.
- **fortgeschrittene Automatisierung:** Komplexere Prozessschritte, denen eine umfangreichere Formel zugrunde liegt. Die Technologie kann in diesem Fall strukturierte und unstrukturierte Daten auswerten. Zudem werden Daten interpretiert und auf Auffälligkeiten hin analysiert.
  Beispiel für einen Personalprozess: Aufzeigen und Anbieten von möglichen Standardprozessschritten durch einen virtuellen Assistenten, mit dem man »chatten« kann (Mitarbeiter-/Manager-Self-Service). Die Mitarbeitenden geben ihr Anliegen in Textform ein und der Bot kann verschiedene Prozessschritte automatisiert

anbieten, wie z. B. krank melden, Urlaub einreichen, und leitet dann auf entsprechende Portale/Seiten weiter (Logik: wenn x, dann y und z).

- **komplexe Automatisierung:** Im Gegensatz zu den beiden ersten Stufen kann die bei komplexer Automatisierung eingesetzte Technologie lernen und Entscheidungen vorbereiten sowie Verknüpfungen vornehmen. Hierbei kann strukturiertes sowie unstrukturiertes Datenmaterial ausgewertet sowie über Systemgrenzen hinweg zusammengeführt werden.

  Beispiel für einen Personalprozess: Überblick über eingegangene Bewerbungen, aktuell offene Stellen und Kenntnisse des bestehenden Personalstamms. Eine künstliche Intelligenz kann diese Daten aus klassischerweise verschiedenen Datenquellen kommend übereinanderlegen und Lücken aufzeigen bzw. Zuordnungen von Kandidat:innen vorschlagen. Durch eine wachsende Datenbank werden die Vorschläge verlässlicher und die Recruiter können schnell Entscheidungen treffen und Potenziale entdecken.

Hier findet sich ein Überblick über die gängigen Prozessautomatisierungstechnologien im Businessbereich (Praxiswissen der NTT DATA):

Technologie	Beschreibung	Anwendung
Robotic Process Automation	Nichtinvasive Technologie zur Automatisierung von Prozessen mit einer schnellen Lösungsbereitstellung durch die Einführung von Software-Robotern als virtuelle Arbeitskräfte	Automatisierung manueller und sich wiederholender Aufgaben auf der Grundlage von Geschäftsregeln, die keine Beurteilung erfordern, bei gleichzeitiger Verringerung der Betriebsrisiken und Verbesserung der Ergebnisse der Prozesse
Optical Character Recognition (OCR)	Technologie zur Umwandlung gedruckter Papierdokumente oder digitaler Bilder in bearbeitbare und durchsuchbare Daten	Automatisierung von Prozessen für halbstrukturierte gedruckte Papierdokumente oder digitale Bilderfassungen (z. B. Rechnungen, NIFs), die die RPA-Funktionen erweitern
Natural Language Processing	KI-Technologie zum Verstehen unstrukturierter Texte wie E-Mails oder Freitextdateien	Automatisierung von Prozessen, die als Eingabe einen unstrukturierten Text in menschlicher Sprache haben, um die RPA-Fähigkeiten zu erweitern
AI-Automated Classification	KI-Technologie zur Klassifizierung von Dokumenten oder zum Treffen von Entscheidungen, die das menschliche Urteilsvermögen nachahmen	Automatisierung von Prozessen, die ein Urteil oder eine Entscheidung erfordern, die nicht einfach in Geschäftsregeln umgesetzt werden kann

Technologie	Beschreibung	Anwendung
Business-Process-Management (BPM)	Plattform zur Erlangung einer End-to-End-Vision der Prozesse in Echtzeit, um die von Robotern, Personen und anderen Systemen ausgeführten Prozesse zu orchestrieren	Erfassung der tatsächlichen Prozessleistung und Vereinheitlichung der Daten in einer einzigen Schnittstelle, um die Rückverfolgbarkeit zu verbessern und sowohl die Leistung als auch die Automatisierung zu optimieren
Handwritten Text Recognition (HTR)	Technologie, die in der Lage ist, handschriftlichen Text zu erkennen, auszurichten und in bearbeitbare und durchsuchbare Daten zu konvertieren	Automatisierung von Prozessen, die einen handgeschriebenen Text in Form eines digitalen Bildes als Eingabe haben (zum Beispiel eine handgeschriebene Rechnung)
Chatbot & Virtual Agent	Konversationsagenten (CAs), die Mensch-Roboter-Interaktionen ermöglichen, um bei digitalen Anfragen zu helfen und Entscheidungen zu treffen	Automatisierte Antworten auf häufig gestellte Fragen (FAQs) an Mitarbeitende, Kunden und Partner, um den gesamten Prozess zu unterstützen
Process Mining	Diagnosetool zur Analyse der Prozessleistung auf der Grundlage von Ereignisprotokollen	Abbildung des realen Prozessablaufs mit allen Details zu Bearbeitungszeiten, Volumen, Kasuistik und beteiligten Benutzern

Nutzung einer breiten Palette von Automatisierungstechnologien (Praxiswissen der NTT DATA)

10.2.2 Vom Personalprozess zum HR-Workflow im hybriden Arbeitsumfeld

Mehrheitlich digitalisieren und transformieren Unternehmen ihre Personalprozesse in cloudbasierte Lösungen. Diese Lösungen bieten nicht nur technologische, sondern vor allem inhaltliche Vorteile, denn Prozess- und Abteilungssilos werden aufgebrochen und durch eine gesamtheitlich abgebildete, hybride Mitarbeiter-Prozesswelt ersetzt. Dies ermöglicht den Personalabteilungen eine neue Form von Personalarbeit, weg von der Administration und hin zu einem proaktiven Personalmanagement und einem Bearbeiten der Employee Experience. Der bekannte Personalblogger und Wissenschaftler Josh Bersin bezeichnet die neuen technologischen Möglichkeiten für den Personalbereich auch als »HR in The Flow of Work« (Bersin, 2018).

Darüber hinaus liegt die Zukunft der Arbeit laut Cal Newport in der kollaborativen Intelligenz. Er spielt in seinem Buch »A World Without Email« darauf an, dass 20% der täglichen Arbeit für Informationssuche aufgewendet wird, 28% für die Beantwortung von E-Mails und nur 14% für wirkliche Zusammenarbeit. Um mehr Zeit für Zusammenarbeit und Abstimmungen zu haben, wurden sog. System-Workflows erfunden. Wie das Wort schon besagt, »fließen«/»flowen« sie, wenn sie einmal definiert wurden, von selbst anhand einer Logik. Dieser Mechanismus verleiht automatisierten Prozessen eine neue Dimension. Sie können interdisziplinär ablaufen, zwischen Unternehmensbereichen, Mitarbeitenden und externen Partnerorganisationen. (Newport, 2021)

Wir haben zudem herausgefunden, dass ein hoher Grad der Automatisierung von HR-Prozessen nicht nur Kosten senkt, sondern auch beim Wachstum hilft. In über der Hälfte der Unternehmen (52%) bestehen keine definierten Workflows, die den Employee Life Cycle abbilden. Dabei geht es vor allem darum, den Menschen in den Mittelpunkt der HR-Arbeit zu stellen. Diese Umstellung und Umorientierung schafft HR nicht im Alleingang, da Workflows, die Personalthemen betreffen, meist abteilungsübergreifend ablaufen. Bei signifikant wachsenden Unternehmen signalisieren 69% der Befragten, dass solche Workflows definiert sind. Auch 67% der Marktführer unter den Befragten bescheinigen das. Das zeigt: Ein gemeinsames Verständnis aller Supportbereiche von der Employee Experience, die man den Mitarbeitenden anbieten möchte, ist obligatorisch. Sie leitet sich aus der Hybrid-Work-Strategie ab. (Vlachos/Schreiber, 2022, S. 10)

In der Taxonomie der Personalprozesse ist der Onboarding-Prozess die Paradedisziplin des Workflows. Doch wie kommt man von einem identifizierten Verbesserungspotenzial in den Personalabläufen zu einem automatisierten Prozess und Workflow?

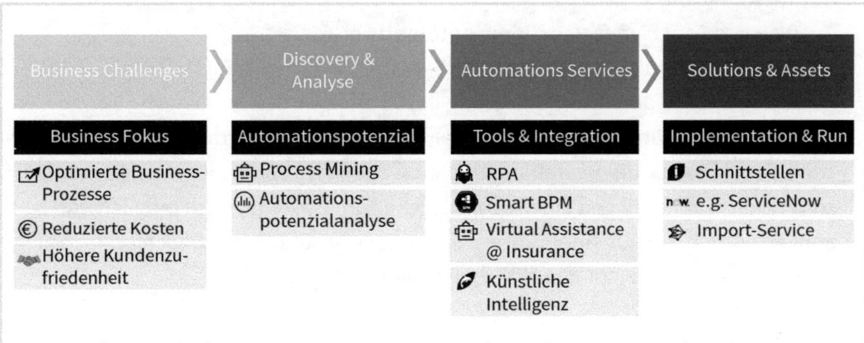

Abb. 9: Vorgehen Prozessautomatisierung (NTT DATA Praxiswissen)

Hier eine Schritt-für-Schritt-Anleitung zur Prozessautomatisierung am Beispiel des Onboarding-Prozesses:

1. **Zielbestimmung**
   - Welche Herausforderungen haben wir aktuell im Onboarding und welches Ziel verfolgen wir mit der Automatisierung?
   - Soll zum Beispiel der Prozess schneller werden oder die beteiligten Mitarbeitenden zufriedener (z. B. besseres Mitarbeiterfeedback zum Onboarding)?

   In unserem Beispiel nehmen wir an, dass die Rückmeldung zur Schnelligkeit des Onboardings vermehrt negativ war – Zugänge und Equipment haben gefehlt.
2. **Analyse**
   - Wo ist der bisherige Prozess dokumentiert? Ist er überhaupt dokumentiert?

- Um welchen Prozess aus der Landkarte handelt es sich, ist es ein erlebter oder ein diskreter oder nur ein Unterstützungsprozess?
- Wo hakt es?

In unserem Beispiel finden wir sogar gleich zwei Prozessdokumentationen, eine in der IT-Abteilung zur Bestellung des Equipments, zum Anlegen der Tool-Zugänge für die neuen Mitarbeitenden (diskreter Prozess) und eine in der Personalabteilung zur Erstellung der Verträge und Organisation von »Welcome Days« (erlebter Prozess).

Anschließend ermitteln wir das Automatisierungspotenzial, das auf den Zweck einzahlt, und bestimmen die passende Technologie. Die Automationspotenzialanalyse ergibt, dass die Schritte, die in der IT-Abteilung ablaufen, kurzfristig automatisiert werden können. In der Personalabteilung scheint dies komplexer zu sein, denn hier liegen vertragliche Regulierungen dahinter und zu den »Welcome Days« wird eine persönliche Einladung gewünscht. Somit priorisieren wir die Automatisierung für das Thema IT. Die beste Vorbereitung für den nächste Schritt ist, den Anwendungsfall ausführlich als »Use Case« zu beschreiben, also: Welche Zugänge sind erforderlich, wie sind die Schnittstellen, welche Rechte sollen für wen vergeben werden?

3. **Automatisierung**
   - Welches Tool eignet sich für die Automatisierung?
   - Welche Technologie soll zugrunde liegen?
   - Welcher Grad der Automatisierung liegt vor?

   Der Automatisierungsgrad kann als Standard eingestuft werden. Das »Aufs-Knöpfchen-Drücken« für die Bestellung und eine zentrale Anlage der User Accounts ist zum einen durch Anlegen einer Schnittstelle zum Bestellsystem möglich und zum anderen durch Zukauf einer Software, die User Accounts im »Bulk Modus« anlegt und »Single-Sign-on« für alle Mitarbeitenden ermöglicht.
4. **Implementierung**

   Danach übergeben wir die dokumentierten Anforderungen an unseren Entwickler oder unsere Entwicklerin und es wird zum Beispiel das Programm für die Schnittstelle geschrieben. Wird eine Standardsoftware (in unserem Beispiel die zugekaufte Software zur »Bulk-Anlage«) benutzt, übernimmt diese Aufgabe ein Systemimplementierer. Im letzten Schritt wird die neue technische Lösung mit der bestehenden Systemlandschaft verknüpft, da oftmals Daten oder andere Prozessschritte verteilt gespeichert werden. (Hinweis: Die technische Implementierungsbeschreibung ist an dieser Stelle abgekürzt, da sie sehr individuell und detailliert sein kann.)

Nach der Beschreibung stellt sich nun die Frage, in welchen Bereichen des Personalwesens die Technologien gewinnbringend eingesetzt werden können. Wie viel Automatisierung ist sinnvoll und wo und mit welcher Technologie? Hierfür dienen zur

Einordnung auch die Leitfragen aus dem Hybrid-Work-Assessment von Prof. Dr. Johanna Bath:

- Existiert ein hybrider Onboarding-Prozess für neue Mitarbeitende in der Organisation, im Team und im Projekt?
- Laufen Kernprozesse reibungsfrei hybrid (z. B. Prozessschritte auf Sinnhaftigkeit überprüft, digitale Unterschriften, Umlaufverfahren per Mail, sinnvolle Digitalisierung)?
- Wurden die hybriden Rahmenbedingungen in den HR-Prozessen aufgegriffen (z. B. regelmäßigeres Feedback, Instant Feedback, hybride Weiterbildungsformate, hybride Mitarbeiterentwicklung etc.)?

Wir wollen darüber hier wieder einen Einblick aus unserer Studie teilen: Die Potenziale zeigen sich dort, wo die meisten Schwierigkeiten liegen. Die größten Herausforderungen im Zusammenhang mit der Employee Experience sehen die Befragten beim Recruiting (47%) sowie der Mitarbeiterentwicklung (37%). Die Digitalisierung und Automatisierung dieser herausfordernden Prozesse bieten Chancen, wertvolle Zeit zu gewinnen, die für die strategische HR-Arbeit genutzt werden kann. Eine Umstrukturierung der Teams in HR kann zugunsten eines besseren Recruitings und der Erarbeitung von Entwicklungsprogrammen ausfallen. (Vlachos/Schreiber, 2022, S. 10)

Abschließend ist zum Thema Prozessautomatisierung und zur damit einhergehenden Hybridisierung im Personalumfeld zu sagen, dass man zwei Stellschrauben hat, um den Status quo zu verbessern: den Prozess und die Technologie. Beim Prozess haben wir uns angesehen, wie man diesen zunächst standardisieren und dann automatisieren kann, um somit eine bessere Employee Experience zu erreichen. Der beste Nebeneffekt verbesserter Prozesse ist nach unseren Erfahrungen zudem immer eine Optimierung der hybriden Zusammenarbeit und damit eine Steigerung der Produktivität von allen Beteiligten (allgemein und in der Personalabteilung). Die Technologie kann dabei helfen, zum einen Standardisierung und Automatisierung umzusetzen und zum anderen die Menschen in die Prozesse einzubeziehen. Technologie kann Emotionen aus Prozessen herausnehmen, wo keine nötig sind (siehe diskrete Prozesse), und sie kann die Emotionen dorthin lenken, wo sie dringend benötigt werden (digitale Zusammenarbeit und erlebte Prozesse). Technologie schafft Transparenz, Inklusion und bessere Mitarbeiterzufriedenheit.

10.3 Völlig losgelöst? HR-Herausforderung Deskless Workforce

Ein weiterer Aspekt von Automatisierung ist die Einbeziehung und Gleichberechtigung von Mitarbeitenden ohne Computerarbeitsplatz (sog. Deskless oder Frontline Worker). Hierzu gibt es zahlreiche Studien, die eine Einbeziehung über digitale und automatisierte Personalprozesse in Zusammenhang mit höherer Zufriedenheit bringen und damit dem Arbeitnehmermangel in diesen Bereichen entgegenwirken. (Monks et. al., 2013)

Für viele Büroangestellte gehören digitale Technologien zum Alltag: Sie arbeiten flexibel und können beliebig zwischen Büro und Homeoffice wechseln. Doch wie sieht die Realität für Arbeitskräfte aus, die über keinen Schreibtisch verfügen, die sogenannten Deskless Worker? In diesem Kapitel werfen wir einen genaueren Blick auf die Deskless Workforce und welche besonderen Herausforderungen für Personalabteilungen in Sachen Integration digitaler Technologien und moderner Betreuungsprozesse für diese Anspruchsgruppe bestehen.

Was ist ein Deskless Worker?

Der Begriff »Deskless Worker« ist schnell erklärt: Es handelt sich um Mitarbeitende, die ihre Arbeitsaufgaben abseits von Schreibtisch und Firmensitz erledigen. Insgesamt zählen 80% der globalen Erwerbsbevölkerung zur Deskless Workforce – das entspricht rund 2,7 Milliarden Menschen. Die unterschiedliche Arbeitsrealität und Systemrelevanz dieser »Schreibtischlosen« im Vergleich zu anderen Berufsgruppen hat die Coronapandemie aufgezeigt: Während für Menschen mit Büroarbeitsplatz der Umstieg aufs Homeoffice vergleichsweise einfach war, erfuhren Beschäftigte aus Fertigungsindustrie, Gesundheitswesen, Einzelhandel und zahlreichen weiteren Branchen eine plötzliche Abkopplung von ihrem Arbeitsplatz – und das nicht nur in Form von Schließungen oder Kurzarbeit. Denn »ohne Schreibtisch« bedeutet häufig auch ohne Zugang zu Informations-, Kommunikations- oder anderen internen Systemen des Arbeitgebers.

Diese Entkoppelung stellt auch Personalabteilungen vor erhebliche Probleme: Wie lässt sich Deskless Workern eine ebenso vernetzte, digitale, aber auch bedarfsorientierte Employee Experience bieten wie Büromitarbeitenden?

Papier statt Cloud

Die Pandemie deckte nicht nur die Spaltung in zwei Berufsgruppen auf. Sie offenbarte für Unternehmen mit Deskless Workforce einen immensen Nachholbedarf im Hinblick auf den vernetzten Arbeitsplatz.

Wo Büroangestellte bereits heute dank cloudbasierter Lösungen orts- und zeitunabhängig arbeiten können und durch entsprechende Tools stets mit ihren Kolleg:innen vernetzt sind, profitieren Deskless Worker bislang kaum von dieser Entwicklung. Trotz Systemrelevanz fließt nur ein Prozent der betrieblichen Investitionen in moderne Softwarelösungen für Deskless Worker. Das Ergebnis: analoge Schichtpläne, stockende Workflows und träge Kommunikation.

Selbstbestimmtes Arbeiten? Fehlanzeige. Hierzu mangelt es an Möglichkeiten, die Work-Life-Balance durch Homeoffice, Arbeitszeitflexibilisierung und Co. zu verbessern. Nicht nur technologisch sind Deskless Worker im Worst Case »völlig losgelöst«: Die Integration in personalrelevante Prozesse, Kommunikationsabläufe und die Unternehmenskultur wird zur Mammutaufgabe – auch für Personalabteilungen.

Herausforderungen und Lösungen für Personalabteilungen
Während sich die klassische HR-Abteilung lange in einer rein administrativen Rolle wohlfühlte, rücken in den letzten Jahren strategische Entscheidungsfindungen und das Begleiten von Veränderungsprozessen immer mehr in den Mittelpunkt der Personalarbeit – stets neben der Sicherstellung des Wohlbefindens der Mitarbeitenden.

Digitale, vernetzte Arbeitsplätze sind heute Grundlage für Employee Engagement und helfen dabei, dass sich Mitarbeitende auch weiterhin im Unternehmen integriert fühlen und sich mit den Unternehmenswerten identifizieren.

Für die Betreuung der klassischen Büroangestellten zieht dies bereits ein Umdenken in den Prozessen und Strukturen der Personalabteilungen nach sich. Neben modernen, optimierten Prozessen sind digitale Lösungen heute wichtige Ankerpunkte in HR-Transformationsprojekten. Doch obwohl die Potenziale digitaler Tools für Deskless Worker im Dienstleistungssektor mindestens genauso hoch sind, werden sie derzeit bei Weitem nicht ausgeschöpft.

Um dieser digitalen Spaltung auf den Grund zu gehen und Handlungsfelder für Unternehmen abzuleiten, führt NTT DATA eine Befragung im produzierenden Gewerbe durch. Wir wollen Einblick geben, mit welcher Strategie Unternehmen die Deskless Worker zukünftig erreichen und mittels digitaler Prozesse und Kommunikationsmöglichkeiten deren Employee Experience verbessern können. (Merk, 2022)

10.4 Literatur

Appel, Wolfgang; Felsiak, Werner (Hrsg.) (2016): HR-Servicemanagement. 2. Aufl., Berlin: DeGruyter.

Bersin, Josh (2018): HR In The Flow Of Work: A New Paradigm Has Arrived, https://joshbersin.com/2018/09/hr-in-the-flow-of-work-a-new-paradigm-has-arrived/, abgerufen am 23.9.2022.

Gerlach, Dieter (2018): Crashkurs Personalplanung, Instrumente – Maßnahmen – Kosten. Stuttgart: Haufe.

Göpfert, Jochen; Lindenbach, Heidi (2013): Geschäftsprozessmodellierung mit BMPN 2.0. Unternehmenspublizität im internationalen Wettbewerb. München: Oldenburg.

Meißner, Ulrike Emma (2022): Nachhaltiges Human Resources Management – Personalprozesse ökonomisch, sozial und ökologisch gestalten. Berlin: Peter Lang Verlag.

Merk, Julia (2022): Völlig losgelöst? HR-Herausforderung Deskless Workforce, https://de.nttdata.com/insights/blog/voellig-losgeloest-hr-herausforderung-deskless-workforce, abgerufen am 28.11.2022.

Monks, Kathy; Kelly, Grainne; Conway, Edel; Flood, Patrick; Truss, Katie; Hannon, Enda (2013): Understanding how HR systems work: the role of HR philosophy and processes. In: Human Resources Management Journal, Vol. 23 No. 4, S. 379–395.

Newport, Cal (2021): A World Without Email: Reimagining Work in an Age of Communication Overload. New York: Penguin.

Verma, Anju; Bansal, Monika; Verma, Jyoti (2020): Industry 4.0: reshaping the future of HR. In: Strategic Direction Journal, Vol. 36 No. 5, S. 9–11.

Vlachos, Vassilios; Schreiber, Gina (2022), NTT DATA HR Transformation Report, https://de.nttdata.com/insights/studien/hr-transformation-report-2022, abgerufen am 18.10.2022.

Whitter, Ben (2022): Employee Experience, https://www.benwhitter.com/, abgerufen am 28.11.2022.

Wirsing-Schneider, Johanna (2022): Qualitätsmanagement in der Personalarbeit: ISO 9001:2015, https://www.personalwissen.de/personalwesen/qualitaetsmanagement-personalarbeit-iso-9001-2015/, abgerufen am 20.10.2022.

Zare, Milad Shams; Tahmasebi, Reza; Yazdani, Hamidreza (2017): Maturity assessment of HRM processes based on HR process survey tool: a case study. In: Business Process Management Journal, Vol. 24 No. 3, S. 610–634.

11 Digitale Human Resources aus sozialpolitischer Sicht

Markus Jüster

11.1 Digitale Human Resources als Ausdruck einer riskanten Arbeitswelt

»Lassen wir auch in Unternehmen die Mitarbeiter:innen von der Leine. Statt festzulegen, wo, wie und wann Menschen arbeiten, ermöglichen wir ihnen lieber eine Arbeit, die sie wirklich, wirklich wollen. Das bringt die besten Leistungen jedes:r Einzelnen hervor. Denn die Mitarbeitenden werden ja bezahlt, weil sie denken und nicht, weil sie da sind. Damit wird Vertrauen zur Basis unseres Führungsverständnisses und wir treten bei der Arbeit nicht nur professionell ›kontrolliert‹ auf, sondern als Menschen, die Ecken, Kanten, Bedürfnissen und Familien haben.«

Allmers, et al. (nach Frithjof Bergmann), 2022, S. VII

Die Rahmenbedingungen der Personalarbeit haben sich in den vergangenen zehn Jahren dramatisch verändert. Als Gründe zu nennen sind die Digitalisierung, die Globalisierung, der demografische Wandel, der Kulturwandel sowie die großen Krisen der vergangenen Jahre. Dies alles hat in unterschiedlicher Weise Auswirkung auf die Personalwirtschaft.

Ein Aspekt der Personalwirtschaft wird in den vergangenen Jahren zunehmend diskutiert: die Zukunft der Arbeit. Dabei scheint eines klar: Der Arbeit – zumindest in Deutschland – gehen zunehmend die Werktätigen aus. Dabei wird oft auf die Utopie des New Work (Bergmann, 2017) verwiesen und neben diesem Begriff des New Work[4] werden Aspekte zukünftiger Arbeitsmodelle (Future of Work) mitdiskutiert (Cloots, 2022). Wie also steht es um die Auswirkungen der vierten industriellen Revolution auf Organisationen, Führung und Beschäftigung?

4 Der Begriff »New Work« wird recht unterschiedlich diskutiert. Gemeinsam ist oftmals eine Grundorientierung, die ausdrückt, dass es sich um flexible Formen der Arbeit (Büroarbeit) bzw. der Arbeitsorganisation (Homeoffice, Remote Work) handelt. Die New-Work-Charta verbindet dabei die Begriffe Freiheit, Selbstverantwortung, Sinn, Entwicklung und soziale Verantwortung (siehe https://persoblogger.de/new-work-charta-prinzipien). Die New-Work-Charta ist eine Sammlung von Leitprinzipien zu New Work im deutschsprachigen Raum. Diese wurde vom Think Tank »humanfy« initiiert und von vielen New-Work-Anwendern und -Unterstützern unterzeichnet. Sie gilt als eine der meistgenutzten Definitionen des New-Work-Begriffs im deutschsprachigen Raum.

Der Begriff »Digitale Human Resources« bezeichnet eine Wende der Arbeitsgesellschaft, die gleichermaßen disruptiv wie flächig voranschreitet. Sie beschränkt sich nicht allein auf technologische Aspekte, sondern führt zu einer gänzlich neuen Kultur der Kooperation und Kollaboration. Am augenscheinlichsten geschieht dies durch die Loslösung aus lokalisierten Arbeitsszenarien. Für Wissensarbeit ist der Ort der Tätigkeit nicht mehr an einen Firmensitz, sondern an ein Laptop gebunden.

Definition: Digitale Human Resources

Digitale Human Resources umfassen alle Aufgaben und Maßnahmen aus HR-Sicht, die ein Bindungs- und Performancemanagement in einer digitalen Arbeitswelt ermöglichen. Ein Hintergrund für die Notwendigkeit dieser Funktion ist, dass die in der Wissensarbeit beschäftigten Menschen weniger Kontakte pflegen, weniger spontane Gespräche führen und sich im Zweifelsfall auch weniger zum Unternehmen zugehörig und dem Unternehmen weniger verpflichtet fühlen. Bindungsmanagement kann so zu einer prägenden Aufgabe der Human Resources werden.

Die digital getriebene Transformation scheint alle Bereiche der Lebens- wie Arbeitswelt der globalen Bevölkerung zu tangieren. Was dabei in Vergessenheit gerät, ist zunächst auch die Frage, ob es sich hierbei nicht um einen Diskurs von Eliten handelt. Was ändert sich denn in den Bereichen der Basisbeschäftigung (Große-Jäger et al., 2021), etwa für Menschen auf dem Bau, im Friseurhandwerk, der Müllabfuhr oder in der Pflege? Tangiert die Digitalisierung der Arbeit deren Kernaufgaben? Doch auch hier werden sich durch die Digitalisierung große Veränderungen der Arbeitsweisen ergeben. Diese werden naturgemäß eher die Arbeitsabläufe betreffen. Doch auch in diesen Bereichen kann eine gewisse Möglichkeit für orts- und zeitunabhängigeres Arbeiten entstehen oder bewusst genutzt werden. So lag einer Studie des IFO Instituts und von Randstadt zufolge der Anteil der Unternehmen, die theoretisch mobiles Arbeiten anbieten könnten, in Deutschland beim 80%. Doch nur ein Teil dieser Unternehmen nutzt diese Option. Sogar in Lockdownzeiten erreichte die Verbreitung des mobilen Arbeitens nur 61%. Das zeigt, dass hier noch deutlich mehr Potenzial vorhanden ist, als von den Unternehmen – auch vor dem Hintergrund einer gesetzlichen Pflicht – genutzt wurde (Randstadt, 2020).

Und wie gestalten sich denn viele Bereiche digitaler Beschäftigung für die Beschäftigten selbst? Sind temporäre, projektbezogene Beschäftigte wie Gig Economy, Crowd- und Clickworker nur ein Randphänomen und die Auktion von Arbeit eine temporäre Erscheinung?

Weiterhin, wie formiert sich agile Arbeit in hybriden Szenarien? Wird sie getragen von den Wünschen nach individueller Freiheit der Beschäftigung und Anpassung der Arbeitswelt an die Bedürfnisse und Lebenssituationen (bzw. auch Szenarien) der darin autonom sich bewegenden Belegschaften? Wie kann dies in einem Gleichgewicht mit den Interessen der Organisation stehen? Bedeutet der Laptop die Befreiung vom Arbeitsort und sogar vom Monopolanspruch eines Arbeitgebers? Sind wir auf dem Weg in die Utopie Frithjof Bergmanns? Tun wir nur noch die Dinge, die wir wollen und die gleichermaßen sinnvoll sind (das eine bedingt nicht zwingend das andere!)? Nun, diesen Optimismus zu teilen fällt mir schwer.

Es gibt da eine zweite Seite der Medaille: die Verlagerung digitaler Aufgaben in Billiglohnländer – ohne die entsprechenden Sozialstandards. Weiterhin nimmt die Zahl atypischer Beschäftigung zu: Befristungen, Teilzeit, Werkverträge sowie sozialversicherungsfreie Tätigkeiten sind in den Jahren 1991 bis 2010 um nahezu 80% gestiegen. Seit dem Jahre 2010 stagnieren sie auf einem hohen Niveau. Zu erkennen ist auch hier eine Spaltung des Arbeitsmarktes: Je qualifizierter die Beschäftigung ist, desto geringer die Anzahl der darin atypisch beschäftigten Personen.[5]

Können und wollen wir folglich alle Beschäftigten völlig eigenständig agieren lassen? Werden alle ihren Weg in einer zukünftigen Arbeitsgesellschaft positiv bewältigen können? Verfügen alle Beschäftigten über ein »Mindset«, das sie so weit intrinsisch motiviert, dass sie allen Unwägbarkeiten der digitalen Transformation gelassen gegenüberstehen? Und über welche Resilienzen verfügen Mitarbeitende, die sich ständig mit den Risiken ihrer Entscheidungen auseinandersetzen müssen?

Digitale Human Resources scheinen folglich nicht nur ein chancenreiches, sondern auch ein riskantes Unterfangen zu sein. Dabei scheinen Digitalisierung und Globalisierung, Krisen, Kulturwandel und soziodemografische Veränderungen Rahmenbedingungen zu sein, die diesen Wandel zumindest protegieren.

Derzeit geschieht Erstaunliches: Wir stehen vor einer der größten Wirtschaftskrisen der vergangenen Jahrzehnte und gleichzeitig scheint der Fachkräftemarkt nicht mehr existent zu sein. Was aber führt dazu? Und welches (Macht-)Verhältnis besteht zwischen den Arbeitnehmer:innen und Arbeitgebern derzeit? Stimmt da die marxistische Sicht des Gegensatzes von Arbeit und Kapital noch oder hat sich gar die soziale Frage der ersten industriellen Revolutionen gänzlich aufgelöst? Schließlich: Gibt es gar eine neue soziale Frage in der postindustriellen Arbeitsgesellschaft?[6]

---

5 Siehe hierzu die Bundeszentrale für politische Bildung (2020). Darin heißt es: »Geringqualifizierte Beschäftigte sind nach Angaben des Statistischen Bundesamtes generell häufiger atypisch beschäftigt als solche, die über eine höhere Qualifikation verfügen. Bezogen auf die abhängig Beschäftigten im Jahr 2019 lag der Anteil atypischer Beschäftigung bei den Personen ohne anerkannte Berufsausbildung bei 38,4 Prozent. Bei den Personen mit Berufsausbildung waren lediglich 20,6 Prozent atypisch beschäftigt und bei Personen mit einem Abschluss an einer Universität, (Fach-)Hochschule, Berufs- oder Fachakademie sogar nur 15,8 Prozent.«

6 Siehe hierzu Paulus/Grubenmann 2020, Seiten 129 ff

Zur Beantwortung dieser Frage werden im Folgenden unterschiedliche Perspektiven eingenommen und deren Sicht auf die Bedingungen des Arbeitsmarktes erläutert. Zunächst gilt es, die Perspektive von Gesellschaft und Globalisierung einzunehmen und wesentliche Entwicklungslinien aufzuzeichnen. Dies alles hat dann eine direkte Wirkung auf Unternehmen und deren Perspektiven. Die Unternehmen selbst sind dann die Arenen, in denen sich nicht nur Beschäftigung abspielt, sondern Beschäftigte oftmals ihre Persönlichkeit und ihren Gestaltungswillen mit einbringen. Schlussendlich bedarf es der Funktion des Vermittelns, des Ausgleichs und der Unterstützung. An dieser Stelle kann Führung eine Rolle spielen, die mehr ist als die anordnende Gewalt einer tayloristisch geführten Industrie. Führung in hybriden wie digitalisierten Arbeitswelten ist mehr als nur anordnen und mehr als nur Vorbild. Sie wird Initiatorin, Vermittlerin, Sinnstifterin, Orientierungshilfe, Unterstützerin und Mediatorin sein können. Darüber gilt es abschließend zu diskutieren.

Zunächst sollte aber der Rahmen geklärt sein: Welche Perspektiven nehmen Globalisierung und Gesellschaft ein?

11.2 Die Perspektive von Gesellschaft und Globalisierung

Arbeitsprozesse und Arbeitsorganisation verändern sich in Folge technischer Innovationen, beeinflusst durch gesetzliche Regelungen und getrieben durch Schwankungen von Angebot und Nachfrage. (…) Im Kontext dieser globalen Dynamiken bilden sich in Deutschland seit einiger Zeit heterogene Erwerbsformen heraus. Sie sind vor allem auf die De-Regulierung und die Flexibilisierung der Arbeitsmärkte sowie den technischen Fortschritt zurückzuführen.

Andrea D. Bührmann, Uwe Fachinger und Eva M. Welskop-Deffaa, 2018, S. 1

11.2.1 Globalisierung

Nicht nur Menschen migrieren, Waren und Dienstleistungen tun dies ebenso. Weiterhin erleben wir einen ständig zunehmenden Datenfluss, der ebenso permanent migriert und als globales Netz Voraussetzung für den globalen Handel ist. Dabei geschieht durch den internationalen Warenhandel nicht nur ein Austausch von Dienstleistungen und Gütern. Globalisierung hat einen direkten Effekt auf die Entwicklung von Nationen. Altmann/Bastian (2022, S. 20) bemerken hierzu, dass die Globalisierung zwar auf der einen Seite für Skalierbarkeit, Spezialisierung und eine größere Produktvielfalt sorgt, sich auf der anderen Seite die Märkte aber auch immer mehr angleichen – gerade was Kompetenzen, Wissen und die Fähigkeiten auf den Arbeitsmärkten anbelangt.

Sie weisen darauf hin, dass es zu einer Konvergenz – zumindest der Eliten – im Bereich ökonomischer, technischer sowie innovationsbezogener Kompetenzen kommen wird. Dies hat Auswirkungen auf den globalisierten Arbeitsmarkt. Welche Branchen sind primär von diesem Prozess betroffen? Der deutsche Außenhandel war lange Jahre von starkem Wachstum geprägt. Zu erkennen ist eine starke Branchenabhängigkeit vom globalen Handel, der sich seit Jahrzehnten kontinuierlich verstärkt. Der Außenhandel Deutschlands[7] wird bestimmt vom Maschinenbau, der Automobilindustrie sowie der Elektroindustrie.

Allerdings haben die vergangenen Jahre gezeigt, dass Globalisierung weder ein Allheilmittel ist, noch ohne erhebliche Nebenwirkungen auskommt.

11.2.2 Digitale Transformation

> *»Disruptive changes to business models will have a profound impact on the employment landscape over the coming years. Many of the major drivers of transformation currently affecting global industries are expected to have a significant impact on jobs, ranging from significant job creation to job displacement, and from heightened labour productivity to widening skills gaps. In many industries and countries, the most in-demand occupations or specialties did not exist 10 or even five years ago, and the pace of change is set to accelerate.«*
>
> World Economic Forum, 2016a, S. 3

Technische Entwicklungssprünge markieren Epochen der Veränderung. Diese technischen Veränderungen führen zunächst zu disruptiven Veränderungen, denen dann – innerhalb dieser Epoche – inkrementelle Veränderungen folgen. Arbeit wird vernetzter, digitaler und flexibler sein. Seit Beginn des 21. Jahrhunderts stehen wir vor einem erneuten grundlegenden Wandel der Produktionsweise. Die wachsende Vernetzung und zunehmende Kooperation von Mensch und Maschine ändert nicht nur die Art, wie wir produzieren, sondern schafft auch ganz neue Produkte und Dienstleistungen. Durch den kulturellen und gesellschaftlichen Wandel entstehen neue Ansprüche an Arbeit, auch die Nachfrage nach Produkten und Dienstleistungen verändert sich.

---

7 Das Bundesministerium für Arbeit und Soziales (2017b, S. 25) schreibt hierzu: »Die Einbindung der deutschen Volkswirtschaft in den Welthandel und die globale Wertschöpfung ist seit jeher eng und hat sich im vergangenen Vierteljahrhundert weiter intensiviert. Noch zu Beginn der 1990er-Jahre lag der Offenheitsgrad [Anteil der Summe aus Ein- und Ausfuhren am Bruttoinlandsprodukt] Deutschlands bei gut 40 Prozent. In den darauffolgenden 25 Jahren verdoppelte er sich auf zuletzt 86 Prozent – der höchste Wert unter den größeren industrialisierten Volkswirtschaften der OECD nach Südkorea.«

Schuh et al. (2020, S. 38) stellen die Anforderungen an Arbeitnehmer:innen wie folgt dar:

Abb. 10: Der Mensch in veränderten Arbeitswelten. Quelle: Schuh et al., 2020, S. 38

Im Einzelnen bedeutet dies im Bereich der sozialen Kollaboration:

- **Erwartungen:** Es werden Erwartungen an eine gelingende Online-Kommunikation gestellt. Durch die Reduktion des Face-to-Face-Kontakts und durch vermehrte asynchrone Kommunikation wächst die Erwartung, nach einer präziseren sowie wertfreieren Kommunikation.
  So führt z. B. der E-Mail-Verkehr zu einer völlig neuen Kommunikation. Die Interpretation des geschriebenen Textes kann stark von der ursprünglichen Intention abweichen. Da oftmals keine direkte Face-to-Face-Anschlusskommunikation möglich ist, kann es zu unnötigen Verstimmungen kommen, die sehr schnell eskalieren können.
- **Aufgaben:** Aufgaben müssen selbstständiger nach klaren Zeit- wie Qualifikationskriterien bzw. Erwartungen durchgeführt werden.
  Die gegebene Taktung der Büroarbeitszeit kann im Homeoffice durch eine Ergebnisorientierung abgelöst werden. Allerdings wird möglicherweise die zeitliche Budgetierung falsch vorgenommen. Weiterhin können sich dienstliche Aufgaben und private Anforderungen überschneiden, sodass es zu diskontinuierlichen Bearbeitungen und daraus folgend einem hohen Zeit- wie Termindruck kommen kann. Die gewonnene Freiheit wird dann durch einen zunehmenden Terminzwang abgelöst. Erwartungen der Arbeitgeber sowie Schutzbedürfnisse der Beschäftigten können da schnell kollidieren.
- **Vertrauen:** Unsere Kooperationspartner:innen setzen Vertrauen in uns und für eine gelingende Kooperation wird es zunehmend wichtiger, Vertrauen in unsere

Kooperationspartner:innen zu setzen. Da sie uns immer weniger durch direkten Kontakt bekannt sind, wird es zunehmend Bewertungskriterien geben, anhand derer wir deren Zuverlässigkeit beurteilen können (Trust Score).
Sobald die regelmäßige Kontrolle bzw. Absprache zu Zwischenergebnissen verloren geht, kann es zu asynchroner Bearbeitung der vorgegebenen Aufgaben kommen. Die Qualität – oder pünktliche Fertigstellung – von Arbeitsergebnissen ist dann nur noch bedingt gewährleistet, was in kollaborativen Arbeitssettings in weitere Verzögerungen bzw. auch in den Ausfall von Funktionalitäten münden kann.

- **Führung:** Führung geschieht zunehmend in Arbeitsumgebungen ohne direkten Kontakt. Remote Work, sprich Arbeiten unabhängig vom Arbeitsort, wird zunehmend zum Normalfall. Da die Erledigung der Aufgaben stärker in Eigenregie geschieht, werden Arbeitnehmer:innen immer weniger durch einen autokratischen Führungsstil leitbar sein. Demokratische wie partizipative Führung auf Augenhöhe wird zunehmend zum Normalfall.
  Dies ist nicht ohne gesonderten Aufwand im Bereich der Abstimmung möglich. Weiterhin besteht die Gefahr einer sich zunehmend divergierenden Expertensicht, die durch Führung in den Gesamtkontext zu re-integrieren ist.
- **Vertrauen in Systeme und Prozesse:** Arbeit wird sich zunehmend segmentieren und Arbeitnehmer:innen werden nur Ausschnitte des Gesamtwerks sehen können. Hier ist es wichtig, dass sich die Rahmenbedingungen nicht ständig verschieben und Termine wie Anforderungen in einem Arbeitsprozess stabil bleiben.
  Im Grunde genommen geht es darum, dass durch den geringeren Face-to-Face-Kontakt immer weniger »beiläufige« Abstimmungen möglich sind. Prozesse ersetzen zunehmend Beziehungen und es gilt, ein höheres Maß an Zuverlässigkeit und Eigenverantwortung in der Kultur der Organisation zu verankern.

Insgesamt werden höhere Erwartungen an die soziale Zusammenarbeit (Kollaboration) gestellt. Sie muss gut gelingen und gelungen kommuniziert werden, die Erwartungen müssen klar sein und die Aufgaben selbstständig wie zuverlässig durchgeführt werden.

Was bedeutet dies für die Veränderungsbereitschaft der Arbeitnehmer:innen?

- Lernen geschieht zunehmend eigenständig und datenbasiert. Zum einen wird künstliche Intelligenz selbstständig in der Lage sein, aus Daten zu lernen, zum anderen müssen sich Arbeitnehmer:innen einem permanenten wie selbstständigen Lernprozess unterziehen.
- Stabile Arbeitsprozesse und Anforderungen gehören der Vergangenheit an. Agile wie dynamische Arbeitsprozesse adaptieren permanent Anforderungen aus ihrer Umgebung und Arbeitnehmer:innen stehen vor immer neuen Anforderungen. Offenheit für Innovation wird zur Kernkompetenz.

- Dabei geht es nicht allein um die Anpassung an Veränderung. Vielmehr werden Kreativität und der Wille zur Gestaltung notwendig werden, da für Anforderungen der Zukunft in immer geringerem Maße Lösungen aus der Vergangenheit hilfreich sein können.
- Da wir in immer stärkerem Maße vor unvorhersehbare Anforderungen gestellt werden, können wir nicht aus unseren Erfahrungen schöpfen. Neue Lösungen müssen erarbeitet und dann auch erprobt werden. Planung wird im zunehmenden Maße durch Tun ersetzt werden. Dadurch entstehen zwangsläufig Fehler. Dies wird die Regel in komplexen Arbeitsfeldern sein.

11.2.3 Demografie und Bevölkerungsentwicklung

Die demografische Entwicklung Deutschlands zeigt seit Jahrzehnten zwei stabile Entwicklungen: Zum einen steigt die Lebenserwartung und damit verbunden die Zahl älterer und alter Menschen. Zum anderen ist ein Geburtenrückgang zu beobachten. Das Bundesministerium für Arbeit und Soziales (2017b, S. 29) schreibt hierzu: »Am Arbeitsmarkt sind die Folgen seit Mitte der 1990er Jahre mit dem schrittweisen Eintritt der geburtenschwachen Jahrgänge sichtbar geworden. Der Einfluss des Geburtenrückgangs auf das Arbeitsangebot konnte bislang weitgehend durch eine steigende Erwerbsbeteiligung ausgeglichen werden, vor allem bei Frauen und bei Älteren. Künftig wird dieser Ausgleich jedoch nicht mehr im gleichen Umfang stattfinden können, da größere Potenziale bereits gehoben sind und bis Mitte der 2030er Jahre die geburtenstarken Jahrgänge schrittweise in den Ruhestand treten.«

Dies alles führt in Summe zu einer alternden Bevölkerung mit einem zurückgehenden Erwerbspersonenpotenzial. Gleichzeit jedoch kommt es zu Wanderungsbewegungen nach Deutschland, die nicht ausschließlich kriseninduziert sind.

Zu erkennen ist, dass Bereits seit Mitte der 1960er-Jahre jährlich mehr als eine halbe Million Menschen nach Deutschland migrieren.[8] Migration ist folglich ein kontinuierliches Phänomen, das nicht ausschließlich durch politische Krisen getrieben wird. Wenn man sich die Beschäftigungslage in Deutschland ansieht, ist Zuwanderung

8 Das Bundesinstitut für Bevölkerungsforschung schreibt hierzu: »Nach 1945 entwickelte sich Deutschland zu einem wichtigen Einwanderungsland in Europa. In den 1960er und frühen 1970er Jahren prägten im Früheren Bundesgebiet vor allem Zuwanderungen von Arbeitsmigranten (den sogenannten ›Gastarbeitern‹) das Wanderungsgeschehen. Mit dem Anwerbestopp von 1973 und den Rückwanderungen verringerte sich diese Wanderungsgruppe und wurde durch Familiennachzüge der in Deutschland verbliebenen ›Gastarbeiter‹ abgelöst. In den 1990er Jahren waren die Wanderungsströme über die Außengrenzen Deutschlands vor allem durch (Spät-)Aussiedler, Asylbewerber und Flüchtlinge geprägt. Nach der Jahrtausendwende und insbesondere seit 2011 kam es zu einem deutlichen Anstieg der Zuwanderung auch von gut qualifizierten Arbeitnehmern und Selbstständigen, in erster Linie aus den Staaten der europäischen Union. Mitte der 2010er Jahre wurde zudem ein starker Zuzug von Geflüchteten verzeichnet.«

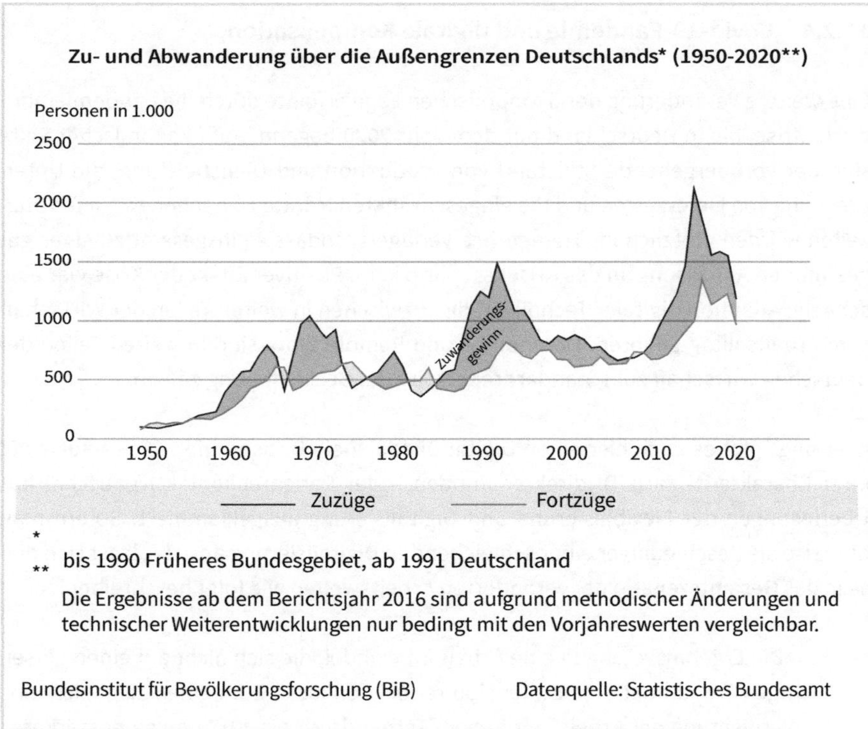

Abb. 11: Wanderungssaldo Deutschland. Quelle: Bundesinstitut für Bevölkerungsforschung (o. J.)

für die ökomische Prosperität nahezu notwendig. Nicht nur demografisch, sondern soziodemografisch verändert sich Gesellschaft. Innerhalb der Betriebe besteht zunehmend die sozialpolitische Aufgabe, kulturelle Diversität zu etablieren und Chancengleichheit zu ermöglichen.

Für das Staatsgebiet Deutschland kann man eine klare Tendenz der Abwanderung aus dem Osten in Richtung der alten Bundeländer beobachten. Die Ost-West-Wanderung setzte im Rahmen der deutschen Einheit ein und kann durchaus auch als »Arbeitsmigration« bezeichnet werden. Hier zeigt sich dann auch ein doppelter Effekt: Auf der einen Seite wandern Arbeitskräfte in Richtung vorhandener ökonomischer Prosperität. In der Folge führt das allerdings dazu, dass die Ansiedlung neuer Betriebe in den Gegenden, die verlassen wurden, schwerfällt, da die potenziellen Arbeitskräfte bereits abgewandert sind. Langfristig ist dann ein Effekt der Ausdünnung der Infrastruktur zu beobachten. Dies wiederum führt zu einer mangelhaften Attraktiviät vieler Regionen, gerade für Fach- und Führungskräfte. Neben dem Brain-Drain kann es dann auch zu einem Talent-Drain kommen. Inwieweit dieser Effekt durch Homeoffice bzw. Remote Work aufgebrochen werden kann, ist abzuwarten.

11.2.4 Covid-19-Pandemie und digitale Kompensation

Eine weitere Veränderung der ökonomischen Lage erfolgte durch die pandemieinduzierte Krise, die in Deutschland mit dem Jahr 2020 begann. Auf ökonomischer Seite sind der vorübergehende Stillstand von Produktion und Dienstleistung, die Unterbrechung von Lieferketten und die eingeschränkten Märkte zu benennen. Viele Tätigkeiten wurden plötzlich ins Homeoffice verlagert, sodass es insgesamt zu einer gut gestalteten Anpassung an das Krisenszenario kam. Positiver Effekt der Krise war eine schnelle Adaption digitaler Techniken, die inzwischen in weiten Teilen der Wirtschaft zum Arbeitsalltag gehören. Homeoffice und Remote Work sind in weiten Teilen der deutschen Wirtschaft zum Standardrepertoire der Beschäftigung geworden.

Allerdings gibt es auch hier einen Digital Divide. Viele Basisberufe werden aufgrund ihrer Charakteristika (z.B. direkter Kunden- oder Patientenkontakt) pauschal aus Überlegungen der Flexibilisierung und Digitalisierung ausgeklammert. Sofern man die Krise als Beschleuniger einer schleichenden Digitalisierung ansieht, lässt sich diese in das Gesamtszenario der veränderten Arbeitswelten wie folgt beschreiben:

> »Die Ergebnisse zeigen eine Arbeit im Wandel, die sich nicht auf einen einseitigen Trend oder eine Dimension reduzieren lässt. Zum einen zeigt sich eine Verdichtung der Arbeit, mit hohem Termindruck bis 2017 und einer stärkeren Vermischung von Arbeits- und Privatleben in Form verstärkter Erreichbarkeit in der Freizeit. Gleichzeitig sinkt der Anteil der Beschäftigten, die Vereinbarkeits-Konflikte in Form von Störungen des Privatlebens durch Berufliches erleben. Die Arbeitszufriedenheit ist hoch, die Bindung an den Betrieb nimmt jedoch über die Zeit leicht ab, ein Trend, der während der Pandemie 2021 gebrochen wurde – ob nun temporär oder langfristig, müssen die kommenden Jahre und Befragungswellen zeigen.«
>
> Grunau/Walz/Wolter, 2022, S. 34 f.

Die zu beantwortende Frage ist die, wie sich Ansprüche und Arbeitswirklichkeiten durch die Pandemie verändert haben. Gallup hat für die USA im März 2022 eine Studie veröffentlicht. Sie kommt zu folgendem Ergebnis:

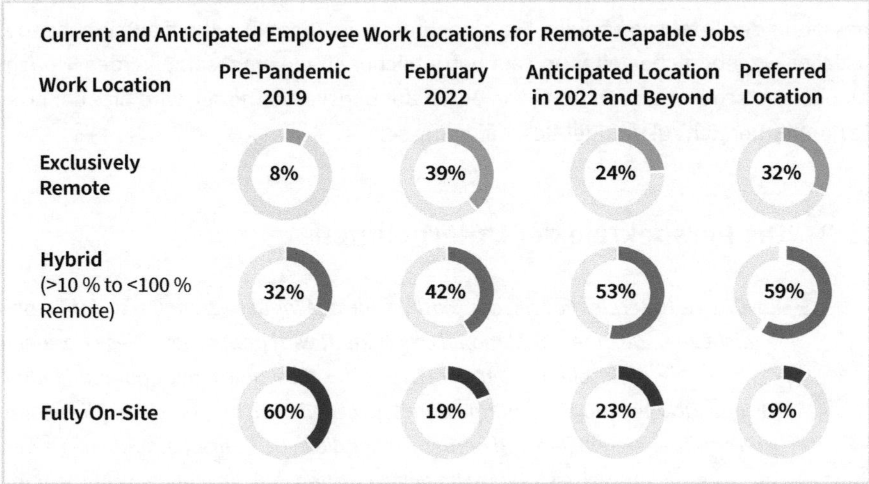

Abb. 12: Arbeitsortpräferenz USA. Quelle: Ben Wigert, 2022, o. a. S.

Fully-on-Site ist für Remote-capable Jobs keine wirkliche Option mehr. Diese Variante ist deutlich eingebrochen. Wigert (2022, o. a. S.) zeigt folgende Auswirkungen, wenn Mitarbeitende, eine Präsenzpflicht vorgeschrieben bekommen:

> »In fact, when employees are required to work fully on-site, but they would prefer to work hybrid or fully remote, employees experience:
> - significantly lower engagement
> - significantly lower wellbeing
> - significantly higher intent to leave
> - significantly higher levels of burnout
>
> Naturally, work locations and policies are not the sole determinants of the employee experience. Companies must cultivate thriving workplaces through a holistic and relentless commitment to employee engagement, wellbeing, exceptional managers and a strong company culture.«
>
> Wigert, 2022, o. a. S.

Der Arbeitsplatz der Zukunft wird für diejenigen hybrid sein, für die es möglich ist.

Zu erkennen sind zwei große Trends: Auf der einen Seite gelingt es den Beschäftigten immer stärker, die durch die Digitalisierung induzierte Entgrenzung von Arbeit besser zu bewältigen. Auf der anderen Seite nimmt die Bindungsfähigkeit der Betriebe ab: Insofern der betriebliche Arbeitsplatz durch die Digitalisierung zunehmend an Bedeutung verliert, verliert der Betrieb auch an Bindungskraft.

Digitalisierung wird nachhaltig die Beziehung zwischen Arbeitgebern und Arbeitnehmer:innen ändern. Ein kompetenter Umgang mit Flexibilität wird zunehmend Gradmesser für den Erfolg von beiden Sozialpartnern sein. Dies wird durch entsprechende Sozialgesetzgebung begleitet und auf betrieblicher Ebene umgesetzt werden. Neben der ökonomischen Ausgestaltung von Beschäftigungsverhältnissen wird dies der große Konfliktbereich zukünftiger Beschäftigung sein.

11.3 Die Perspektive der Unternehmen

»Das Zeitalter der Fabrik, der ›Kathedrale des Industriezeitalters‹, geht wohl nicht zu Ende, aber ihr Monopol auf Zukunft wird gebrochen. Diese riesigen, hierarchischen, unter dem Diktat des Maschinenrhythmus stehenden Organisationen mögen dafür geeignet gewesen sein, immer wieder dieselben Produkte herzustellen und immer wieder dieselben Entscheidungen in einer vergleichsweise stabilen Umwelt zu treffen. (...) Sie stehen nicht mehr im Einklang mit den Ansprüchen einer individualisierten Gesellschaft (...)

Ulrich Beck, 1986, S. 353 f.

Wie aber werden sich zukünftig Organisationen gestalten? Werden sie nach einheitlichen Mustern weiter existieren, oder aber gibt es einen breiten Mix verschiedener Formen von Organisationen, die auf unterschiedlichen Märkten Dienstleistungen und Produkte für jeweils unterschiedliche Nutzergruppen offerieren?[9]

Dabei greifen national alle Unternehmen auf dasselbe Arbeitsrecht zurück und sind an dessen Vorgaben und Restriktionen gebunden. Das Arbeitsrecht schützt Arbeitnehmer:innen, die sonst in ihren – berechtigten – Interessenlagen über zu geringe Einflussmöglichkeiten verfügen. Auf der anderen Seite ist die deutsche Wirtschaft stark exportabhängig; sie steht in einem internationalen Wettbewerb mit Standorten, die über weit geringer ausgeprägte Sozialstandards verfügen.

Im Zuge der Hartz-Gesetzgebungen kam es seit dem Jahre 2005 zu einer zunehmenden Erosion von Normalarbeitsverhältnissen, die dann auch zu einer flexibleren Gestaltung von Arbeitsverhältnissen führte. Schematisch stellt das Bundeministerium für Arbeit und Soziales diese wie in der Abbildung zu sehen dar.

---

9 Das Bundesministerium für Arbeit und Soziales (2017 b, S. 85) schreibt hierzu: »Gegenwärtig ist noch offen, in welchem Ausmaß die digitale Transformation das integrierte Unternehmen und den Betrieb als physischen Ort der Wertschöpfung weiter auflösen und den Trend hin zu einem Netzwerk-Unternehmen verstärken wird, das die Möglichkeiten der digital und grenzüberschreitend vernetzten, kundennahen Wortschöpfung in ›smarten‹ oder individualisierten Produkten und Dienstleistungen bei niedrigeren Transaktionskosten optimal ausnutzt. In Wirtschaftsbereichen, in denen überwiegend digitalisierbare Güter und Dienstleistungen produziert werden – wie etwa in der Medien- und Verlagswirtschaft und der Musikindustrie – hat sich bereits seit Ende der 1990er Jahre ein Wandel vollzogen, der das fundamentale Umbruchpotenzial der Digitalisierung aufzeigt. (...) Es stellt sich die Frage, ob es in Zukunft noch so etwas wie ein ›Normalunternehmen‹ geben wird und was dies für das Normalarbeitsverhältnis bedeutet.«

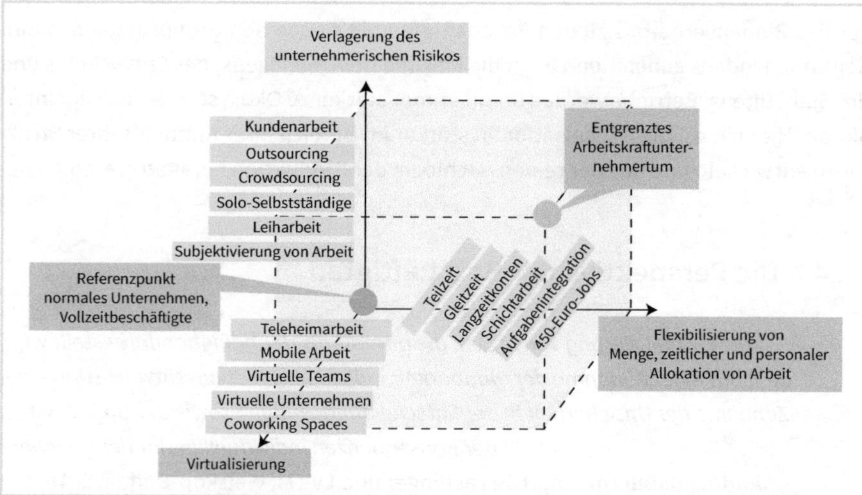

Abb. 13: Ausprägung flexibler Unternehmens- und Arbeitsorganisation. Quelle: Hofmann (2018, S. 7) nach einer Darstellung des Bundesministeriums für Arbeit und Soziales (2017b, S. 86)

Die Grafik zeigt die Dimensionen der räumlichen Differenzierung, der externen Flexibilisierung und Verlagerung sowie der internen Flexibilisierung. Diese marktorientierte Anpassung ist durch den internationalen Wettbewerb induziert. Diesem Druck wurde mit einer Anpassung der internen Flexibilität begegnet. Prozesse wurden erst lean, dann agil. Beschäftigung erfolgt im Extremfall on demand ebenso wie Lieferketten just in time funktionieren. Kehrseite dieser Medaille wurde die Vulnerabilität dieser Prozesse wie auch der Beziehungen.

Weiterhin hatten die Unternehmen in den vergangenen Jahren zunächst die Finanzkrise, später dann die Pandemie sowie derzeit die Kriegsszenarien zu verarbeiten. Dies alles wirkte dann in globaler Vernetzung auf die Versorgung mit Rohstoffen, Vor- und Fertigprodukten sowie den Zugang zu den Märkten. Produktion und Handel wurden folglich vulnerabler.

Gleichzeitig verändert sich im Binnenverhältnis auch die Bindungen zu den Arbeitnehmer:innen. Forderungen nach einer sinnvollen Beschäftigung, Teilhabe und Mitbestimmung, Veränderungen im Lifestyle sowie der Wunsch nach Individuation prägen die Ansprüche vieler Mitarbeitender. Dementsprechend gilt es für die Firmen, nicht mehr vordringlich die Vorgänge innerhalb der Produktion logisch und effektiv zu gestalten, sondern sie sind in einem viel höheren Maße genötigt, Strategien der Resilienz zu entwickeln, gesellschaftliche Verantwortung zu tragen und neben dem Engagement in der Plattformökonomie ebenso eine forcierte Strategie in der Kreislaufwirtschaft zu etablieren.

Für das Binnenverhältnis zu den Beschäftigten gilt neben den Grundsätzen des Bindens und Findens zunehmend auch die Maxime des Beteiligens, des Entwickelns und des Sinnstiftens. Betriebe werden damit immer stärker zu Ökosystemen sozialer Interaktion. Hier gilt es, die Organisationen stärker im Bereich ihrer Kultur als ihrer Struktur zu entwickeln und aus der reinen Sachlogik der Produktion herauszutreten.

11.4 Die Perspektive der Beschäftigten

»Die Flexibilisierung von Arbeit, die oftmals als unabdingbar dargestellt wird, geht mit einer Abnahme der Planbarkeit individueller Lebensentwürfe und einer Zunahme der Unsicherheit in der Entscheidungsfindung sowie der Ungewissheit der Konsequenzen individuellen Handelns einher.«

Andrea D. Bührmann, Uwe Fachinger und Eva M. Welskop-Deffaa, 2018, S. 1

Die Zukunft der Arbeit ist hybrid. Daran besteht kein Zweifel. Die Perspektiven der Mitarbeitenden werden von neuen Chancen und Risiken geprägt sein. Wir können von einer Erwerbshybridisierung sprechen, die unterschiedlichste Formen der Beschäftigung (Vollzeit, Teilzeit, befristet, unbefristet, Anstellung, Selbstständigkeit) miteinander verbindet und sich aus dem starren Korsett des Lebensberufs und der lebenslangen Beschäftigung löst.[10] Dies schafft Freiheiten für Arbeitnehmer wie Arbeitnehmerinnen, wie sie auch den Unternehmen die Möglichkeiten der Flexibilität bietet. Was aber wird aus dem alten Credo der Personalwirtschaft des »Findens und Bindens«? Und wie gehen Beschäftigte damit um, Veränderungen als alltäglich zu erleben? Wie gestalten diese dann ihre Lebenswelten, wie engagieren sie sich in Vereinen, wie gründen sie Familien, wie nehmen sie Kredite für Immobilien auf und wie pflanzen sie Bäume? Flexiblere Erwerbsbiografien werden in Zukunft nicht mehr so planbar und Lebensläufe und Lebensverläufe deutlich weniger geradlinig sein.

11.4.1 Kompetenzorientierung und Beschleunigung

»In this area of chronic skills shortage, rapid automation, and digital transformation, companies are confronting a growing talent problem, one that has the potential to become a strategic bottleneck. How can you find people with the right skills to do the right work at just the right time? The half-life of skills is shrinking fast, and many jobs now come and go in a matter of years.«

Joseph Fuller et al., 2021, S. 53

10 Siehe hierzu exemplarisch A. Al-Ani und S. Stumpp, 2015.

Die Diskussion um Future Work geht auch immer einher mit der Frage nach Beschleunigung (Rosa, 2020), Kompetenzen (Dehnbostel et al., 2021), Mindset (Giernalszyk/Möller, 2019), Lernszenarien (Jüster/Müller, 2022) oder Veränderungen in Kooperationsszenarien (Kühn/Niedermeier/Babic, 2019) und Arbeitshierarchien/New Leadership (Möller/Giernalczyk, 2021).

Ein großer Treiber, der das Kompetenz- und Wissensmanagement in Organisationen maßgeblich beeinflusst, ist die Geschwindigkeit, mit der sich Wissen und Kompetenzen verändern müssen. Der Zeitbegriff kann als chronologisches Kontinuum betrachtet werden (linearer Zeitbegriff) oder aber subjektiv als Folge sich aufeinander beziehender Ereignisse (individuelles Zeiterleben). Dabei zeigt die zunehmende Zeitnot eines: dass die Welt komplexer und die Bezüge vielfältiger geworden sind. Insofern stellt die Idee einer Future Hybrid Work auch die Frage, wie eine solche Synchronisation erfolgen kann, wenn gleichzeitig die unterschiedlichen Sozialsysteme auch eine weitere räumliche Differenzierung erhalten. Es bedarf eines Managements von Zeit und Raum, um asynchrones digitales Arbeiten in den Lebensalltag zu integrieren.[11] Zugleich setzt dies aber auch – sofern es gelingt – eine neue Freiheit in Gang, wie sie sich etwa in den Phänomenen der digitalen Nomaden oder der Workation zeigt.

Ein weiteres Zeitphänomen gilt es jedoch auch zu beachten: die nahezu synchrone Kompetenzaneignung in (disruptiven) Veränderungsprozessen. Jüster und Müller (2022) beschreiben dies in ihrer Arbeit über die Entbettung beruflicher Bildung aus den traditionellen wie institutionalisierten Bildungsszenarien. Dies ist die eine Folge von Beschleunigung und Temporalisierung von Kompetenzanforderungen in Zeiten digitaler Innovation und disruptiver Erneuerungen. Mehrjährige Berufsbildungsprozesse wie der Erwerb eines akademischen Titels führen bestenfalls zur Aneignung von Grundwissen und Basisfähigkeiten (Schwartz/Riess, 2021, S. 123 ff.). Wissen, Können und Tun werden zunehmend genutzt, um in offenen Situationen kompetent zu handeln (Erpenbeck/Sauter, 2021, sowie Dehnbostel et al., 2021). Das agile und umsichtige Reagieren und Entscheiden gewinnt an Bedeutung, die Reproduktion von Wissen verliert hingegen an Bedeutung.

Ebenso verlieren klassische, auf eine Tätigkeit oder einen Beruf, bezogene Fähigkeiten zunehmend an Bedeutung. Sie wurden bereits in den 1950er-Jahren ersetzt durch den

11 Das Bundesministerium für Arbeit und Soziales (2017b, S. 74/75) schreibt hierzu: »Beruf und Privatleben besser in Einklang bringen zu können. Viele Arbeitgeber gehen auf dieses Bedürfnis nach mehr zeitlicher und räumlicher Souveränität auch bereits ein, z. B. über individuelle Arbeitszeitmodelle, Langzeitkonten, Sabbaticals oder Homeoffice-Möglichkeiten. Dennoch bleiben die Anliegen vieler Beschäftigter unerfüllt. Dies betrifft Dauer und Lage der Arbeitszeit ebenso wie Homeoffice-Wünsche. Nach der Arbeitszeitrechnung des Instituts für Arbeitsmarkt und Berufsforschung (IAB) werden in Deutschland derzeit knapp eine Milliarde unbezahlte sowie etwa 800 Millionen bezahlte Überstunden im Jahr geleistet. Auch Urlaubsansprüche werden nicht voll ausgeschöpft.«

Begriff der Schlüsselqualifikationen.[12] In den nachfolgenden Diskussionen setzte sich vermehrt der Kompetenzbegriff durch. Der Kompetenzbegriff[13] wurde in der deutschsprachigen Literatur wesentlich durch die Arbeiten von John Erpenebeck[14] und Werner Sauter geprägt. In vielfältigen Publikationen erläutern sie das Thema, primär bezogen auf den Bereich der beruflichen Bildung.

Grundlegend erläutert Erpenbeck (2012, S. 18), dass es fünf allgemeine Fähigkeiten der Selbstorganisation gibt, die als »Metakompetenzen« bezeichnet werden können. Diese sind:

- Selbsterkenntnisvermögen
- Selbstdistanz
- Wertoffenheit
- Situations- und Kontextidentifikationsfähigkeit
- Interventions- und Lösungsfähigkeit

Aus diesen generieren sich dann folgende vier Basiskompetenzen:

- personale Kompetenzen (P)
- aktivitätsbezogene Kompetenzen (A)
- fachlich-methodische Kompetenzen (F)
- sozial-kommunikative Kompetenzen (S)

Erpenbeck (2012, S. 19) beschreibt diese vier Kompetenzen wie folgt: Die Basiskompetenzen

- umfassen die Fähigkeiten (P), das eigene Handeln selbstorganisiert, selbstreflexiv und kritisch zu hinterfragen und eigene produktive, kreativitätsfördernde Einstellungen, Werthaltungen, Ideale usw. zu entwickeln;
- umfassen weiterhin die Fähigkeiten (A), selbstorganisiert, aktiv und willensstark erzielte Ergebnisse umzusetzen, alles Wissen und alle Werte integrierend. Man kann Rolf Wunderer folgend verallgemeinernd auch von »Umsetzungskompetenzen« sprechen;
- umfassen ebenso die Fähigkeiten (F), mit dem Spitzenstand des notwendigen fachlichen und methodischen Wissens gut ausgerüstet und über eigenes, einzigartiges Wissen verfügend schier unlösbare Probleme selbstorganisiert und schöpferisch zu bewältigen; das meint eben nicht »nur« Sach- und Fachwissen, sondern

12 Dieter Mertens (1974, S. 40) schreibt: »Schlüsselqualifikationen sind demnach solche Kenntnisse, Fähigkeiten und Fertigkeiten, welche nicht unmittelbaren und begrenzten Bezug zu bestimmten, disparaten praktischen Tätigkeiten erbringen, sondern vielmehr a) die Eignung für eine große Zahl von Positionen und Funktionen als alternative Optionen zum gleichen Zeitpunkt, und b) die Eignung für die Bewältigung einer Sequenz von (meist unvorhersehbaren) Änderungen von Anforderungen im Laufe des Lebens.«

13 John Erpenbeck und Werner Sauter (2015, S. 14) definieren den Begriff »Kompetenz« wie folgt: »Kompetenzen sind Fähigkeiten in offenen, unüberschaubaren, komplexen, dynamischen und zuweilen chaotischen Situationen kreativ und selbstorganisiert zu handeln (Selbstorganisationsdispositionen).«

14 Zur historischen Entwicklung des Kompetenzbegriffs siehe Erpenbeck, 2012.

auch eigene Emotionen und Motivationen, angeeignete Regeln, Werte und Normen wie auch eigene Erfahrungen ein;

- umfassen schließlich die Fähigkeiten (S), Kommunikations- und Kooperationsprozesse auf interpersonaler oder/und interorganisationaler Ebene selbstorganisiert so zu optimieren, zu effektivieren und Konfliktpotenziale zu minimieren, dass sie zu höchstmöglicher Kreativität des individuellen und korporativen Handelns und zum Beschreiten neuer »Pfade« führen.

Aus den Basiskompetenzen generiert Erpenbeck dann 64 Schlüsselkompetenzen, die er im Kompetenz-Atlas beschreibt (Erpenbeck, 2012).

Das World Economic Forum (WEF) beschäftigte sich im Jahre 2016 mit der Frage der Fähigkeiten (Skills), die in disruptiven Settings von herausragender Bedeutung sind. Das WEF stellte dazu die unten stehende Übersicht auf.

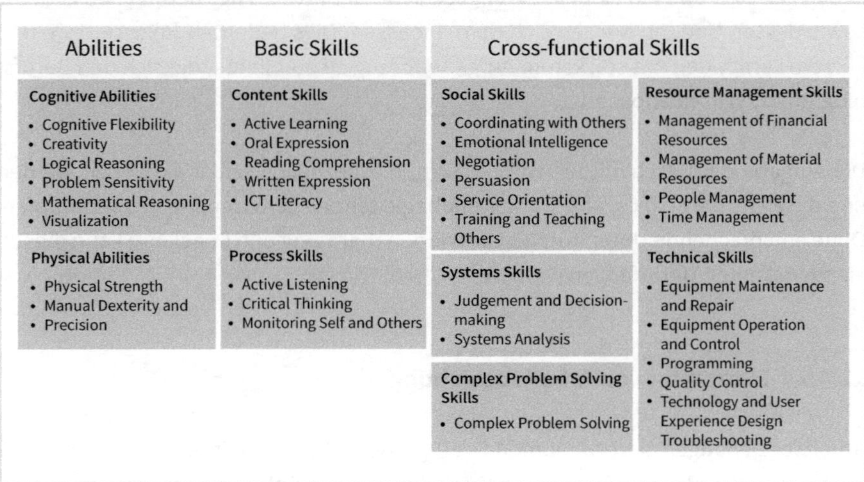

Abb. 14: Core work-related skills. Quelle: World Economic Forum (2016a, S. 21)

Von besonderer Bedeutung sind die als »Cross-functional Skills« bezeichneten Bereiche Social Skills, Systems Skills, Complex Problem Solving Skills, Resource Management Skills sowie Technical Skills. Die Bereiche der Lösung komplexer Probleme, des Umgangs mit Ressourcen sowie die technischen Fertigkeiten können dabei als digitale Addition klassischer Fähigkeitsbereiche dienen.

Weiterhin werden spezielle Kompetenzen in Bezug auf die digitale Welt (z. B. Digital Literacy) das klassische Kompetenzmodell ergänzen.[15] Friedrichsen und Wersig (2020, S. 3) beschreiben dabei digitale Kompetenzen wie folgt:

> »Digitale Kompetenzen sind (neue) Fähigkeiten, die Mitarbeiter/-innen von Wirtschaftsunternehmen, Behörden und Bildungseinrichtungen in die Lage versetzen, digitale Technologien anzuwenden, im Rahmen ihres Aufgabenprofils zu nutzen und darüber hinaus die digitale Transformation von Geschäftsprozessen und institutionellen Abläufen mit voranzutreiben.«
>
> Friedrichsen und Wersig, 2020, S. 3

Folglich stehen Beschäftigte in der veränderten Arbeitswelt gleichzeitig vor der Aufgabe, unterschiedliche Zeitanforderungen zu koordinieren und sich auf zukünftige Aufgaben vorzubereiten. Dies kann nur gelingen, wenn die Vorbereitung auf neue Aufgaben gezielter und individualisierter geschieht. Der Prozess des beruflichen Lernens sowie dessen Umfang werden sich dem anpassen. Dies bedeutet, fokussiertere und kürzere Lernzyklen mit stärkerem Aufgabenbezug zu etablieren, die sich den Berufsbiografien zyklisch anpassen.

Die Aufgabe der Beschäftigten wird es sein, diesbezüglich selbst aktiver zu werden und die eigne Berufsbiografie stärker mit begleitenden Lernszenarien zu verknüpfen. Ohne entsprechende Unterstützungsszenarien (Beratung und Coaching) kann dies zu einem riskanten Unterfangen werden.

11.4.2 Flexibilität von Arbeitsbeziehungen

Arbeitsbeziehungen sind zunehmend von größerer Brüchigkeit gekennzeichnet. Die postmoderne Gesellschaft ist von der Möglichkeit des Entscheidens geprägt. Individuen verfügen zunehmend über die Chance, ein selbstbestimmtes Leben zu führen und in liberalen Gesellschaften ihre Biografien selbst zu entwickeln und dementsprechend zu leben. Voraussetzung dafür ist die Verfügungsgewalt über ökonomische, soziale wie kulturelle Ressourcen (Bourdieu, 1978).

Dies alles führt zu einer Situation, in denen Biografien immer wieder neu zur Disposition stehen. Daraus entsteht auf der einen Seite ein Chancenreichtum, auf der andren

15 Werner Sauter (2018, S. 6) bemerkt hierzu: »Die Digitalisierung ist einer der wichtigsten Antreiber für zukünftige Veränderungen. Die Konsequenzen dieser Entwicklung sind weitreichend: So verändern sich z. B. durch neue Geschäftsmodelle die Lebens- und Arbeitsbedingungen vieler Menschen. Manche Aufgaben fallen weg, andere kommen hinzu. Gerade für neue Aufgaben sind Kompetenzen im Umgang mit digitalen Technologien notwendig. In Zukunft benötigen wir die Kompetenz, uns in einer vernetzten Lebens- und Arbeitswelt, deren konkrete Form wir heute noch nicht kennen, zu bewegen. Auch müssen wir lernen, mit den neuen Risiken der digitalen Welt umzugehen.«

Seite jedoch auch die Gefahr sozialer Gefährdungslagen (Beck, 1986). Die Brüchigkeit von Arbeitsbeziehungen ist folglich auch ein Teil individueller Disposition von Beschäftigten.

Auf der anderen Seite wurde durch Arbeitsrechtsreformen (u.a. die Hartz-Gesetzgebung) eine Liberalisierung des Arbeitsmarktes vollzogen. In dessen Folge kam es zu einer Erosion des Normalarbeitsverhältnisses, sprich der unbefristeten Vollzeitbeschäftigung.

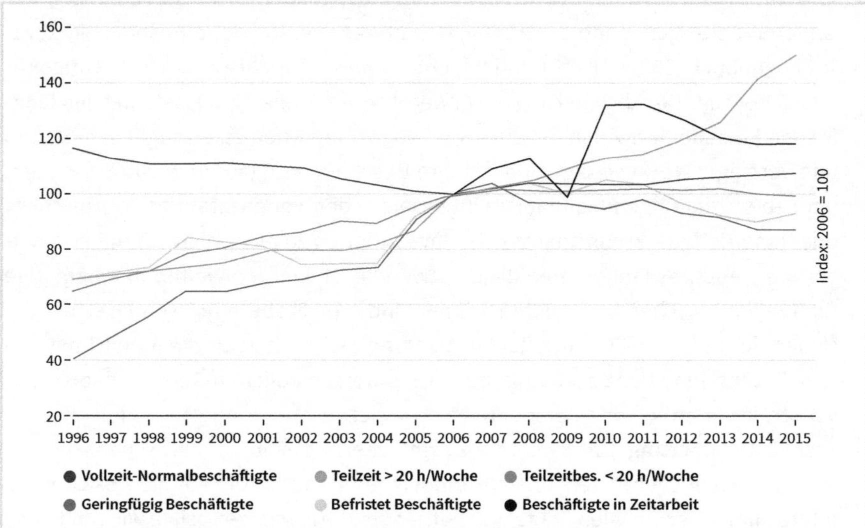

Abb. 15: Entwicklung der Erwerbsformen abhängig Beschäftigter. Quelle: Thorben Albrecht, 2017, S. 183

Gerade Teilzeitbeschäftigungen haben einen enormen Auftrieb und entsprechen nicht ausschließlich den Bedürfnissen des Arbeitsmarktes.[16] Gleichzeitig ist für viele Teilzeitarbeit die einzige Möglichkeit, Beruf und Privatleben in Einklang zu bringen. Wieder andere erhalten gar nicht die Gelegenheit, ihren Job in Vollzeit auszuführen (sog. Teilzeitfalle). In diesem Zusammenhang kann Future Hybrid Work auch als Möglichkeit verstanden werden, nicht nur die örtliche Struktur der Beschäftigung zunehmend zu entbetten, sondern auch Zeitform und Dauer der Beschäftigung zu flexibilisieren. Dies ist gleichermaßen den Ansprüchen der Beschäftigten wie auch denen des Arbeitsmarktes und der Beschäftigung zuträglich. Allerdings entsteht hier dann ein mögli-

16 Das Bundesministerium für Arbeit und Soziales bemerkt hierzu (2017b, S. 117): »Viele Beschäftigte wünschen sich flexible Arbeitszeiten und die Möglichkeit zur Arbeit im Homeoffice, um Beruf und Privatleben besser in Einklang zu bringen. Es zeigt sich allerdings auch, dass Vertrauensarbeitszeiten und zunehmende Erreichbarkeit in der Freizeit, aber auch Mehrarbeit und atypische Arbeitszeiten die Balance von Arbeits- und Privatleben gefährden können.«

cher Konflikt in der Synchronisation divergierender Anforderungen (Rosa, 2020).[17] Damit können Kündigungen und Stundenreduzierungen vermieden werden, die mit einem größeren Bedarf nach zeitlicher Fleixibilisierung zusammenhängen.

11.5 Die Perspektive der Sozialpolitik

Hybride Arbeitswelten sind gleichermaßen dynamisch wie fragil. Sie sind nur lebensfähig, wenn sie auf der einen Seite Innovation und Prosperität versprechen und auf der anderen Seite genügend soziale Sicherheit generieren (siehe Busemeyer, 2021, sowie Langenbach, 2021). Hierzu sind folgende Rahmenaspekte zu berücksichtigen

- **Jobsicherheit:** Die Absicherung der Erwerbsarbeit ist die Voraussetzung, um langfristige Entscheidungen in Arbeits- wie Lebensbiografien zu ermöglichen. Befristete Verträge, Werkverträge und prekäre Beschäftigung lassen wenig Spielraum, um Lebensplanungen (Familie) zu integrieren, den Lebensstandard abzusichern oder langfristige – kreditfinanzierte – Investitionen zu planen. Insofern dauerhaftes wie planbares Einkommen dazu notwendig ist, werden weiterhin langfristige Bindungen zwischen Arbeitnehmer:innen und Arbeitgebern notwendig sein.
  Neben der individuellen Arbeitsplatzsicherheit wird oft auch die mögliche generelle Entwicklung der Beschäftigung unter unterschiedlichen Szenarien (disruptiver Strukturwandel) und Perspektiven diskutiert (siehe Honneth, 2021, S. 22).
- **soziale Absicherung:** Das System sozialer Sicherung ist in der deutschen Montanindustrie im ausgehenden 19. Jahrhundert entstanden. Die soziale Absicherung folgte immer der sozialen Frage und befriedete die jeweilige soziale wie politische Situation (Busemeyer, 2021, S. 253). Sozialpolitik wurde zur Voraussetzung einer befriedeten Gesellschaft, die wiederum Voraussetzung für ökomische Prosperität ist.
  Wie sieht es denn jetzt mit den Folgen von Industrie 4.0 und digitaler Plattformwirtschaft aus? Crowd/Click Work und Workation entziehen sich den klassischen Sicherungssystemen, wie es auch unterschiedliche Formen der Soloselbstständigkeit tun. Soziale Sicherung umfasst Hilfen bei Arbeits- und Beschäftigungslosigkeit, Altersruhe, Bildung, Wiedereingliederung, Hilfe bei Erkrankungen, bei Pflegeaufgaben oder aber in der Familienarbeit. Die Ausweitung der jeweiligen Sicherungssysteme vollzog sich in der Bundesrepublik schubweise und umfasste immer weite Felder. So gibt es inzwischen ein Elterngeld plus für Selbststän-

17 Hierzu äußert sich das Bundeministerium für Arbeit und Soziales (2017b, S. 116) wie folgt: »Zum anderen wurde diskutiert, wie neue Flexibilitätskompromisse zwischen Arbeitgebern und Gewerkschaften aussehen könnten und welchen Beitrag der Staat dazu leisten kann. Von Arbeitgeberseite wurde die Auffassung vertreten, dass das Arbeitszeitrecht bei den Regelungen zur Höchstarbeitszeit und zur Ruhezeit zu öffnen sei, um den Bedarfen von Betrieben besser gerecht zu werden. Von Seiten der Gewerkschaften wurden neue Rechte für Beschäftigte in die Diskussion eingebracht (Recht auf Nichterreichbarkeit, Recht auf Lage der Arbeitszeit, Recht auf Telearbeit) und auf Defizite bei der Kontrolle der Einhaltung des Arbeitszeitgesetzes hingewiesen.«

dige. Gleiche Rechte im Mutterschutz für selbstständige Schwangere wurden in einer Petition aus Mitte 2022 an den Deutschen Bundestag gefordert[18]. Sie erhielt 111.794 Unterschriften.

In Summe zeigt dies, dass eine durchaus hohe Erwartungen an die Abfederung der Risiken des Lebens der Bürger:innen an den Staat besteht. Wie aber damit umgehen, wenn Arbeitsverhältnisse brüchiger werden und viele soziale Sicherungssysteme vorwiegend aus Abgaben aus dem Erwerbsleben bestehen? Die Balance zwischen Beteiligung an den Sicherungssystemen muss in beide Richtungen gewahrt werden.

Insofern impliziert die Perspektive des Future Hybrid Work auch die Frage nach Leistungsverpflichtung sowie Leistungsgewährung sozialer Sicherungssysteme. Das pfadabhängig gewachsene System sozialer Sicherung in der Bundesrepublik begegnet dem mit hoher Komplexität und einer dichten Regelung. In zunehmender Internationalisierung hybrider Arbeitsbeziehungen kann dies gleichermaßen zu einem Leistungsmissbrauch wie auch zu einer unfairen Leistungserbringung führen.

- **Demografie:** Der demografische Wandel ist unverkennbar, seine Folgen sind ersichtlich. Immer weniger junge Menschen müssen für immer mehr ältere und alte Menschen die Rente erwirtschaften. Soziale Sicherungssysteme zur Pflege, Gesundheit und Alterssicherung fußen auf dem Umlageprinzip und sind nicht über Einlagen gedeckt. Zwangsläufig werden nachfolgende Generationen deutlich höher belastet, als dies die vorangegangenen Generationen waren. Gleichzeitig müssen die Leistungserwartungen der derzeit im Arbeitsprozess befindlichen Personen deutlich reduziert werden.
- **Migration:** Alternde Gesellschaften sind auf Arbeitsmigration angewiesen, um ökonomisch lebensfähig zu bleiben. Wanderung will gesteuert und Integration begleitet sein. Aus betrieblicher Sicht sind gleiche Chancen und Antidiskriminierung Voraussetzungen für eine erfolgreiche Arbeitsintegration.
- **Diversität:** Im Bereich der Lebensentwürfe sind liberale Gesellschaften davon gekennzeichnet, individuelle Lebensentwürfe anzuerkennen und diese mit den gleichen Teilhabechancen auszustatten. Weiterhin sind Differenzen zwischen den Geschlechtern abzubauen und sexuelle Diskriminierung auszuschließen. Entsprechende gesetzliche Rahmenbedingungen sind auf betrieblicher Ebene umzusetzen. Neben diesen Basisanforderungen gilt es für langfristig innovative und gleichermaßen erfolgreiche Betriebe, die Vielfalt ihrer Belegschaften zu fördern und zu nutzen.
- **Digitalisierung:** Die Digitalisierung und die damit zu erwartende Steigerung der Komplexität wird im Bereich der Beschäftigung natürlich Folgeprozesse auslösen. Zunächst ist davon auszugehen, dass die Digitalisierung in einem ersten Schritt redundante Tätigkeiten übernimmt und damit Aufgaben der Kreativität, Strate-

18 https://epetitionen.bundestag.de/content/petitionen/_2022/_05/_06/Petition_133680.html

gie und Planung den Menschen überlässt. Dies sind allerdings auch Aufgaben mit einem höheren Anforderungsprofil. Weiterhin zeigen hybride Tätigkeiten eine höhere Vulnerabilität in Bereichen der Entbettung sowie Entgrenzung auf. Die intellektuellen Anforderungen an Beschäftigung steigen, wie auch die Erwartung an die Resilienz Konsequenz der Entwicklung sein wird. Hier gilt es, Menschen zu integrieren und durch Weiterbildung den Einstieg in neue Berufsbilder zu ermöglichen.

- **Bildung:** Damit einher geht auch die Anforderung an lebenslanges Lernen. Dies wird zunehmend selbstgesteuert auch außerhalb institutionalisierter Bildungseinrichtungen geschehen. Corporate Learning wird aus den bislang üblichen Bildungskontexten und Bildungszyklen heraustreten und stärker anforderungsbezogen Kompetenzen entwickeln. Die Beschäftigten werden zunehmend zu selbstverantwortlich handelnden Akteur:innen, die hier nicht nur mit den Risiken eigener Bildungsentscheidungen konfrontiert werden, sondern zunehmend neben eigenen zeitlichen auch monetäre Ressourcen selbst aufbringen müssen. Hier kann es auch im Bereich der beruflichen Bildung zu einer Spaltung der Beschäftigten kommen.
- **Gesundheit:** Die zunehmenden Erwartungen an die Effektivität des eigenen Tuns paart sich mit Risiken und Unwägbarkeiten der Berufsbiografien. Dies setzt – individuell wie kollektiv – Stress frei. Weiterhin wird die Lebensarbeitsspanne gedehnt. Der Eintritt in die Erwerbsruhe wird zunehmend nach hinten geschoben und die Erwerbsrente erfüllt in einem immer geringeren Maße die Erwartungen sowie die Notwendigkeiten des Lebens. Für viele Berufsbiografien kann dies bedeuten, länger, härter und riskanter zu arbeiten. Dies hat Konsequenzen für die Gesundheit.[19] Hier gilt es, Angebote der Prävention, der Rehabilitation sowie einer belastungsorientierten Flexibilisierung der Beanspruchungen auszubauen.
- **Spaltung und Chancengleichheit:** Werden alle Beschäftigten von den Vorzügen einer Hybrid Future Work profitieren? Ja und Nein. Nein, dahin gehend, dass bestimmte Tätigkeiten digitalisiert werden und folglich Arbeitsplätze verloren gehen. Dies wird nicht nur auf einfache und redundante Bürotätigkeiten begrenzt bleiben. Analoge Geschäftsmodelle werden infrage gestellt, der Handel leidet und auch beratende Tätigkeiten wie die Zusammenstellung von Wissen, werden zunehmend von KI übernommen.[20] Es ist anzunehmen, dass sich ein zunehmender »Wanneneffekt« in der Beschäftigung ergibt. Auf der einen Seite werden kreative und innovative Tätigkeiten stehen, denen zunehmend Basistätigkeiten der Versorgung und Dienstleistung gegenüberstehen. Berufsbilder, die durch die Digitalisierung nicht an Attraktivität gewinnen, werden von ihren Vorzügen (z. B. Flexibilität der Arbeit) kaum profitieren können.

19 Siehe hierzu: Robert Koch Institut 2021, S. 18 ff.

20 Hier spielt die Entwicklung der künstlichen Intelligenz (KI) eine entscheidende Rolle. An dieser Stelle soll aber nicht in die Diskussion eingegriffen werden, ob KI noch der vierten industriellen Revolution oder aber bereits der fünften industriellen Revolution zuzuordnen ist.

Auf der anderen Seite werden auch Basistätigkeiten aus der sich verändernden Arbeitswelt Vorteile ziehen können. Sei es durch eine sich verändernde Arbeitsorganisation (Holokratie) oder aber eine Kultur der Teilhabe, Integration, Antidiskriminierung und Diversität.

- **Ökologie:** Nicht zuletzt stehen wir in Verantwortung für die uns umgebende Natur. Future Work, Plattformökonomie sowie hybride Arbeitsformen werden nur dann auf Dauer funktionieren, wenn sie Teil einer ökologischen Kreislaufwirtschaft sind. Sozialpolitik in hybriden Arbeitswelten wird auch immer ökologisch sein müssen.

Gesellschaft, Staat und supranationale Institutionen werden auf Dauer nicht umhinkommen, auf die Erstellung eines sozialpolitischen Habitats zu verzichten, wenn sie nicht Gefahr laufen wollen, dass digitale Transformation und neue Arbeitswelten gesellschaftlich akzeptiert werden. Sie schaffen die Voraussetzungen, durch die betriebliches Handeln einer Industrie 4.0 (und bald auch 5.0) prosperieren können.

Dabei spielt die soziale Frage eine ebenso bedeutende Rolle wie zu Zeiten der Entwicklung der Montanindustrie. Allerdings trifft sie auf eine weit komplexere Arbeitswelt, die sich fraktalisiert und temporalisiert und durch Betriebsgrenzen kaum mehr abgebildet werden kann. Es ist daher anzunehmen, dass soziale Transferszenarien, die sich primär auf betriebliche Lohnarbeit beziehen (lohnarbeitzentrierte Versicherungspflicht), zunehmend abgelöst werden. Anzunehmen ist, dass sie durch steuerfinanzierte Leistungen übernommen werden.

Neben den Transferszenarien wird ein Aushandeln von zeitlicher Flexibilität eine zunehmende Rolle in der Auseinandersetzung der Sozialpartner spielen. Betriebliche Anforderungen und individuelle Lebensweisen gilt es zunehmend zu synchronisieren. In vielen Arbeitsfeldern kann dies gelingen und Future Hybrid Work wird dabei eine positive Rolle spielen. Allerdings weist Hartmut Rosa (2020) auf die Paradoxie hin, dass technische Beschleunigung eben nicht dazu genutzt wird, um freie Zeitressourcen für individuelle Nutzungen zur Verfügung zu stellen. Das Gegenteil ist oft der Fall: Technische Beschleunigung führt zur Beschleunigung des sozialen Wandels, dem dann die Beschleunigung des individuellen Lebenstempos folgt.

Weiterhin wird die Gesellschaft diverser. Dies bezieht sich auf Alter, Geschlecht, Religion und Herkunft. Große Teile gesellschaftlicher Integration werden im betrieblichen Alltag zu leisten sein. Hier sind nicht allein kulturelle und strukturelle Anforderungen zu bewältigen sein. Gleichermaßen muss Führung neu gedacht werden.

11.6 Abschluss und Ausblick: digitale Human Resources aus sozialpolitischer Sicht

Nun, warum lassen wir uns überhaupt auf eine Future Digital Work mit ihren Risiken ein? Zum einen lässt sich in Anlehnung an Schumpeter behaupten, dass Fortschritt sowieso nicht aufzuhalten ist und dieser (r)evolutionäre Schritt längst eine Eigendynamik entfaltet hat. Dies ist aber meines Erachtens zu kurz gedacht. Die Digitalisierung der Arbeitswelt kann ungeahnte Möglichkeiten der Produktion und Konsumtion schaffen und gleichzeitig einen wesentlichen Beitrag zur Individualisierung und Humanisierung der Arbeitswelt leisten. Daher stehen wir ihr im Grunde genommen sehr positiv gegenüber. Nun, unter welchen Rahmenbedingungen vollzieht sich diese und was kann Sozialpolitik leisten, damit die Digitalisierung der Arbeitswelt für Ökonomie, Mensch und Gesellschaft nützlich wird?

Im Rahmen der Risikoanalyse der Digitalisierung und Globalisierung tauchen natürlich immer wieder Aspekte auf, welche mit der Nutzung begrenzter Ressourcen, der Emission von Treibhausgasen, des Unterlaufens von Sozialstandards, der Diskriminierung oder mit ökologischen Aspekten (Risiken durch Viren, Reduktion von Biodiversität etc.) einhergehen. Diese Aspekte werden auch mit den Begriffen Digitalisierung, Dekarbonisierung, Deglobalisierung, Deliberalisierung, Demografie und De-Growth assoziiert. All diese Themen haben dann auch Wirkungen und Auswirkungen auf wirtschaftliches Handeln, Beschäftigung und Sozialpolitik in unserem Lande. Insgesamt lässt sich die Aussage treffen, dass die klassischen Industriegesellschaften zunehmend von Wissensgesellschaften abgelöst werden und die Industrie mit ihrem Verbrauch von Rohstoffen immer weiter von einer Kreislaufwirtschaft abgelöst wird.

Politisch gesehen sind zwei scheinbar gegenläufige Trends zu beobachten: auf der einen Seite eine stärkere Ausrichtung im Sinne autoritärer Führung und auf der anderen Seite die Suche nach individuellen Freiheiten. Beide Ausrichtungen verhandeln dasselbe Phänomen: den Umgang mit Veränderungen.

Die digitale Transformation ist dabei eine epochale Veränderung, die gleichermaßen Lösungen schaffen kann, wie sie auch neue Fragen aufwirft. Im Rahmen der vorliegenden Publikation wurde die Frage gestellt, welche Risiken durch eine hybride Form digitalen Arbeitens induziert werden können und wie Bürger:innen dieser digitalen Gesellschaft als Beschäftigte in den Kontext disruptiver Veränderungen angemessen eingebunden werden. Zu erkennen ist dabei, dass vieles noch nicht geregelt ist und es einen ebenso großen Chancenreichtum gibt, wie Risiken der Veränderung noch nicht hinreichend abgefedert wurden und werden. Im Grunde genommen befinden wir uns jetzt in einer Situation, die bereits 1986 durch Ulrich Beck formuliert wurde: Wir sind in einer postindustriellen Risikogesellschaft angekommen. In dieser werden Reichtum und Risiken generiert und in Gesellschaft wie Ökonomie ungleich verteilt. Die Aufgabe von Sozialpolitik wird es zunehmend sein, diese Risiken und Chancen in eine faire Balance zu bringen.

11.7 Literatur

Al-Ani, Ayad (2017): Widerstand in Organisationen. Organisationen im Widerstand. Virtuelle Plattformen, Edupunks und der nachfolgende Staat, 2., aktualisierte Auflage, Wiesbaden.

Al-Ani, Ayad; Stumpp, Stefan (2015): Arbeiten in der Crowd. Generelle Entwicklungen und gewerkschaftliche Strategien. Expertise Mai 2015. Berlin.

Albrecht, Thorben (2017): Ungleichheit in der Arbeitswelt: Handlungserfordernisse, in: Bundesministerium für Arbeit und Soziales (Hrsg.), S. 182–187.

Allmers, Swantje; Trautmann, Michael; Magnussen, Christoph (2022): On the Way to New Work. Wenn Arbeit zu etwas wird, was Menschen stärkt, München.

Altmann, Steven A.; Bastian, Carolin R. (2022): DHL Trade Growth Atlas 2022. Mapping and Shifting Landscape of Global Trade, Bonn.

Arntz, Melanie; Dengler, Katharina; Dorau, Ralf et al. (2020): Digitalisierung und Wandel der Beschäftigung (DiWaBe). Eine Datengrundlage für die interdisziplinäre Sozialpolitikforschung (ZEW-Dokumentation 2020-02), Mannheim.

Beck, Ulrich (1986): Risikogesellschaft. Auf dem Weg in eine andere Moderne, Frankfurt am Main.

Berend, Benjamin; Brohm-Badry, Michaela (2020): New Work: Souveränität im postdigitalen Zeitalter. Zeitenwende für Unternehmer, Personalverantwortliche, Coaches und Angestellte, Wiesbaden.

Bergmann, Frithjof (2019): New Work New Culture: Work we want and a culture that strengthens us, Hampshire, UK.

Blum, Ulrich; Labuacay, Inéz (2021): Governance vulnerabler strategischer Wertschöpfungsketten im Zeichen der Deglobalisierung, in: SIRIUS – Zeitschrift für Strategische Analysen, 5(3), 2021, S. 239–260, https://doi.org/10.1515/sirius-2021-3004, abgerufen am 11.10.2022.

Boccalandro, Bea (2021): Why Your Values belong at Work, Boston.

Brenscheidt, Simone; Siefer, Anke; Hünefeld, Lena et al. (2022): Arbeitswelt im Wandel: Zahlen – Daten – Fakten (2022). Ausgabe 2022, Dortmund, https://www.baua.de/DE/Angebote/Publikationen/Praxis/A107.html, abgerufen am 21.10.2022.

Bührmann, Andrea, D.; Fachinger, Uwe; Welskopp-Deffaa, Eva, M. (Hrsg.) (2018): Hybride Erwerbsformen. Digitalisierung, Diversität und Sozialpolitische Gestaltungsoptionen. Wiesbaden.

Bundesinstitut für Bevölkerungsforschung (o. J.): Wanderungssaldo Deutschland, https://www.bib.bund.de/DE/Fakten/Fakt/M01-Zuzuege-Fortzuege-Deutschland-ab-1950.html, abgerufen am 4.11.2022.

Bundesministerium für Arbeit und Soziales (Hrsg.) (2017a): Werkheft 04. Sozialstaat im Wandel, Berlin.

Bundesministerium für Arbeit und Soziales (Hrsg.) (2017b): Weißbuch Arbeiten 4.0, Berlin.

Bundesministerium für Wirtschaft und Energie (Hrsg.) (2015): Industrie 4.0 und digitale Wirtschaft. Impulse für Wachstum, Beschäftigung und Innovation, Berlin.

Bundeszentrale für politische Bildung (Hrsg.) (2020): Atypische Beschäftigung, Bonn, https://www.bpb.de/kurz-knapp/zahlen-und-fakten/soziale-situation-in-deutschland/61708/atypische-beschaeftigung/, abgerufen am 30.10.2022.

Busemeyer, Marius R. (2021): Die Zukunft des Sozialstaats im digitalen Zeitalter. Herausforderungen und Reformpotenziale, in: Schnell, Christina; Pfeiffer, Sabine; Hardenberg, Roland (Hrsg.): Gutes Arbeiten im digitalen Zeitalter, Frankfurt/New York S. 253–275.

Cloots, Alexandra (Hrsg.) (2022): Hybride Arbeitsgestaltung. Herausforderungen und Chancen, Wiesbaden.

Dehnbostel, Peter; Richter, Götz; Schröder, Thomas; Tisch, Anita (Hrsg.) (2021): Kompetenzentwicklung in der digitalen Arbeitswelt. Zukünftige Anforderungen und berufliche Lernchancen, Stuttgart.

Dengler, Katharina (2021): Digitalisierung der Arbeitswelt. In: Dvb-Forum: Zeitschrift des Deutschen Verbandes für Bildungs- und Berufsberatung, 60(1), S. 41–43.

Dengler, Katharina; Fitzenberger, Bernd; Kagerl, Christian; Matthes, Britta (2020): Der IAB-Job-Futuromat: Beschäftigungsentwicklung und Fachkräfteengpässe variieren mit dem Substituierbarkeitspotenzial. In: IAB-Forum, 4.12.2020, Nürnberg.

Dengler, Katharina; Matthes, Britta (2021): Folgen des technologischen Wandels für den Arbeitsmarkt: Auch komplexere Tätigkeiten könnten zunehmend automatisiert werden (IAB-Kurzbericht 13/2021), Nürnberg.

Denkfabrik Digitale Arbeitsgesellschaft im Bundesministerium für Arbeit und Soziales (2022): Werkheft 05, Arbeitsgesellschaft 2040, https://www.denkfabrik-bmas.de/fileadmin/Downloads/Publikationen/Werkheft_05.pdf, abgerufen am 25.10.2022.

Deutsche Angestellten Krankenkasse (DAK) (Hrsg.) (2022): Psychreport 2022. Entwicklung der psychischen Erkrankung, https://www.dak.de/dak/bundesthemen/psychreport-2022-2533048.html#/, abgerufen am 3.11.2022.

Deutsches Forschungszentrum für Künstliche Intelligenz (2020): Prof. Dr. Wolfgang Wahlster über Industrie 4.0, https://www.dfki.de/web/news/detail/News/prof-wolfgang-wahlster-ueber-industrie-4-0/, abgerufen am 1.3.2021.

Erpenbeck, John (2012): Was sind Kompetenzen? In: Faix, Werner G., (Hrsg.) (2012): Kompetenz, Stuttgart, S. 18–25.

Erpenbeck, John; Sauter, Werner (2015): Wissen, Werte und Kompetenzen in der Mitarbeiterentwicklung. Ohne Gefühl geht in der Bildung gar nichts, Wiesbaden.

Erpenbeck, John; Sauter, Werner (2021): Future Learning und New Work. Das Praxisbuch für gezieltes Werte- und Kompetenzmanagement, Freiburg/München/Stuttgart.

Fachkräfteengpässe variieren mit dem Substituierbarkeitspotenzial, in: IAB-Forum 4. Dezember 2020, https://www.iab-forum.de/der-iab-job-futuromat-beschaeftigungsentwicklung-und-fachkraefteengpaesse-variieren-mit-dem-substituierbarkeitspotenzial/, abgerufen am 25.10.2022

Faix, Werner G. (Hrsg.) (2012): Kompetenz, Stuttgart.

Friedrichsen, Mike; Wersig, Wulf, (Hrsg.) (2020): Digitale Kompetenz. Herausforderungen für Wissenschaft, Wirtschaft, Gesellschaft und Politik, Wiesbaden.

Gimpel, Henner; Lanzl, Julia; Manner-Romberg, Tobias; Nüske, Niclas (2018): Digitaler Stress in Deutschland: Eine Befragung von Erwerbstätigen zu Belastung und Beanspruchung durch Arbeit mit digitalen Technologien, Working Paper Forschungsförderung, No. 101, Hans-Böckler-Stiftung, Düsseldorf, https://nbn-resolving.de/urn:nbn:de:101:1-2018112311322213317372, abgerufen am 7.9.2023.

Grienberger, Katharina; Fitzenberger, Bernd; Kagerl, Christian; Matthes, Britta (2020): Der IAB-Job-Futuromat: Beschäftigungsentwicklung und Fachkräfteengpässe variieren mit dem Substituierbarkeitspotenzial, https://www.iab-forum.de/der-iab-job-futuromat-beschaeftigungsentwicklung-und-fachkraefteengpaesse-variieren-mit-dem-substituierbarkeitspotenzial/, abgerufen am 7.9.2023.

Große-Jäger, André; Hauer, Renate; Lauenstein, Oliver et al. (Hrsg) (2021): Basisarbeit. Mittendrinn und außen vor, Bonn.

Grunau, Philipp; Walz, Hannes; Wolter, Stefanie (2022): Arbeiten vor und nach der Pandemie, Nürnberg.

Gurtner, Andrea; Clerc, Isabelle; Scheidegger, Lena (2021): Digital Human Resource Management. Herausforderungen des Personalmanagements in der digitalen Transformation. In: Schellinger, Jochen; Tokarski, Kim Oliver; Kissling-Näf, Ingrid (Hrsg.) (2021): Digital Business Analysen und Handlungsfelder in der Praxis, S. 217–244.

Hasenbein, Melanie (2020): Der Mensch im Fokus der digitalen Arbeitswelt. Wirtschaftspsychologische Perspektiven und Anwendungsfelder, Berlin.

Hofmann, Josephine (Hrsg.) (2018): Arbeit 4.0 – Digitalisierung, IT und Arbeit, Wiesbaden.

Hofmann, Josephine; Piele, Alexander; Piele Christian (2019): NEW WORK. Best Practices und Zukunftsmodelle, Stuttgart, https://publica-rest.fraunhofer.de/server/api/core/bitstreams/2dbcef2e-a9ef-4000-addc-42c3beec95ad/content, abgerufen am 1.11.2022.

Honneth, Axel (2021): Arbeit im digitalen Zeitalter. Normative Herausforderungen in unüblichen Zeiten, in: Schnell, Christina; Pfeiffer, Sabine; Hardenberg, Roland (Hrsg.) (2021), S. 65–88.

Jüster, Markus; Müller, Andreas (2022): Die Entbettung beruflicher Aus- und Weiterbildung. Zur digitalen Transformation des Corporate Learning, in: Cloots, Alexandra (Hrsg.) (2022): Hybride Arbeitsgestaltung. Herausforderungen und Chancen, Wiesbaden, S. 113–142.

Kienbaum/SAP (Hrsg.) (2022): New Normal – New HR? Studie zur HR-Strategie und -Organisation in 2022, https://media.kienbaum.com/wp-content/uploads/sites/13/2022/02/2022_Kienbaum_SAP_HRSO-Studie.pdf, abgerufen am 25.10.2022.

Knieps, Franz; Pfaff, Holger (Hrsg.) (2022): Krise – Wandel – Aufbruch: Zahlen, Daten, Fakten: mit Gastbeiträgen aus Wissenschaft, Politik und Praxis: BKK Gesundheitsreport 2021, S. 344–348.

Kühl, Stefan (2015): Wenn die Affen den Zoo regieren: Die Tücken der flachen Hierarchien, Frankfurt/New York.

Laloux, Frederic (2015): Reinventing Organisations: Ein Leitfaden zur Gestaltung sinnstiftender Formen der Zusammenarbeit, München.

Langenbach, Fabian (2021): Digitalisierung und Arbeitswelt. Wie aus technologischen Innovationen sozialer Fortschritt werden kann, in: Schnell, Christina; Pfeiffer, Sabine; Hardenberg, Roland (Hrsg.) (2021): Gutes Arbeiten im digitalen Zeitalter, Frankfurt/New York, S. 221–237.

Lindner, Dominic (2022): Hybride Arbeitswelt. Empfehlungen für die Arbeit zwischen Home und Office, Wiesbaden.

Matthes, Britta (2021): Auswirkungen der digitalen Transformation auf Arbeitsmarkt und Berufsstruktur. In: Dehnbostel, P.; Richter, G.; Schröder, T.; Tisch, A. (Hrsg.) (2021): Kompetenzentwicklung in der digitalen Arbeitswelt, S. 37–50.

Mertens, Dieter (1974): Schlüsselqualifikationen. Thesen zur Schulung für eine moderne Gesellschaft. Mitteilungen aus der Arbeitsmarkt- und Berufsforschung, 7 (1), S. 36–43.

Paulus, Stefan; Grubenmann, Bettina (2020): Soziale Frage 4.0: Eine sozialhistorische Einführung für die Soziale Arbeit heute, Opladen.

Randstadt & IFO Institut (2020): Personalleiterbefragung, 2. Quartal 2020, https://www.randstad.de/s3fs-media/de/public/2020-08/randstad-ifo-personalleiterbefragung_q2_2020.pdf, abgerufen am: 30.10.2023

Robert Koch-Institut (Hrsg.) (2021): Psychische Gesundheit in Deutschland. Erkennen – Bewerten – Handeln. Schwerpunktbericht Teil 1 – Erwachsene. Gesundheitsberichterstattung des Bundes. Gemeinsam getragen von RKI und Destatis. RKI, Berlin, DOI: 10.25646/8831.

Rosa, Hartmut (2020). Beschleunigung. Die Veränderungen der Zeitstruktur in der Moderne, Frankfurt am Main.

Sauter, Werner (2018): Die Zukunft des Lernens. Selbstorganisierter Kompetenzerwerb durch personalisiertes Lernen, Gütersloh.

Schellinger, Jochen; Tokarski, Kim Oliver; Kissling-Näf, Ingrid (Hrsg.) (2021): Digital Business Analysen und Handlungsfelder in der Praxis, Wiesbaden.

Schneemann, Christian; Zika, Gerd; Kalinowski, Michael et al. (2021): Aktualisierte BMAS-Prognose »Digitalisierte Arbeitswelt« (Bundesministerium für Arbeit und Soziales. Forschungsbericht 526/3), Berlin.

Schneider, Henrique (2022): Plattformökonomik, Wiesbaden.

Schnell, Christiane; Pfeiffer, Sabine; Hardenberg, Roland (Hrsg.) (2021): Gutes Arbeiten im digitalen Zeitalter, Frankfurt/New York.

Schuh, Günther; Anderl, Reiner; Dumitrescu, Roman et al. (Hrsg.) (2020): Industrie 4.0 Maturity Index. Die digitale Transformation von Unternehmen gestalten. Update 2020, acatech STUDIE, München.

Schwarz, Jeff; Riss, Suzanne (2021). Arbeit im Wandel. Chancen, Belastbarkeit und Wachstum in der Beschleunigten Zukunft, Weinheim.

Statistisches Bundesamt (Destatis) Wissenschaftszentrum Berlin für Sozialforschung (WZB) Bundesinstitut für Bevölkerungsforschung (BiB) (Hrsg.) (2021): Datenreport, 2021, Bonn.

Vogel, Fabian; Bernhard, Sarah (2021): Arbeit auf digitalen Plattformen: selbst- oder fremdbestimmt? In: IAB-Forum, 10. November 2021, https://www.iab-forum.de/arbeit-auf-digitalen-plattformen-selbst-oder-fremdbestimmt/, abgerufen am 25.10.2022.

Weber, Enzo (2018): Digitale soziale Sicherung – ein Schritt in die Zukunft, in: IAB-Forum, 13. September 2018, https://www.iab-forum.de/digitale-soziale-sicherung-ein-schritt-in-die-zukunft/, abgerufen am 2.11.2022.

Weber, Enzo (2020): Digitale Soziale Sicherung: Potenzial für die Plattformarbeit, in: Wirtschaftsdienst 2020, Konferenzheft, S. 37-40, https://d-nb.info/1212313321/34, abgerufen am 25.10.2022.

Wigert, Ben (2022): The Future of Hybrid Work: 5 Key Questions Answered With Data, Washington, https://www.gallup.com/workplace/390632/future-hybrid-work-key-questions-answered-data.aspx?version=print, abgerufen am 1.11.2022.

World Economic Forum (Hrsg.) (2016a): The Future of Jobs Employment, Skills and Workforce Strategy for the Fourth Industrial Revolution, Davos-Kosters, https://www3.weforum.org/docs/WEF_Future_of_Jobs.pdf, abgerufen am 27.10.2022.

World Economic Forum (Hrsg.) (2016b): Mastering the Fourth Industrial Revolution, https://www3.weforum.org/docs/WEF_AM16_Report.pdf, abgerufen am 27.10.2022.

12 Agiles Arbeiten in Organisationen des digitalen Zeitalters

Manfred Estler und Stephan Höfer

Viele Unternehmen stehen vor der Problematik, dass technologischer Fortschritt und innovative Produkte allein nicht mehr ausreichen, um nachhaltig auf dem Markt zu bestehen. Immer deutlicher wird die Notwendigkeit, nicht nur die Produktion, sondern auch die begleitenden administrativen Prozesse, die Entwicklung, die Beschaffung, das Qualitätsmanagement und die Logistik kontinuierlich zu verbessern und effizient zu gestalten. Die Digitalisierung in Verbindung mit Big Data, Industrie 4.0 und Internet of Things (IoT) wird diesen Effekt noch wesentlich beschleunigen, da sie einerseits neue Wege der Prozessgestaltung und dadurch einen Vorteil gegenüber der Konkurrenz ermöglicht, andererseits aber nur dann wirklich den erhofften Mehrwert bringt, wenn statt einer bisher eher lokalen eine umfassende und funktionsübergreifende Prozessoptimierung gelingt.

Die damit verbundenen Herausforderungen können nur bewältigt werden, wenn die Fokussierung der Mitarbeitenden sowohl auf ihre wertschöpfenden Aufgaben als auch auf ihre Mitwirkung an der kontinuierlichen Verbesserung gelingt. Diese Fokussierung war dabei in den zurückliegenden Jahren durch die gestiegene Vielfalt an Aufgaben bereits stark beeinträchtigt. Durch die enorme Zunahme hybrider Arbeitsformen während der Covid-19-Pandemie hat sich die Situation eher verschlechtert als verbessert. Es hat sich geradezu eine Fokuskrise entwickelt. Mitarbeitende müssen einen noch größeren Teil ihrer Arbeitszeit mit rein koordinierenden Tätigkeiten zubringen, die nur einen sehr begrenzten wertschöpfenden Charakter haben. Gerade in hybriden Arbeitsorganisationen muss jedoch unbedingt verhindert werden, dass noch mehr Abstimmungsschnittstellen geschaffen werden und damit immer höherer Bedarf für noch mehr (virtuelle) Meetings entsteht.

In diesem Beitrag wird aufgezeigt, weshalb klassische Formen der hierarchischen Aufbauorganisation, die durch eine strikte Aufgabenteilung charakterisiert sind, nur bedingt in der Lage sein werden, diesen Herausforderungen zu begegnen. Deshalb wird das neue Modell einer agilen Wertschöpfungsorganisation auf der Basis einer Clusterorganisation vorgeschlagen. Darauf aufbauend wird skizziert, wie die Digitalisierung die Umsetzung nicht nur triggern wird, sondern diese Wandlung auch unterstützen kann. Abschließend wird diskutiert, welche Anforderungen in Bezug auf Wissen, Fähigkeiten und Flexibilität auf Mitarbeitende und Führungskräfte zukommen werden und wie sich darauf aufbauend die Arbeitswelt im digitalen Zeitalter verändern wird.

Um die Schlussfolgerungen herzuleiten und Konsequenzen für Organisation und Mitarbeitende abzuleiten, ist dieser Beitrag wie folgt aufgebaut: Ausgehend vom Ansatz »structure follows process follows strategy« nach Bach et al. (2017, S. 111) wird im ersten Schritt dieses Beitrags diskutiert, welchen Einfluss die Digitalisierung auf die strategische Ausrichtung produzierender Unternehmen haben wird. Gemäß »process follows strategy« wird im zweiten Schritt untersucht, welche Konsequenzen diese Überlegungen für die Gestaltung von Geschäftsprozessen hat. An einem konkreten Beispiel werden aus prozessualer Sicht die daraus resultierenden Anforderungen und Herausforderungen analysiert. Im dritten Schritt wird untersucht, welche organisationsstrukturellen Maßnahmen Unternehmen ergriffen haben, um diesen Herausforderungen gewachsen zu sein. Es wird aufgezeigt, dass in vielen Fällen zwar die Prozesse angepasst wurden, aber häufig die Organisationen nur begrenzt an die Prozesse adaptiert wurden, wie es gemäß »structure follows process follows strategy« erfolgen sollte. Deshalb werden die Autoren im vierten und fünften Schritt den Ansatz von Bach et al. (2017) zu »structure follows process follows strategy triggered and enabled by technology« erweitern. Es wird ein Organisationsdesign vorgeschlagen, das den Herausforderungen durch die Digitalisierung besser begegnen kann und die Chancen der Digitalisierung besser nutzt. Im finalen Schritt wird diskutiert, welche zukünftigen Anforderungen aufgrund dieser Überlegungen an die Fähigkeiten, Qualifikationen und die Flexibilität von Mitarbeitenden und Führungskräften zukommen werden, wenn sich diese Entwicklungen im Bereich der Aufbauorganisationen so zeigen, wie von den Autoren prognostiziert.

12.1 Der Einfluss der Digitalisierung auf die strategische Ausrichtung produzierender Unternehmen

Schon heute werden Unternehmen mit einer immer größeren Variantenvielfalt in ihrem Produktportfolio konfrontiert. Es werden seltener lediglich Produkte verkauft, sondern immer häufiger individuelle Kundenlösungen. Der Product Life Cycle wird kürzer, die Losgröße rückt immer häufiger in Richtung eins. Die Internationalisierung der Beschaffung und der Absatzmärkte bietet flexiblen Anbietern hohe Einsparungsreserven und Vertriebschancen.

Dabei kann die Digitalisierung die nötigen Kompetenzen dafür unterstützen und neue Wege ermöglichen:

- Big Data und Analytics können helfen, den Marktbedarf schnell zu erfassen und die Kundenanforderungen zu identifizieren.
- Elektronisches Workflow- und Dokumentenmanagement kann für kurze Durchlaufzeiten sowie Effektivität und Effizienz durch vernetztes Arbeiten sorgen.
- Industrie 4.0 in Verbindung mit ERP-Systemen unterstützt in der Gestaltung flexibler Produktionen und Supply Chains.

- Hybrides Arbeiten unter Nutzung von Videokonferenzsystemen, z. B. vom Homeoffice aus, vergrößert die Flexibilität bei der Bewältigung dieser Herausforderungen. Außerdem wurde dadurch großer Fortschritt bei der digitalen Zusammenarbeit erzielt, die sich letztendlich auch positiv auf weitere Digitalisierungsvorhaben in Unternehmen auswirken wird.

Diese Chancen werden in den Strategieüberlegungen der Unternehmen eine zentrale Rolle spielen (müssen). Eine große Herausforderung liegt darin, dass die Vorteile der Digitalisierung auch den direkten Konkurrenten zur Verfügung stehen. Deshalb wird es nicht mehr der alleinige USP sein können, sich an neue Veränderungen anzupassen. Die Änderungs- und Anpassungsgeschwindigkeit wird eine immer größere Rolle spielen und in den strategischen Überlegungen der Unternehmen an Bedeutung gewinnen:

- Impulse zur Produktinnovation und der Bedarf nach Veränderung werden durch Digitalisierung, Analytics und Social Media zwar viel schneller erkannt, ohne schnellen Transfer dieser Ideen in neue oder verbesserte Produkte wird diese aus der Digitalisierung entstehende Chance aber verpuffen. Deshalb wird die Time to Market und damit der gesamte Produktentwicklungs- bzw. Produktänderungsprozess inklusive der daraus resultierenden Auswirkungen auf Beschaffung, Produktion und Logistik bis hin zur Qualitätssicherung zukünftig eine noch wichtigere Rolle spielen als heute.
- Industrie 4.0 wird es der Produktion ermöglichen, eine hohe Variantenvielfalt nahezu in Losgröße 1 zu fertigen. Doch das erfordert eine Supply-Chain-übergreifende, kontinuierliche Anpassung der Prozesse an sich stetig verändernde Rahmenbedingungen. Erst in Verbindung mit der Synchronisation von Lieferanten und Kunden innerhalb der Supply Chain können die vollen Potenziale genutzt werden. Aufgrund der geringen Losgröße müssen Prozesse schon beim ersten Mal Supply-Chain-übergreifend stabil sein und korrekt ablaufen.
- Digitalisierung in Verbindung mit IoT erlaubt schnelles Qualitätsfeedback über Produkt- und Serviceprobleme. Auch hier wird diese große Chance marginalisiert, wenn die Organisation nicht in der Lage ist, in kurzer Zeit technologische und organisatorische Veränderungen zu gestalten.

Zurzeit ist die Veränderungsgeschwindigkeit von Technologien deutlich höher als die Anpassungsgeschwindigkeit von Unternehmen (Bach et al., 2017, S. 147). Änderungs- und Anpassungsprozesse im Hinblick auf Produkte und Prozesse werden zukünftig noch häufiger auftreten, müssen noch schneller zu einem Erfolg gebracht werden und tangieren immer mehr Schnittstellen. Diese Entwicklungen erhöhen die Komplexität der Geschäftsprozesse. Die Anzahl der Fehlermöglichkeiten steigt und gleichzeitig sinkt die verfügbare Zeit für Fehlervermeidung und Fehlerkorrektur. Firefighting nimmt weiter zu, gleichzeitig bleibt weniger Zeit, Erfahrung aufzubauen. Zudem wird sich die dramatische Zunahme von erforderlichen Interaktionen von Mitarbeitenden untereinander nachteilig auswirken.

12.2 Process follows strategy: die Herausforderungen an Kommunikation und Kooperation in Prozessen

Beispiel

Anhand der IoT-Daten eines Elektromotors wird ersichtlich, dass die Lebensdauer dieses Motors durch Verschleiß am Lager stark reduziert werden wird. Die Entwicklungsabteilung erkennt aus der Analyse der IoT-Daten, dass das Eindringen von Feuchtigkeit und Schmutz das Problem verursacht. Eine bessere Gehäuseabdichtung kann den Ausfall der Motoren verhindern. Dank IoT kann das Unternehmen nun schon wesentlich früher und proaktiv handeln, bevor der Kunde das Problem überhaupt bemerkt.

Welche Unternehmensfunktionen müssen in diesem Beispiel jetzt wie aktiv werden?

IT:	Bereitstellung der Nutzungsdaten der Motoren sowie geeigneter Auswertungsalgorithmen
Entwicklung:	Änderung von Konstruktion und CAD-Zeichnung sowie der Stückliste und der Design-FMEA
Einkauf:	Änderung des Beschaffungsauftrags für die Dichtung, bei Bedarf Lieferantenwechsel
Logistik:	Festlegung von Lieferintervallen sowie von Sicherheits- und Meldebeständen, Verwendung von Restbeständen, Einschleusen neuer Teile in die Materialversorgung
Produktion:	Anpassung der Fertigungsanlagen an die neue Dichtung, Anpassung der Arbeitsanweisungen und der Prozess-FMEA
Qualitätsmanagement:	Anpassung der Prüfroutinen und Testverfahren
Vertrieb:	Kommunikation der Produktänderung an die Kunden
Marketing:	Anpassung der Produktbeschreibungen in den Marketingmaterialien

Alle diese Aktivitäten müssen aufeinander abgestimmt und koordiniert erfolgen. Daraus ergeben sich folgende Konsequenzen für die Praxis:

- Aufgaben dieser Art haben gewöhnlich **Projektcharakter**. Ein Ziel muss definiert, die Ist-Situation analysiert sowie Lösungen entwickelt und nachhaltig implementiert werden. Es sind Ressourcen und Know-how während der Projektdauer, also für einen begrenzten Zeitraum, nötig.
- Das **Projektteam** muss über die unterschiedlichsten Fachkompetenzen verfügen. Die dafür erforderlichen Mitarbeitenden sind in der Regel organisatorisch unterschiedlichen Abteilungen zugeordnet, arbeiten eventuell an unterschiedlichen

Standorten oder gar in verschiedenen Ländergesellschaften. Aufgrund der existierenden Aufbauorganisationen und häufig begrenzter Kapazitäten wird meist auf die Idee des Matrix-Projektmanagements zurückgegriffen. Projektmitarbeitende sind weiterhin in ihrer alten Funktion und Abteilung eingebunden, sie stellen aber einen Teil ihrer Arbeitszeit und ihrer Fachkompetenz für eine begrenzte Zeitdauer dem Projektteam zur Verfügung.

- Sich immer wieder ändernde Aufgabenstellungen und Lösungsansätze erfordern eine **Anpassung der Zusammensetzung der Projektteams**. Häufig arbeiten deshalb die Mitarbeitenden in unterschiedlichen Projekten gleichzeitig mit. Als Folge wird der individuelle Zeitanteil einer Person für jedes einzelne Projekt immer geringer, während ihre »Rüstzeiten« zunehmen.

Diese Szenarien erhöhen heute schon die Komplexität sowie die Belastung für die Mitarbeitenden. Dies spiegelt die typische Erfahrung vieler Mitarbeitenden wider: »Zu 25% arbeite ich in dem einen Projekt mit, in den anderen drei jeweils zu 15%, die restliche Zeit arbeite ich meine eigentlichen Kernaufgaben ab.« Doch: Ob Mitarbeitenden zu 15% oder zu 50% in einem Projekt mitwirken, macht kaum einen Unterschied, was die persönliche »Rüstzeit« für ein einzelnes Projekt angeht:

- Ich muss mich informieren.
- Ich muss mich einarbeiten.
- Ich muss mich mit anderen synchronisieren.
- Ich muss eine andere Aufgabe unterbrechen.
- Ich muss mich immer wieder in den alten Stand einer Aufgabe hineindenken.

Diese Rüstzeit ist Verschwendung, und in je mehr Projekte ein Mitarbeitender involviert ist, desto höher ist diese Verschwendung für den Mitarbeitenden und damit auch für das Unternehmen. Im Extremfall bleibt kaum noch Zeit für die eigentliche Wertschöpfung übrig. Die steigende Anzahl der Schnittstellen, E-Mails und Meetings ist ein typischer Indikator für diesen Effekt. Vor allem die signifikante Zunahme an überwiegend virtuellen Meetings, wie sie gerade in den Post-Pandemie-Jahren zu beobachten ist, steigert den Aufwand und die Fehleranfälligkeit von Projekten.

Das Ergebnis ist oft ernüchternd: Gerade viele Veränderungs- und Verbesserungsprojekte verlaufen im Sande, kommen nicht zu einem Ende oder werden unvollständig abgeschlossen. Und wird ein Projekt abgeblasen, ist häufig eher Erleichterung als Enttäuschung zu spüren. Es bleibt tendenziell alles beim Alten.

Viele Unternehmen haben die Hoffnung, dass die Digitalisierung große Effizienzsteigerungen in der Projektarbeit bewirkt. Die Nutzung von Tools wie Projektmanagementsoftware, Videokonferenzsystemen, Assistenzsystemen, Chatbots, Spracherkennung, Schrifterkennung oder Datenbrillen sowie Workflowsystemen soll trotz der oben beschriebenen Effekte die Projekte zum Erfolg führen. Richtig ist: Ein Teil der Verschwendung (Wartezeiten, fehlerhafte Daten, falsche Entscheidungen) kann reduziert werden, aber die übrige Verschwendung wird häufig nur digitalisiert – und digitalisierte Verschwendung ist am Ende auch nur Verschwendung, selbst wenn sie schneller abläuft oder strukturierter ist.

Die Situation, dass die Häufigkeit der Veränderungen wie vorher beschrieben in immer kürzeren Zyklen stattfinden wird und dass der Zeitdruck sowie die Komplexität immer mehr steigen werden, ändert sich dadurch nicht. Das bisherige Modell der Zusammenarbeit in Projekten wird gerade auch durch die Zunahme der hybriden Arbeitsweisen an seine Grenzen geführt. Der Zeitvorteil durch die schnelle Bereitstellung von Informationen und scheinbar bequemere Kommunikation per Videocall verpufft im Dickicht der klassischen Projektarbeit. Durch die vermeintlichen Zeitersparnisse erhoffen sich Unternehmen, ihre Mitarbeitenden in immer noch mehr Aufgaben und Projekte zu involvieren, was durch die oben beschriebenen Rüstzeiten aber letztendlich zu Zeitverlusten einerseits und zu Überforderung der Mitarbeitenden andererseits führt.

12.3 Structure follows process follows strategy: die Entwicklung der Organisationsstrukturen von Unternehmen

Die bisherigen Überlegungen zeigen, dass Prozesse zur Gestaltung von Veränderung und Verbesserung auf der Basis von klassischen Aufbauorganisationen und klassischem Projektmanagement an ihre Grenzen stoßen werden, weshalb unter diesen Voraussetzungen die Potenziale der Digitalisierung nicht im erwarteten Maß genutzt werden können. Doch wie haben sich in der Vergangenheit die Aufbauorganisationen an veränderte Rahmenbedingungen angepasst und welche Weiterentwicklung muss jetzt stattfinden?

Die handwerkliche Fertigung des 19. Jahrhunderts war geprägt von einer hohen Produktvielfalt bei gleichzeitig geringen Stückzahlen je Produktvariante. Um Produkte für größere Käuferschichten erschwinglich zu machen, entwickelte sich zu Beginn des 20. Jahrhunderts die Massenfertigung. Sie war geprägt von einer geringen Produktvariation und hohen Stückzahlen. Die Arbeiten von Frederick Winslow Taylor (1856–1915) bildeten die wissenschaftliche Grundlage für diese Entwicklung. Der nach ihm benannte Taylorismus führte zu einer starken Arbeitsteilung in Unternehmen, was mit enormen Produktivitätssteigerungen verbunden war. Was zunächst auf die Produktion beschränkt war, setzte sich in den Aufbauorganisationen von Unternehmen fort. So ist es bis heute Standard, dass beispielsweise Entwicklung, Produktion, Logistik und Vertrieb/Marketing sowie Personal, Rechnungswesen und Controlling als eigene Abteilungen innerhalb von Aufbauorganisationen verankert sind. Die daraus resultierende, tayloristisch geprägte Funktionsorientierung dominiert nach den Beobachtungen der Autoren bis heute die Organisationsstruktur der überwiegenden Mehrzahl von Unternehmen, auch wenn versucht wird, durch Sparten- oder Matrixorganisationen in Verbindung mit Geschäftsprozessmanagement deren Nachteile zu mindern.

An dieser Stelle überrascht, dass viele Unternehmen die grundlegende Struktur ihrer Aufbauorganisation allem Anschein nach kaum infrage stellen. Die Strategie der Adressierung der Märkte hat sich gewandelt. Darauf aufbauend werden Prozesse fortlaufend adaptiert, aber die Organisationsformen bleiben in letzter Konsequenz stark funktionsorientiert geprägt und weitgehend unverändert. Zwischen den Anforderungen der Märkte und der bedingt durch die Organisationsform langsamen Reaktionsgeschwindigkeit kommt es zu einem Dilemma für die Unternehmen. Gassmann und Sutter (2016, S. 11 ff.) bestätigen dies in ihren Untersuchungen, in denen sie unter anderem die folgenden drei Veränderungen fordern:

- Da Digitalisierungsinitiativen fast immer funktions- und oft sogar unternehmensübergreifend sind, gilt es, bestehende funktionsorientierte Strukturen zu überwinden.
- Eine langfristige Planung sollte mehr und mehr durch Agilität, Lernen und Flexibilität ersetzt werden. Gerade in der Zukunft wird es notwendig sein, rasch Neues auszuprobieren und bei Erfolglosigkeit wieder einzustellen. Dazu müssen agile und flexible Organisationseinheiten mit großen Entscheidungsfreiheiten geschaffen werden. Es gilt, »Zelte statt Paläste« aufzubauen (Gassmann/Sutter, 2016, S. 13).
- Die Förderung einer Lean-Start-up-Mentalität unterstützt diesen Wandel. Hier gilt es, Kundenfeedback zeitnah einzuholen und in die Weiterentwicklung von Produkten und Dienstleistungen einzubeziehen. Entwicklungs- und Projektphasen können so schneller durchlaufen werden.

Noch radikaler kann man formulieren: Gassmann und Sutter halten die momentan vorherrschenden Organisationsprinzipien, nach denen die meisten Unternehmen immer noch stark arbeitsteilig und hierarchisch organisiert sind, in der neuen digitalen Welt für überholt (Gassmann/Sutter, 2016). Ähnlich formuliert auch Lang (2016, S. 21 ff.): »Arbeitsteilung allein ist in einem komplexen Umfeld kontraproduktiv.«

Aber noch immer wird der digitale Wandel in den Unternehmen in der Literatur (z. B. Bauernhansel, 2014) überwiegend als technologisches Problem angesehen. In der Zukunft werden sich aber Unternehmens- und Produktionsstrukturen radikal ändern müssen, damit Unternehmen den neuen Herausforderungen gewachsen sind.

12.4 Structure follows process follows strategy triggered by technology: das Modell einer Aufbauorganisation für das digitale Zeitalter

Hierarchisch strukturierte und funktional aufgebaute Organisationsformen sind vergleichbar mit komplexen, miteinander synchronisierten Ampelsteuerungen. Mittels Algorithmus wird versucht, den Verkehrsfluss zu verbessern. Trotzdem entstehen bei starkem Verkehr Staus und selbst bei nur wenigen Fahrzeugen unnötige Wartezeiten an roten Ampeln. Wenn die Anlage nicht funktioniert, können gefährliche Situationen entstehen. Übertragen auf unsere Organisationsstruktur ergibt sich als Konsequenz, dass Prozesse (unsere Autos) sich von Ampel zu Ampel, von Funktion zu Funktion, von Entscheidung zu Entscheidung quälen und auf diese Weise viel Zeit verlieren und Reibungsverluste erzeugen.

Im Gegensatz dazu fördern und fordern Kreisverkehre die Übernahme von Eigenverantwortung, indem die Fahrer nach einfachen Regeln selbst entscheiden. Selbstorganisation und die Effizienz des Verkehrsflusses werden erhöht, Wartezeiten verringert (Lang, 2016, S. 52).

In der Produktion sind diese »Kreisverkehre« heute weitgehend Standard. Schon vor der Jahrtausendwende wurde die an Taylor orientierte Werkstattfertigung weitestgehend durch die eigenverantwortliche Gruppenfertigung ersetzt. Zu Beginn war der Widerstand hoch: Gerade das mittlere Management wurde mit einem Autoritäts- und Machtverlust konfrontiert, die Mitarbeitenden befürchteten Überforderung und Überlastung durch multidimensionale Anforderungen. Heute ist diese Organisationsform in der Produktion überwiegend selbstverständlich, denn die Vorteile sind überzeugend: kurze Durchlaufzeiten, ein hohes Maß an Flexibilität, hohe Prozesstransparenz, kurze Qualitätsfeedbackschleifen und Jobenrichment sowie Jobrotation, um nur einige zu nennen.

Interessanterweise hat sich diese Idee in der Vergangenheit nur sehr selten außerhalb der Produktion durchgesetzt. Zwar könnte man assoziieren, dass eine Spartenorganisation gerade diese Anforderungen erfüllt und dadurch einen Supertanker zum Schnellboot werden lässt. Doch letztendlich verbirgt sich hinter einer Sparte auch wieder nur ein tayloristisch organisiertes schnelleres Boot, eben nur ein kleiner Supertanker. Auch eine Matrixorganisation ist nicht vergleichbar, da es sich hierbei um ein Zweiliniensystem handelt, das Entscheidungs- und Koordinationsprozesse eher verlangsamt und verkompliziert als vereinfacht.

Artikel wie »Alle Mann raus aus den Silos« (Astheimer et al., 2016) verdeutlichen: Einzelne Unternehmen denken darüber nach, ihre Organisation außerhalb der Produktion grundlegend zu ändern. Gerade in kreativen und innovativen Bereichen wie beispielsweise in der Entwicklung wird versucht, dynamische Teams einzurichten, die flexibel und innovativ aktiv sind. Die Grundidee findet sich in der bereits 1991 vorgeschlagenen Clusterorganisation von Mills (Mills, 1991). Funktionsübergreifende agile Teams (auch »Cluster« oder »Squads« genannt) sind in eine Netzwerkorganisation eingebunden. Sie entscheiden und handeln nach gewissen Regeln eigenverantwortlich und flexibel, d. h. sie funktionieren analog zum Prinzip der »Kreisverkehre«.

Solange diese Idee nur in einzelnen Bereichen eines Unternehmens umgesetzt wird (siehe z. B. Daimler, 2016; Astheimer et al., 2016) oder das Unternehmen eine geringe Zahl an Mitarbeitenden hat (z. B. Spotify in ihrer Start-up-Zeit, Spotify, 2015), können durchaus Erfolge erzielt werden. Mit zunehmender Anzahl der eigenverantwortlichen Cluster steigt jedoch der Koordinations- und Kommunikationsbedarf enorm – das System droht, in die Instabilität abzudriften.

Zudem müssen die Unternehmensbereiche »atmen« können, um sich flexibel an variierende Aufgabenmengen anzupassen, ähnlich einer Produktion. Deshalb reicht **Agilität** in Form von Clustern allein nicht aus. Es muss ein Rahmen geschaffen werden, der der Organisation zusätzlich **Stabilität** und **Flexibilität** verleiht. Die Idee der Clusterorganisation muss sich hin zu einer agilen Wertschöpfungsorganisation entwickeln, wie sie in der Abbildung dargestellt ist. Diesen Dreiklang aus Agilität, Flexibilität und Stabilität beschreibt das Unternehmen Gore (Business Wissen, 2018) mit dem Bild einer Amöbe: »Amöben sind innen stabil und außen anpassungsfähig. Ständig kann sie ihre Form wechseln. Haben Amöben eine gewisse Größe erreicht, teilen sie sich. Zwei neue einzelne Zellen entstehen.«

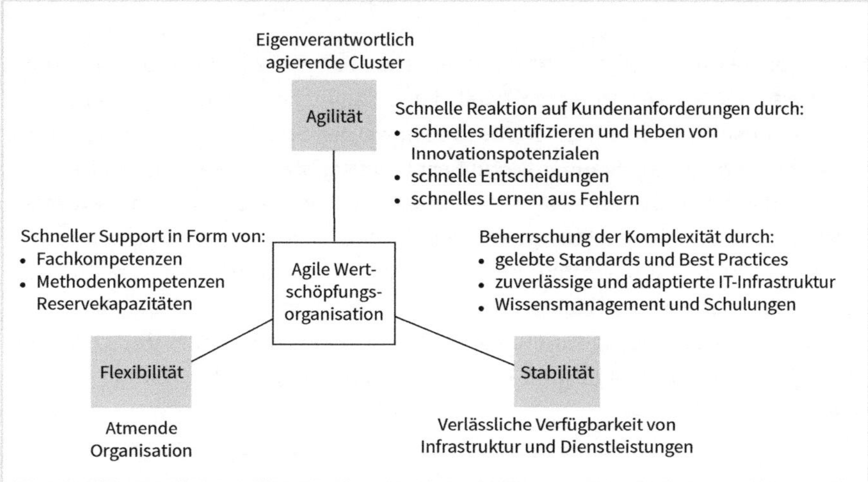

Abb. 16: Anforderungen an eine agile Wertschöpfungsorganisation (WSO) (eigene Darstellung)

Was bedeutet das konkret? Prozesse eines Unternehmens werden nicht im Zusammenspiel von Abteilungen abgewickelt, sondern von kompetenzübergreifenden agilen Clustern. Hierzu werden sie mit den erforderlichen Kompetenzen und Kapazitäten ausgestattet und agieren bzw. entscheiden eigenverantwortlich. Gore (Business Wissen, 2018) geht so weit, dass es weder Arbeitsplatzbeschreibungen noch Titel gibt. Mitarbeitende sind sich gegenseitig und dem Projekt verpflichtet. Vorgaben und Anweisungen werden durch informelle, auf Vertrauen basierende Abmachungen unter den Mitarbeitenden ersetzt.

In einer agilen Wertschöpfungsorganisation sind die Cluster in der Lage, Innovationspotenziale schnell zu identifizieren und zu heben. Durch kurze Feedbackschleifen und enge kompetenzübergreifende Zusammenarbeit innerhalb der Cluster ist ein schnelles Lernen aus Fehlern möglich und erforderliche Anpassungen sind schnell implementierbar.

Da sich die Anforderungen an die Cluster immer wieder ändern, müssen sich auch die Kapazitäten und die vorhandenen Kompetenzen immer wieder anpassen. Doch woher sollen diese Ressourcen kommen bzw. wohin sollen sie gehen, wenn alle Mitarbeitenden fest in ihrer Funktion und ihrer Abteilung verankert sind? Wie haben Gassmann und Sutter formuliert: »Es ist besser, rasch Zelte auf- und bei Erfolgslosigkeit auch wieder abzubauen, als einen perfekten Palast zu planen, der für die Ewigkeit hält« (Gassmann/Sutter, 2016, S. 13). Die agile Wertschöpfungsorganisation muss flexibel sein. Sie muss den Clustern schnellen Support in Form von Fachkompetenzen, Methodenkompetenzen und Reservekapazitäten anbieten können, sie muss atmen können und damit flexibel sein.

Die beiden Faktoren Agilität und Flexibilität können bei zunehmender Unternehmensgröße und steigender Komplexität der Zusammenhänge zu Instabilitäten bis hin zur Unbeherrschbarkeit führen. Deswegen werden Stabilitätsanker benötigt, die dies verhindern. Interne Standards und Best Practices stabilisieren das tägliche Tun, eine zuverlässige und adaptierte IT-Infrastruktur sichert die Stabilität der Prozesse. Angebotene unternehmensübergreifende Dienstleistungen (z.B. ein wirksames Wissensmanagement, die Durchführung von auf den Bedarf der Cluster abgestimmten Schulungen oder die Abwicklung einer Gehaltsabrechnung) erhöhen die Kompetenz innerhalb der Cluster und reduzieren die interne Komplexität, sodass sie sich auf den Umgang mit externer Komplexität (z.B. einen geänderten Kundenwunsch) konzentrieren können.

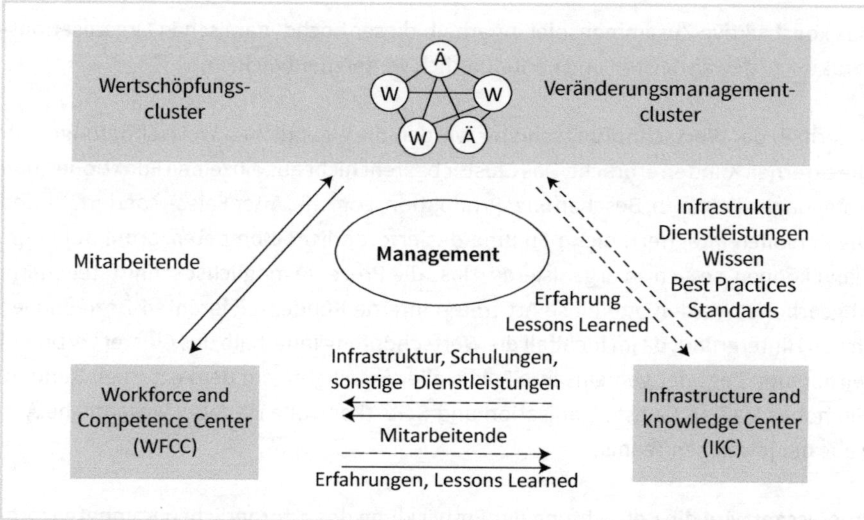

Abb. 17: Das Modell einer agilen Wertschöpfungsorganisation (Das WSO-Modell) (eigene Darstellung)

Doch wie lässt sich dies konkret organisatorisch umsetzen? Die Abbildung enthält einen Vorschlag für einen neuartigen Aufbau einer Unternehmensorganisation für das Zeitalter der Digitalisierung, in dem sich alle drei genannten Anforderungen – Stabilität, Flexibilität und Agilität – wiederfinden.

Getragen wird die agile Wertschöpfungsorganisation von folgenden Elementen:

1. Die **Agilität** des Unternehmens wird von **Wertschöpfungs- und Veränderungsmanagement**-Clustern sichergestellt.
2. Das Center **»Workforce & Competences«** realisiert die erforderliche **Flexibilität** für das Unternehmen, damit es auf wechselnde Anforderungen und Kompetenzbedarfe reagieren kann.
3. Die Anforderungen an die **Stabilität** aller internen Prozesse im Unternehmen werden vom Center **»Knowledge & Infrastructure«** adressiert.
4. Das **Management** im Zentrum des Modells orchestriert das Zusammenspiel aller Einheiten im Unternehmen.

Das **Management** erarbeitet Strategie, Vision und Mission für das Unternehmen. Davon ausgehend setzen sich die einzelnen Cluster ihre Ziele weitestgehend selbstständig. Auch die Zusammensetzung der Teams wird in Eigenverantwortung geregelt. Nicht das Management entscheidet, wer in welchem Team mitarbeitet, die Mitarbeitenden und die Cluster entscheiden, wo welche Person mit welchen Kompetenzen – auch persönlich – in das Team passt, um eine bestmöglich Wertschöpfung zu erreichen. Das Management hat die Aufgabe, Rahmenbedingungen in Form von Regeln zu definieren und die Einhaltung dieser Regeln zu gewährleisten sowie in Patt-Situationen zu entscheiden (Lang, 2016, S. 51). Zudem ist es in dessen Verantwortung, das konstruktive Zusammenspiel innerhalb dieser hochdynamischen Organisationsstruktur zu gewährleisten und kontinuierlich weiterzuentwickeln.

Innerhalb der **Wertschöpfungscluster** werden die eigentlichen Wertschöpfungen für die externen Kunden erbracht. Das Cluster besteht nicht aus einzelnen Funktionen und Abteilungen (Vertrieb, Beschaffung, Produktion, Logistik, After Sales), sondern es sind die Personen integriert, die in Summe das erforderliche Kompetenzprofil abbilden. Dann können sie sich so organisieren, dass die Prozesse möglichst schnittstellenarm abgearbeitet werden. Auf diese Art treten interne Kunden-Lieferanten-Beziehungen in den Hintergrund, da im Idealfall die Wertschöpfung innerhalb des Clusters erbracht wird. Damit liegt der gemeinsame Fokus aller Beteiligten auf dem externen Kunden. Ein hohes Maß an Selbstorganisation und Selbstkontrolle ist dabei wesentliche Aufgabe der jeweiligen Teams.

Interessant wird die Betrachtung der Entwicklung des erforderlichen Kompetenzprofils eines Wertschöpfungsclusters über den Produktlebenszyklus hinweg. Während in der Innovations- und Produktentwicklungsphase vor allem technisches Know-how, Kreativität und Methodenwissen gefragt sind, kommen in der Phase der Vorserienfertigung die Problemlöser zum Zug. In der Serienfertigung stehen Effektivitäts- und Effizienzsteigerung mittels Lean-Management- oder Six-Sigma-Methoden und Agilität auf der Agenda, während im Produktauslauf vor allem Kundennähe und Organisationstalent zur Gestaltung der After-Sales-Aktivitäten im Vordergrund stehen. Dies zeigt: Selbst im Umfeld einer dauerhaften Erbringung von externer Wertschöpfung ändern sich der Kompetenzbedarf sowie das Aufgabenvolumen und damit in der Regel auch die Teamzusammensetzung. Auch einfache Projekte im Sinne der kontinuierlichen Verbesserung übernehmen Wertschöpfungscluster.

Aufgabe der **Veränderungsmanagement-Cluster** ist es, identifizierten grundlegenden Änderungsbedarf an Produkten oder Produktions- und Geschäftsprozessen, der die Kapazität und Kompetenz von Wertschöpfungsclustern überfordern würde, in konkrete Maßnahmen zu wandeln. Sie agieren wie schnelle Eingreiftruppen, um erkannte Verbesserungspotenziale zu heben und die Lösung in der Organisation zu verankern.

Anhand des Beispiels aus Kapitel 12.3 wird das typische Zusammenspiel deutlich: Eine mitarbeitende Person in einem Wertschöpfungsclusters erkennt bei der Analyse der IoT-Daten eines Elektromotors ein Standzeitproblem. Da sie das Problem nicht allein lösen kann, initiiert sie ein Veränderungsmanagementprojekt. Wer im zu bildenden Team mitwirkt, ist nicht wie bisher abhängig von der Einbindung in die Fachabteilungen (z. B. eine mitarbeitende Person aus der Entwicklung, eine aus der Arbeitsvorbereitung, eine aus dem Qualitätsmanagement), sondern von den Kompetenzen, die sich aus den erforderlichen Aufgaben ableiten. Die Identifizierung der

Ursache erfordert Six-Sigma-Wissen, die Umsetzung der Lösung verlangt Kenntnisse in der Überarbeitung einer CAD-Zeichnung, der Anpassung der Qualitätsrichtlinien und der Erstellung der geänderten FMEA. In der Phase der Realisierung innerhalb der Supply Chain werden Kompetenzen im Bereich Beschaffung, Produktionsplanung und Arbeitsvorbereitung gebraucht. Je breiter die Kompetenzprofile der einzelnen Mitarbeitenden sind, desto weniger Personen müssen in den Prozess involviert sein und desto effizienter kann das Cluster arbeiten.

Erst wenn alle Veränderungen vollständig vollzogen sind, gilt die Aufgabe des Clusters als erledigt – es kann sich auflösen. So wird Simultaneous Engineering bereits durch die Organisationsform abgebildet und muss nicht erst künstlich organisiert werden, um tayloristische Funktionsgrenzen zu überwinden.

Mitarbeitende des **Infrastructure and Knowledge Center (IKC)** bieten interne Dienstleistungen für die gesamte Organisation (den internen Kunden) an. Sie stellen die Infrastruktur bereit, auf die die Cluster zurückgreifen können. Hierzu gehören beispielsweise die Personalverwaltung und -entwicklung, die Unterstützung in rechtlichen Fragestellungen oder bei finanztechnischen Abwicklungen. Wesentliche Elemente sind auch die Bereitstellung des ERP-Systems, der Serverbetrieb, die Netzwerkinstallation oder die IT-Beschaffung. Es muss an dieser Stelle allerdings darauf hingewiesen werden, dass viele andere Aufgaben gerade aus dem Bereich der IT eben nicht Teil des IKC sind. Gerade die Anforderungen an eine zunehmende Digitalisierung machen es zwingend notwendig, Kompetenzen im Bereich von Applikationsentwicklung, Data Science und Data Analysis in die Wertschöpfungs- und Veränderungsmanagement-Cluster zu integrieren.

Darüber hinaus kommt dem **Infrastructure and Knowledge Center** die gerade bei einer solchen Unternehmensstruktur enorm wichtige Aufgabe des Wissensmanagements zu. Die in einem Wertschöpfungs- oder Veränderungsmanagement-Cluster gewonnenen Erkenntnisse müssen allen anderen Clustern zur Verfügung gestellt werden. Es gilt, Best Practices und Lessons Learned zu identifizieren und in gelebte Standards zu überführen. Auch kommt der Weiterbildung und -qualifikation aller Mitarbeitenden eine große Bedeutung zu, für die der Bereich Knowledge ebenfalls verantwortlich ist.

Gerade dieses Center wird dabei von den neuen technologischen Möglichkeiten der Digitalisierung profitieren, die in Kapitel 12.6 erörtert werden.

Im **Workforce and Competence Center (WFCC)** sind alle Mitarbeitenden des Unternehmens organisatorisch verankert, sie schlagen dort quasi ihr Zelt auf. Sie unterscheiden sich nicht durch Hierarchie und Funktion, sondern durch ihr Kompetenzprofil. Bei Bedarf kann dieser Pool um externe Ressourcen ergänzt werden. Alle Cluster sowie das IKC können auf diesen Pool von Mitarbeitenden zugreifen, die daraufhin temporär oder längerfristig ihren Zeltplatz verlegen. Idealerweise arbeiten Mitarbeitende im Umfang ihrer vollen Tätigkeit in genau einem Cluster mit, um Effizienzverluste durch ständiges Wechseln der Aufgaben zu vermeiden.

Im günstigsten Fall sind alle Mitarbeitenden eingesetzt, der Pool ist leer. Momentan nicht eingesetzte Mitarbeitende werden in ihren Kompetenzen geschult und weiterentwickelt, um zukünftig für ein erweitertes Aufgabenspektrum zur Verfügung zu stehen. Gleichzeitig stellen sie ihr erworbenes Wissen und ihre Erkenntnisse allen Mitarbeitenden zur Verfügung, indem sie interne Wissensmanagement-Tools mit neuen Inhalten füttern sowie bestehendes Wissen und Best Practices aktualisieren und konkretisieren.

Wie die Pfeile in der Abbildung oben verdeutlichen, stehen all diese Organisationseinheiten in einem kontinuierlichen Wechselspiel zueinander.

- Wird ein Kompetenzbedarf durch die **Wertschöpfungs- bzw. Veränderungsmanagement-Cluster** identifiziert, bieten die Mitarbeitenden des **WFCC** ihr Profil an und werden in das Cluster integriert. Löst sich das Cluster auf oder ist die Kompetenz nicht mehr erforderlich, steht die mitarbeitende Person wieder dem Pool des WFCC zur Verfügung.
- Das **IKC** stellt eine stabile, sichere Infrastruktur zur Verfügung. Es erbringt Dienstleistungen für die **Wertschöpfungs- bzw. Veränderungsmanagement-Cluster**, beispielsweise in Form der Bereitstellung von Standards sowie Best Practices und Wissen. Aus den Clustern heraus muss alles Wissen, die Lessons Learned und das Feedback in das IKC zurückfließen, damit Standards, Best Practices und Wissen aktualisiert werden können.
- Analog zu oben findet zwischen **WFCC** und **IKC** ein Mitarbeitendenaustausch statt. Darüber hinaus bietet das IKC einen Wissenstransfer z. B. in Form von Schulungsmaßnahmen an, um die Kompetenzprofile der Mitarbeitenden zu erweitern. Umgekehrt nutzen die Mitarbeitenden ihre Zeit, um ihr persönliches Wissen im Rahmen des Wissensmanagements des IKC dem gesamten Unternehmen zur Verfügung zu stellen.

Grundsätzlich gilt: Jede mitarbeitende Person kann, wenn der Bedarf es erfordert und ihr Kompetenzprofil passt, den Platz ihres Zeltes innerhalb der Organisationseinheiten ohne administrativen Aufwand wechseln. Darüber hinaus kann sie aus ihrem Zelt heraus unterstützend für andere Organisationseinheiten agieren, wodurch die Starrheit und Unflexibilität klassischer Strukturen aufgelöst wird.

Die hier vorgestellte agile, flexible und gleichzeitig stabile Architektur einer Clusterorganisation fördert die Entwicklung einer Kultur der permanenten Veränderung und bietet in einem solchen Umfeld die Chance, hochfrequente Veränderungsbedarfe mit einer kurzen Time to Market in erfolgreiche Produkt- und Prozessänderungen einfließen zu lassen. Wie in einer Gruppenfertigung in der Produktion konzentriert sich ein Team von Mitarbeitenden mit bestimmten Kompetenzen mit ganzer Kraft auf ihre gemeinsame Aufgabe – sei es die Wertschöpfung an sich, die Gestaltung von Veränderung oder das Erbringen von Dienstleistungen für die Organisation. So wird in Wertschöpfungsketten ein hohes Maß an Agilität und Flexibilität, eine hohe Prozesstransparenz, ein schnelles Qualitätsfeedback sowie Jobenrichment und Jobrotation für die Mitarbeitenden ermöglicht.

12.5 Structure follows process follows strategy triggered and enabled by technology: Digitalisierung als Enabler der agilen Wertschöpfungsorganisation

Wie die bisherigen Überlegungen gezeigt haben, werden sowohl die Zunahme hybrider Arbeitsformen wie auch die fortschreitende Digitalisierung Änderungen hin zu einer agilen Wertschöpfungsorganisation einfordern und somit diese Strukturveränderung triggern. Allerdings sind nach Macharzina und Wolf (2018) mit Clusterorganisationen auch große Herausforderungen verbunden. Dazu zählen beispielsweise

1. erhebliche Reibungsverluste durch Integration von administrativen und inhaltlichen Aufgaben,
2. das Verlorengehen von Spezialisierungsvorteilen sowie
3. die Anforderungen an die Mitarbeitenden bezüglich motivationaler und kognitiver Voraussetzungen.

Nun kann jetzt aber gerade die Digitalisierung nicht nur die Rolle eines Triggers übernehmen, sondern auch die Rolle des Enablers, da diese Nachteile durch moderne Technologien zumindest teilweise kompensiert werden können:

1. **Dokumentenmanagementsysteme** unterstützen und strukturieren die administrativen Aufgaben innerhalb der Cluster.
2. Moderne **Personaleinsatzplanungssoftware** unterstützt die Zuordnung, Verwaltung und Pflege der Mitarbeiterressourcen in einem komplexen Clusterumfeld mit sich ständig ändernden Kompetenzanforderungen und Teamzusammensetzungen. Gleichzeitig kann hiermit die Entwicklung von Kompetenzen der Mitarbeitenden systematisch vorangetrieben werden.
3. **Collaboration und Virtual Reality Tools sowie Cloud-Applikationen** fördern und ermöglichen die Zusammenarbeit auch über große Distanzen hinweg. Hybrides Arbeiten entwickelt sich dadurch zu einer wertvollen Stütze dieses Organisationsmodells – unter der Voraussetzung, dass die emotionale Nähe der Beteiligten untereinander durch die kompetenzübergreifenden Cluster gegeben ist. **Work-**

flow-Management-Systeme stabilisieren durch Standardisierungseffekte den Ablauf der Prozesse innerhalb der Cluster.
4. Das in Clusterorganisationen zwingend erforderliche **Wissensmanagement** wird verstärkt über Technologien basierend auf etablierten **Social Media** und **Wikis** erfolgen. Anhand von Nutzerprofilen lässt sich erkennen, welche Cluster welche Informationen bzw. welches Wissen benötigen. Diese Informationen können dann über einen Push-Prozess bereitgestellt werden. Andererseits lassen sich aber auch leistungsfähige Suchfunktionen implementieren, die einen Informations-Pull erlauben.
5. Die **Kompetenzentwicklung** von Mitarbeitenden kann über E-Learning-Konzepte sowie spezifische Assistenzsysteme kontinuierlich vorangetrieben werden. Auch hier können sich Push- und Pull-getriebene Ansätze ergänzen.
6. **Data-Analysis-Plattformen** ermöglichen eine effektive und effiziente Zusammenführung und Auswertung großer Datenmengen aus heterogenen Quellen. Sie unterstützen so eine holistische Sicht auf Produkte und Prozesse. Dadurch lassen sich Kundenanforderungen besser erfassen und erfüllen.

Zusätzlich zu diesen Aspekten wird das Thema Prozessstandards bzw. Best Practices von großer Bedeutung sein. Die unternehmensweite Kommunikation von Standards ist schon innerhalb klassischer Organisationsmodelle eine nicht zu unterschätzende Herausforderung. In agilen Wertschöpfungsorganisationen trifft dies noch viel umfassender zu. Deswegen sind auch hier intelligente Methoden der Digitalisierung zu nutzen, die eine Art selbstlernende Standards samt des dazugehörigen Wissensmanagements ermöglichen.

12.6 Das Arbeiten in agilen Wertschöpfungsorganisationen

Eine Umsetzung des agilen Wertschöpfungsorganisationskonzepts wird wesentliche Konsequenzen für Mitarbeitende und Führungskräfte mit sich bringen – und das in mehreren Dimensionen: Die Art der Kommunikation und Kooperation wird genauso beeinflusst werden wie die Kultur des Führens und des Geführtwerdens. Auch Lernprozesse und das Weitergeben von Wissen und Erfahrung werden sich gravierend ändern müssen. Durch die lose Verankerung in der Organisation werden alle Mitarbeitenden und Führungskräfte eine hohe geistige und räumliche Flexibilität mitbringen müssen.

Beispiele für die sich ergebenden Konsequenzen sind:

- Sich immer wieder unterscheidende Aufgaben und Probleme sorgen für eine große Vielfalt, mit der Mitarbeitende konfrontiert sind. Dies kann einerseits sehr motivierend sein, fordert andererseits aber eine hohe Lernbereitschaft und setzt eine hohe geistige Flexibilität der Mitarbeitenden voraus. Adäquate Kenntnisse in unterschiedlichsten IT-Disziplinen (siehe Kapitel 12.5) sind dabei ebenso unabdingbar wie Fachkompetenzen im technischen, betriebswirtschaftlichen oder organisatorischen Bereich.

- Mitarbeitende folgen nicht entweder einer Fach-, einer Projekt- oder einer Führungslaufbahn, sondern sie können beliebig wechselnde Aufgaben und Rollen übernehmen: Mal sind Mitarbeitende in der Rolle von Experten, mal in der Rolle von Coaches, mal in der Rolle von Clusterverantwortlichen, mal in der Rolle von Lehrenden oder in der Rolle von Unterstützenden. Mitarbeitende erkennen Potenziale selbst, und die Motivation zur Mitarbeit steht im Vordergrund und nicht der Befehl zur Übernahme von Aufgaben durch Vorgesetzte. Damit ist die Wahrscheinlichkeit groß, dass Bedarf, Kompetenz und Person positiv übereinstimmen. Umgekehrt wird eine ausgeprägte Eigenverantwortung und Identifikation mit dem Unternehmen vorausgesetzt.
- Durch die sich immer wieder ändernde Zusammensetzung der Teams ist ein hohes Maß an sozialer Kompetenz und Teamfähigkeit erforderlich. Einerseits bietet dieses allen Beteiligten große Chancen, voneinander zu lernen und gegenseitig zu profitieren. Andererseits besteht auch ein hohes Konfliktpotenzial, wenn unterschiedliche Einsichten, Erfahrungen oder Eigeninteressen aufeinandertreffen. Falls den Beteiligten ein hohes Maß an Toleranz, Respekt und Engagement fehlt, können Reibungsverluste den Erfolg der Teams gefährden.
- Statt der klassischen vertikalen Eskalation finden Konfliktlösungen jetzt primär auf Netzwerkebene statt. Dies setzt die Verankerung und ein anerkanntes Standing innerhalb des »Schwarms« an Individuen voraus, um erfolgreich Ideen und Lösungen zu platzieren und nachhaltig umsetzen zu können. Kommunikationsfähigkeit und -verhalten werden zu Kernkompetenzen der Mitarbeitenden in dieser agilen Wertschöpfungsorganisation.
- Die Bewertung der Leistung erfolgt nicht mehr wie bislang gewohnt durch übergeordnete disziplinarische Vorgesetzte oder Fachvorgesetzte, sondern durch Kunden und Teammitglieder. Damit sind ein Umdenken und ein Paradigmenwechsel verbunden. Dies wird besonders deutlich bei Statusabfragen hinsichtlich der Erfüllung von Arbeitspaketen. Statt beispielsweise »Ich habe mein Arbeitspaket zu 80% abgearbeitet« zählt jetzt: »Der Kunde meines Arbeitspakets bestätigt mir, dass ich die Aufgabe zu 80% erfüllt habe.«
- Das Management koordiniert die Arbeit nicht mehr. Im Vordergrund steht auch nicht die Kooperation zwischen unterschiedlichen Funktionen, sondern die Kollaboration hin zu einem gemeinsamen Ziel. Die Entscheidungsfindung muss auf möglichst tiefer Ebene stattfinden und somit die einzelnen Mitarbeitenden in die Verantwortung nehmen. Die Ressourcenzuteilung wird nicht fix durch disziplinarische oder fachliche Führung festgelegt, sondern ergibt sich durch eine sich immer wieder ändernde Vereinbarung von Clustern und übergeordnetem Management. Deren Aufgabe ist es, in diesem flexiblen und agilen Umfeld das Zusammenspiel von Menschen, Kompetenzen und organisatorischen Einheiten zu orchestrieren

und kontinuierlich weiterzuentwickeln. Wie im Fußball müssen sie situationsbedingt die Rolle eines Coaches, Sportdirektors oder Schiedsrichters übernehmen.

Agilität im Zeitalter der Digitalisierung erfordert somit, ständig neues unbekanntes Terrain zu betreten und unbekannte Wege zu gehen. Hier sind eine hohe Bereitschaft zur Gestaltung von Veränderung und ein hohes Maß an Eigenverantwortung gefordert. All das kann nur funktionieren, wenn Mitarbeitende und Führungskräfte experimentieren dürfen und (noch wichtiger) dabei Fehler machen dürfen, damit sie lernen und sich kontinuierlich verbessern können. Um es in den Worten von Spotify auszudrücken: »Fail fast, learn fast, improve fast« (Spotify, 2015). Je mehr es Unternehmen gelingt, sich vom Silodenken zu verabschieden und sich prozessorientiert zu organisieren, desto weniger werden sich die Nachteile des hybriden Arbeitens auswirken und stattdessen seine Vorteile in den Vordergrund treten, da

- der Synchronisationsbedarf mit dem Umfeld der Cluster auf ein Minimum reduziert wird,
- die hohe Entscheidungskompetenz viele Abstimmungsprozesse obsolet macht und
- somit eine Fokussierung der Mitarbeitenden auf ihre eigentlichen Aufgaben erfolgen kann.

12.7 Fazit

Die Herausforderungen im Rahmen neuer hybrider Arbeitsformen werden durch Digitalisierung einerseits vergrößert, andererseits kann sie auch helfen, diese Herausforderungen zu meistern. Dabei ist Digitalisierung weit mehr als nur ein technisches Problem. Unternehmen müssen ihr Organisationsdesign und ihre Art des Arbeitens auf die Herausforderungen hybrider Arbeitsformen und der Digitalisierung ausrichten. Ziel muss es sein, die Organisation agil, flexibel und atmend aufzubauen und trotzdem zu stabilisieren.

Die hier vorgestellte agile Wertschöpfungsorganisation auf der Basis der Idee einer Clusterorganisation erfüllt diese Anforderungen. Sie realisiert eine sehr flache Hierarchie, welche die Übernahme von Eigenverantwortung fördert und ein Klima des unternehmerischen Denkens und Handelns der Mitarbeitenden schafft. Zeiteinsatz oder Anzahl der abgearbeiteten Aufgaben werden abgelöst durch Schaffung von Mehrwert im Team für den internen und externen Kunden.

Dadurch erst kann das volle Potenzial sowohl hybrider Arbeitsformen als auch der Digitalisierung gehoben werden. Gleichzeitig ebnet die Digitalisierung den Weg, diese volatile und von Veränderung geprägte Organisation zu beherrschen und Prozesse zu stabilisieren. Für Mitarbeitende bedeutet das Arbeiten in einer agilen Wertschöpfungsorganisation, ständig mit Wandel konfrontiert zu sein und die Herausforderungen der Zukunft als Chance und Motivation zu sehen, sich persönlich ständig weiterzuentwickeln.

Das vorgestellte Modell einer Wertschöpfungsorganisation hat nicht den Anspruch, als fertige Idee ohne Modifikation umgesetzt zu werden. Es soll vielmehr als Diskussionsgrundlage dienen und die Lesenden dazu anregen, bisherige funktionale Strukturen vor dem Hintergrund der Digitalisierung zu hinterfragen und Alternativen in Betracht zu ziehen sowie das Denken in Abteilungen und Funktionen durch das Denken in Clustern und Kompetenzen zu ersetzen oder zumindest zu ergänzen. Das vorgestellte Organisationskonzept unterstützt dieses Ziel. Die Umsetzung kann beispielsweise evolutionär dadurch erfolgen, dass mit der Einrichtung von Veränderungsclustern begonnen wird, und diese sukzessive erweitert werden.

12.8 Epilog

In unseren vielen Gesprächen mit unterschiedlichsten Unternehmen wurde sichtbar, dass sich die Probleme im Arbeitsalltag kontinuierlich verstärken, die Komplexität der Abläufe immer mehr zunimmt und der Koordinationsaufwand kaum mehr bewältigt werden kann. Und wenn dann die Abkehr von der Funktionsorientierung und vom Taylorismus als Impuls zur Sprache kam, war die Reaktion sehr häufig: »Darüber haben wir noch gar nicht nachgedacht. Stimmt eigentlich, wieso haben wir das selbst noch gar nicht infrage gestellt?«

Viele Expertinnen und Experten im Changemanagement werden bestätigen, wie schwierig es ist, Paradigmen in unserem Kopf infrage zu stellen und so die Bereitschaft zu erzeugen, in anderen Dimensionen zu denken und Alternativen zuzulassen. Taylorismus und die daraus entstandene Funktionsorientierung von Unternehmen sind hierfür ein Beispiel. Wir, die Autoren, haben es selbst an uns erlebt. Auch für uns war es so selbstverständlich, dass Aufbauorganisationen durch stabile Funktionen und Hierarchien geprägt sind. Und auch heute noch erwischen wir uns dabei, wie wir von »Personalabteilungen« und »Controlling« statt von »Kompetenzen« und »Aufgaben« reden, während wir über die Zusammensetzung von Clustern und die Aufgabenverteilungen innerhalb der vorgestellten Wertschöpfungsorganisation diskutieren.

Nicht nur Unternehmen werden sich auf das Arbeiten 4.0 einstellen müssen. Auch wir als Lehrende an den Hochschulen und Universitäten werden gefordert sein, diese Änderungen zu verstehen und vor allem unsere Studierenden durch neue Formen des Lernens und der Vernetzung von Lerninhalten darauf vorzubereiten.

12.9 Literatur

Astheimer, Sven; Kanning, Tim; Preuß, Susanne (2016): Alle Mann raus aus den Silos!, FAZ online, http://www.faz.net/aktuell/beruf-chance/beruf/kulturwandel-in-unternehmen-alle-mann-raus-aus-den-silos-14480290.html, abgerufen am 25.7.2018

Bach, Norbert/Brehm, Carsten/Buchholz, Wolfgang/Petry, Thorsten (2017): Organisation – Gestaltung wertschöpfungsorientierter Architekturen, Prozesse und Strukturen. Wiesbaden: Springer Gabler.

Bauernhansl, Thomas (2014): Die vierte Industrielle Revolution – Der Weg in ein wertschaffendes Produktionsparadigma. In: Bauernhansl, T.; ten Hompel, M.; Vogel-Heuser, B. (Hrsg.): Industrie 4.0 in Produktion, Automatisierung und Logistik. Wiesbaden: Springer Vieweg.

Business Wissen (2007): Die Organisation bei Gore-Tex ist ein lockeres Netzwerk, https://www.business-wissen.de/artikel/gleichgestellt-die-organisation-bei-gore-tex-ist-ein-lockeres-netzwerk/, abgerufen am 25.7.2018.

Gassmann, Oliver; Sutter, Philipp (2016): Software erobert die Welt. In: Gassmann, O., Sutter, P. (Hrsg.): Digitale Transformation in Unternehmen gestalten. München: Carl Hanser.

Handelsblatt online (2016): Mit der »Schwarm-Organisation« auf den Premium-Thron, Daimler AG, https://www.handelsblatt.com/unternehmen/industrie/daimler-mit-der-schwarm-organisation-auf-den-premium-thron/14515590.html?ticket=ST-47278-y7wzAhG0UOuRnA6bFqbx-ap4, abgerufen am 25.7.2018.

Lang, Dunja (2016): Gefangen im Komplexitätsdilemma, BoD Books on Demand, Norderstedt: Edition agile Managementsystemik.

Macharzina, Klaus; Wolf, Joachim (2018): Unternehmensführung. Wiesbaden: Springer Gabler.

Mills, D. Quinn (1991): Rebirth of the Corporation, New York: John Wiley & Sons Inc.

Youtube.com (2017): Spotify Engineering Culture (Agile Enterprise Transition with Scrum and Kanban), https://www.youtube.com/watch?v=4GK1NDTWbkY und https://www.youtube.com/watch?v=rzoyryY2STQ, abgerufen am 25.7.2018.

Talente finden, binden und vernetzen

13 Unlock GenZ: eine neue Ära der Talentansprache und des Recruitings

Selina Schröter

Der aktuell herrschende Arbeitnehmer:innenmarkt zwingt Unternehmen dazu, bei ihrer Art, wie sie Nachwuchs für sich gewinnen, umzudenken. Bis 2036 werden rund 13 Millionen Beschäftigte aus dem deutschen Arbeitsmarkt ausscheiden, wohingegen nur ca. 8,4 Millionen Arbeitnehmende nachrücken werden. Daraus resultiert eine Lücke von knapp vier Millionen Beschäftigten, die fehlen werden (vgl. Clausen/Steinharter, 2023).

Ein bekannter Marken- und Unternehmensnamen sowie ein Standard-Webauftritt reichen inzwischen nicht mehr aus, um genügend Talente zu erreichen. Von einer passiven Haltung muss zu einer aktiven Ansprache übergegangen werden, um den immer kleiner werdenden Talentpool zu adressieren. Klar ist, dass eine zielgruppengerechte Ansprache und ein attraktives Arbeitgeberauftreten nicht das Problem des demografischen Wandels und des daraus resultierenden Fachkräftemangels lösen. Es ist jedoch eine von zahlreichen essenziellen Maßnahmen, um aktiv zu werden und um den Nachwuchs für das Unternehmen langfristig sichern zu können. Während die Boomer-Generation derzeit und auch in den kommenden Jahren vermehrt in Rente geht, muss die Gen Z zunehmend in den Fokus der Unternehmen genommen werden (vgl. Focus Online, 2023).

Bevor auf eine zielgruppengerechte Ansprache eingegangen wird, ist es wichtig, die Generation Z (Gen Z) einmal genauer zu definieren und zu beleuchten.

13.1 Wer ist die Gen Z und welche Anforderungen stellt sie an Arbeitgeber:innen?

Laut Statista zählen alle Personen, die zwischen 1996 und 2009 (± zwei Jahre) geboren wurden, zur Generation Z (vgl. Statista, 2020, S. 3). Sie folgen auf die Millennials und sind derzeit dabei, den Arbeitsmarkt zu erobern.

Bevor näher auf die Eigenschaften und Attribute der Generation Z eingegangen wird, möchte ich an dieser Stelle davon abraten, pauschalisierte und verallgemeinernde Aussagen über so viele Individuen nur anhand ihrer Jahrgänge zu treffen. Hieraus entstehen in vielen Fällen Vorurteile, denen die jeweiligen Generationen ausgesetzt sind. Im Kontext der Gen Z heißt es oftmals, dass sie besonders faul und oftmals ohne Motivation seien. Zudem hätten sie oft unrealistische Forderungen an ihre Arbeitgeber (vgl. Rehbock/Spiegel, 2019). Sollte solchen Vorurteilen Glaube geschenkt werden, verhärten sich die Fronten zwischen unterschiedlichen Generationen und es entstehen vollkommen verzerrte Wahrnehmungen voneinander. Aus dem Grund sehe ich die offene Kommunikation zwischen und mit den jeweiligen Generationen als maßgeblich für die erfolgreiche Rekrutierung junger Leute und die daran anschließende generationenübergreifende Zusammenarbeit.

Innerhalb einer Generation können die unterschiedlichsten Vorstellungen vom eigenen Leben, den eigenen Werten und dem eigenen Wüsche vertreten sein. Was sie jedoch vereint, sind die äußeren Umstände, in denen eine Generation groß wird und die die jeweiligen Generationen voneinander unterscheiden.

Aus diesem Grund halte ich eine gesonderte Betrachtung der nun nachkommenden Generation im Kontext der Arbeitswelt und der Talentgewinnung für wichtig. Die Rahmenbedingungen, unter denen sie aufwachsen, prägen ihre Erwartungen und Anforderungen an ihr (Arbeits-)Leben und heben sie dadurch auch von anderen Generationen ab.

Die Generation Z ist die erste Generation, die in einer (vollkommen) digitalisierten Welt aufwächst. Für sie ist eine Welt ohne Internet nahezu unbekannt – auch wenn die älteren Jahrgänge der Gen Z, mich eingeschlossen, zum Beispiel vermutlich noch wissen, was ein Walkman ist. Die weltweite Vernetzung sorgt für einen dauerhaften Kommunikationsfluss, wodurch Informationen nonstop konsumiert und geteilt werden können. Als Digital Natives ist diese Generation bereits seit Kindesalter technologiebewusst und hat eine intuitive Beziehung zu digitalen Medien. Aufgrund dieser Konnektivität und Vernetzung haben sie oft eine globale Perspektive auf Themen. Sie kennen und leben digitalen Fortschritt und erwarten diesen Umgang auch von ihren Arbeitgebern.

Die Gen Z wächst in Zeiten voller Unsicherheit und Krisen auf. Krisen hat es auch in der Vergangenheit schon gegeben und sie haben auch andere Generationen beeinflusst. Neu ist jedoch, dass Krisen durch die digitalen Medien omnipräsent sind. Ununterbrochen werden News geteilt und kommuniziert, was auf der einen Seite für Transparenz, auf der anderen Seite jedoch für eine dauerhafte emotionale Belastung sorgt. Außerdem kommen existenzielle Krisen globalen Ausmaßes wie der Klimawandel hinzu, die die Generation weltweit in Unsicherheit aufwachsen lassen. Wird die äußere Umgebung betrachtet, erlebt die Gen Z daher wenig Konstantes. Aus diesem Grund ist es ihr umso wichtiger, bei diesem Thema ernst genommen zu werden und für einen Arbeitgeber tätig zu sein, der hier ebenfalls einen Beitrag leistet. Laut Randstad würden 50 % der befragten 18- bis 24-Jährigen keinen Job annehmen, wenn sich das Unternehmen nicht proaktiv für mehr Nachhaltigkeit einsetzt (vgl. Randstad, 2022).

Nachhaltigkeit gilt es dabei nicht als Trend, sondern als ganzheitliche Unternehmensstrategie zu verstehen.

Die Generation ist sich ihrer selbst und der äußeren Umstände bewusst und setzt sich in diesem Zuge u. a. verstärkt für (mentale) Gesundheit ein. Sie leistet einen entscheidenden Beitrag zur Enttabuisierung des Themas, indem sie z. B. auf Social-Media-Plattformen offen über das Thema spricht. Im Gegenzug erwartet sie auch, dass mentale Gesundheit in der Arbeitswelt adressiert und ernst genommen wird. Mental Health Days und spezifische Awareness-Programme können hier einen entscheidenden Beitrag für einen offenen Umgang leisten.

Die Sicherheit, die sie in Anbetracht der äußeren Umstände nicht bekommen kann, sucht sie dafür in ihrem beruflichen Umfeld. Statista zeigt eindeutig auf, dass die Gen Z, ähnlich auch wie andere Generationen, Wert auf ein stabiles Arbeitsumfeld legt (vgl. Statista, 2020, S. 21). Entwicklungsperspektiven, Weiterbildungsoptionen sowie Wertschätzung spielen ebenfalls eine entscheidende Rolle bei der Arbeitgeberwahl (vgl. Focus Online, 2023).

Auch die Prioritäten im Hinblick auf die Lebensgestaltung verschieben sich bei der Generation Z. Sie hat bei den vorherigen Generationen gesehen, wohin es führen kann, wenn Arbeit das gesamte Leben bestimmt und einnimmt. Der Trend geht weg vom Credo »Leben, um zu arbeiten« hin zu »Arbeiten, um zu leben«. Sie definiert sich nicht ausschließlich über den Job, wodurch sich auch die Incentivierung der Zielgruppe im Berufskontext wandeln muss. Was einst der teure Dienstwagen und der Parkplatz direkt vor dem Gebäude waren, ist inzwischen z. B. eine flexiblere Mobilitätslösung wie die BahnCard, mit der beruflich und privat gereist werden kann. Flexibilität hält auch im beruflichen Alltag Einzug, wodurch sich auch die Arbeitsbedingungen anpassen müssen. Hybride und Remote-Arbeitsmöglichkeiten sowie die Möglichkeit von Workation sollten zunehmend Berücksichtigung finden. Der Fokus liegt verstärkt darauf, Arbeit und Leben miteinander zu vereinbaren, anstatt eines von beiden hintanzustellen.

Auch das Thema gelebter Diversität hat einen zunehmenden Stellenwert innerhalb dieser Generation (vgl. Onderka, 2021). Die Gen Z lässt sich nicht von Regenbogen-Logos im Pride-Monat Juni blenden, sondern fordert zunehmend gelebte Diversität innerhalb der Unternehmensstrukturen ein. Sie sucht aktiv nach Vorbildern, mit denen sie sich identifizieren kann. Unternehmen profitieren von divers aufgestellten Teams, da sie nachweislich nicht nur innovativer sind (vgl. Ebeling, o. J.), sondern auch unterschiedlichste Zielgruppen ansprechen. Unternehmen können es sich heutzutage nicht mehr leisten, durch bewusste oder unbewusste Diskriminierung den sowieso schon kleiner werdenden Talentpool für sich weiter zu minimieren. Diversität wird also in allen Facetten essenziell.

Grundsätzlich lässt sich festhalten, dass sich die Gen Z ihrer Position bewusst ist, dass die Generation offen kommuniziert, ihre Vorstellungen klar äußert und deren Umsetzung auch aktiv einfordert. Dabei ist ihr Kommunikation auf Augenhöhe enorm wichtig. Sie will von Anfang an ernst genommen und in Entscheidungsprozesse eingebunden werden.

Diese Form der Kommunikation fordert die Gen Z auch, wenn es um das Gehalt geht. Sie ist sich ihres Wertes bewusst und scheut nicht davor zurück, dies klar gegenüber ihrem potenziellen Arbeitgeber zu kommunizieren. Dies rührt nicht von einer neuen Form des Materialismus her, sondern von einer Form der Existenzsicherung, da junge Menschen ihrer finanziellen Zukunft unter den aktuellen Umständen mit Sorge entgegensehen (vgl. Reintjes, 2023). Eine transparente Gehaltsspanne sowie dazu passende Entwicklungsperspektiven sind für die junge Generation daher bei der Arbeitgeberwahl sehr wichtig.

Die soeben getroffenen Aussagen beziehen sich auf ein breites Spektrum der Angehörigen der Gen Z. Bevor ein Unternehmen seine Zielgruppenansprache plant, ist es wichtig, die anzusprechende Personengruppe konkret zu identifizieren, um die Art der Ansprache zielgerichtet gestalten zu können. Dazu sollte sich das jeweilige Unternehmen fragen, wen aus der Gen Z sie genau adressieren möchten, um daraus ableiten zu können, wo und wie dieser Zielgruppe am geeignetsten begegnet werden kann. Diese Ausrichtung kann im Rahmen eines initialen Workshops erarbeitet werden.

Außerdem sollte der Status quo des eigenen Standings innerhalb dieser definierten Zielgruppe analysiert werden. Hierzu können Studien wie etwa Trendence (vgl. Trendence, 2023) herangezogen werden. Diese enthalten ein klares Arbeitgeberranking und helfen, ein reflektiertes Bild über die eigene Ausgangslage zu erhalten.

13.2 Die Candidate Experience neu definieren

An die sich ändernden Anforderungen und Umstände müssen sich auch die Ansprache der Talente sowie das traditionelle Recruiting anpassen. Altbewährte Methoden sollten überdacht und an die aktuellen sowie künftigen Herausforderungen angepasst werden. Dabei gilt es, die Candidate Experience stets ganzheitlich zu betrachten. Die Candidate Experience umfasst alle Touchpoints, über die potenzielle Bewerber:innen mit dem jeweiligen Unternehmen in Berührung kommen. Die Gestaltung der Candidate Experience sollte kontinuierlich im Wandel sein und sich zielgruppengerecht weiterentwickeln. Die Kernbotschaften, die in den jeweiligen Schritten der Candidate Experience kommuniziert werden, müssen aufeinander abgestimmt sein und zum Hervorheben der initial erarbeiteten Employer Value Proposition (EVP) beitragen.

Wie sich die Candidate Experience zusammensetzt und worauf es in den einzelnen Schritten zu achten gilt, wird im Folgenden erläutert.

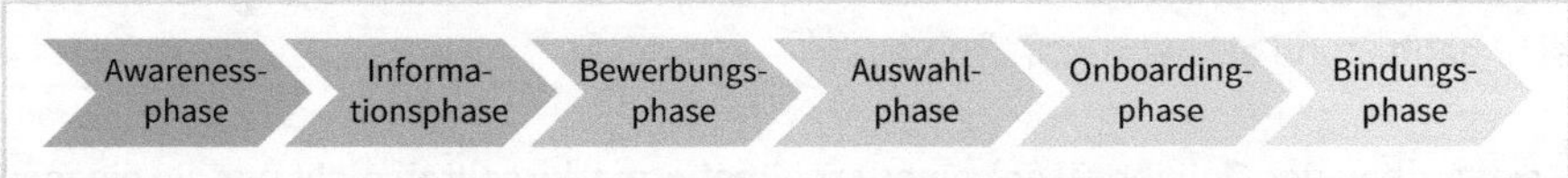

Abb. 18: Sechs Schritte einer Candidate Experience (in Anlehnung an Onlyfy, o. J.)

Die Abbildung zeigt die Unterteilung der Candidate Experience in sechs aufeinanderfolgende Phasen.

13.2.1 Awarenessphase

In der Awarenessphase geht es darum, als Arbeitgeber Aufmerksamkeit zu erzielen, um überhaupt erst einmal von der vorab definierten Zielgruppe registriert zu werden. Dabei soll überwiegend die emotionale Ebene angesprochen werden, um erstes Vertrauen aufzubauen. Es soll eine initiale Anziehung entstehen, aus der im besten Fall ernsthaftes weiteres Interesse resultiert. Um dies zu erzielen, empfiehlt es sich, Präsenz auf den Kanälen zu zeigen, auf denen die Zielgruppe unterwegs ist. Dazu sollten sowohl Online- als auch Offline-Kanäle berücksichtigt werden.

Für die Generation Z sind Plattformen wie Instagram, TikTok, Twitch und Snapchat oftmals tägliche Begleiter. Aber nicht jede Präsenz ist gleich effektiv. Zahlreiche Unternehmen versuchen, durch »künstlich« jung dargestellte Inhalte »hip« zu wirken, was jedoch oft kontraproduktiv ist. Das Erstellen von Inhalten, die nicht authentisch sind und künstlich wirken, kann schnell als »cringe« wahrgenommen werden.

Um dem entgegenzuwirken, sollte die Zielgruppe aktiv in die Planung und Gestaltung des Contents eingebunden werden. Stichwort: Content von der Zielgruppe für die Zielgruppe. So kann von Anfang an geprüft und sichergestellt werden, dass die Inhalte zielgruppengerecht transportiert werden.

In der Awareness-Phase geht es nicht darum, viele Informationen über das jeweilige Unternehmen oder Stellenportfolio zu kommunizieren, sondern lediglich darum, erste Neugier zu wecken. Demnach sollten die Botschaften prägnant, schnell erfassbar und auf den Punkt gebracht sein. Besonders auf den Social-Media-Kanälen beträgt die Aufmerksamkeitsspanne der Gen Z nur wenige Sekunden. Diese gilt es geschickt zu nutzen, um sich nahbar und authentisch zu präsentieren. Dabei kann gern auch mit Humor an die Sache herangegangen werden, so wie es die Deutsche Bahn vor Kurzem getan hat. Unter dem Instagram-Post der Tagesschau zum Jugendwort des Jahres 2023 kommentierte das Unternehmen: »Auf Lock? Endlich mal ein Jugendwort, das wir auch kennen.« Nicht nur das Posting, sondern auch dieser Kommentar ging mit knapp 24.000 Likes (Stand September 2023) viral. Die Deutsche Bahn zeigt, dass sie sich selbst nicht so ganz ernst nimmt und macht sich damit für die junge Zielgruppe sehr nahbar und authentisch.

Beim Aufbau der Onlinepräsenz einer Arbeitgebermarke sollten nicht nur die eigenen Unternehmensaccounts in Betracht gezogen werden, sondern auch die organische Präsenz der eigenen Mitarbeitenden. Corporate Influencer sind nicht bloß prominente Gesichter oder Führungskräfte. Es sind oft engagierte Mitarbeitende, die in sozialen Netzwerken wie LinkedIn aktiv sind und regelmäßig Inhalte teilen. Die Bedeutung dieser Mitarbeitenden als Markenbotschafter:innen liegt in ihrer Authentizität und Glaubwürdigkeit. Menschen neigen dazu, anderen Menschen – besonders denen, denen sie vertrauen – mehr Glauben zu schenken als bloßen Unternehmensbotschaften. Ein prominentes Beispiel hierfür ist Bill Gates, dessen Präsenz mit knapp 35 Mio. Follower:innen auf LinkedIn (Stand 2023) größer ist als die seines Unternehmens Microsoft mit 21 Mio. Follower:innen (Stand 2023). Besonders die Gen Z ist mit Influencer:innen in jeglichen Bereichen groß geworden, wodurch sie mit dieser Form der Ansprache sehr vertraut ist. Ein internes Corporate-Influencer-Programm erkennt und fördert dieses Potenzial. Es kann Vorstandsmitglieder nahbar und Mitarbeitende sichtbar machen. Durch das Empowern und Unterstützen der Mitarbeitenden, die bereits eine Affinität zu sozialen Medien zeigen, kann das Unternehmen organisch und authentisch seine Botschaften, Werte und Kultur teilen. Wichtig ist hierbei die Betonung der Freiwilligkeit – nicht alle Mitarbeitenden möchten oder sollten Corporate Influencer sein. Unternehmen sollten auch keine Angst davor haben, was ihre Mitarbeitenden posten könnten. Eine ehrliche und transparente Außenkommunikation schafft Vertrauen und Bindung sowohl bei aktuellen als auch bei potenziellen Mitarbeitenden.

Kurz gesagt, Corporate Influencer spielen eine entscheidende Rolle bei der Gestaltung der Wahrnehmung eines Unternehmens. Sie dienen als Brücke zwischen dem Unternehmen und der Öffentlichkeit und sind somit ein unschätzbares Instrument für eine erfolgreiche Employer Brand.

Auch wenn die digitale Welt für die Gen Z von zentraler Bedeutung ist, sollten die Offline-Kanäle nicht vernachlässigt werden. Hier zahlt es sich aus, unkonventionell zu denken und der Zielgruppe dort zu begegnen, wo sie in ihrer Freizeit unterwegs ist. Neben Jobmessen und klassischen Formaten lohnt es sich, neue Wege zu gehen und dort Präsenz zu zeigen, wo man als Arbeitgeber nicht erwartet wird. Als Beispiel lässt sich hier mein Projekt mit Siemens nennen. Ich durfte die Siemens AG als Arbeitgeber 2022 zum ersten Mal auf die Gamescom bringen. Die Gamescom ist die weltweit größte Gamingmesse, auf der Gamer:innen aus der ganzen Welt zusammenkommen, um Spieleneuheiten zu entdecken. Als Arbeitgeber, der eine gamingaffine Zielgruppe ansprechen und für sich gewinnen möchte, gelang es, eine vollkommen neuartige und innovative Ansprache zu finden. Dies ist jedoch nicht mit einem konservativen Geschäftskundenauftritt möglich. Hier mussten andere Mittel und Wege her: Mit E-Sportler:innen, spannenden Exponaten sowie 1.000 petrolfarbenen Plüsch-Einhörnern waren die Aufmerksamkeit und somit das Interesse schnell auf unserer Seite. »Finding your dreamjob is easier than catching a unicorn« wurde zum Programm.

Zusammenfassend lässt sich sagen, dass die Awareness-Phase eine Kombination aus richtiger Kanalauswahl, authentischen Inhalten und echtem Engagement erfordert, um die Generation Z zu erreichen. Das übergeordnete Ziel der Awarenessphase sollte ein kanalübergreifendes Storytelling sein, das neugierig macht und die Brücke zu der nun folgenden Informationsphase baut.

13.2.2 Informationsphase

Nachdem die initiale Neugier geweckt und somit die erste Hürde genommen ist, geht es nun darum, das Interesse zu steigern, indem die wichtigsten Informationen einfach und transparent zugänglich gemacht werden. Dies ist am besten auf einer eigens für die Zielgruppe gestalteten Unternehmenswebsite möglich. Um nicht nur die Neugier, sondern im zweiten Schritt auch ernsthaftes Interesse innerhalb der Gen Z zu wecken, lohnt es sich, eine eigene Karriereseite z. B. für die angebotenen Einstiegsmöglichkeiten als Schüler:in (Ausbildungs- und Studiengänge) sowie als Studierende (Praktika und Co.) zu gestalten, die das »Look & Feel« der ersten Awareness-Phase aufgreift. Dies sollte an das Storytelling der Awareness Touchpoints anknüpfen und in ähnlicher Tonalität alle essenziellen Informationen rund um die Jobangebote schnell ersichtlich und transparent liefern.

Diese Karrierewebseite sollte als Bündelungspunkt aller Touchpoints der Awarenessphase fungieren. Sie sollte vor allem für die Mobilnutzung ausgelegt sein, da das Endgerät Nummer eins der Gen Z das Smartphone ist (vgl. VuMA, 2021).

Mit wenigen Klicks sollten die wichtigsten Informationen ersichtlich sein, ohne dabei mit zu viel Text zu überlagern überfordern. Videocontent kann hier als willkommene Abwechslung eingesetzt werden. Die Erwartungen der Gen Z sollten hier berücksichtigt werden. Das heißt, in einer übersichtlichen und transparent formulierten Stellenanzeige sollten u. a. Gehaltsspannen sowie Entwicklungsmöglichkeiten klar kommuniziert werden.

Am Ende dieser Phase sollte die emotionale Ansprache der Awarenessphase um konkrete Fakten aus der Informationsphase erweitert worden sein. Dadurch entsteht ein Gesamtbild, das beide Hirnhälften der Interessierten anspricht und im Idealfall im folgenden Schritt eine Bewerbung auslöst.

13.2.3 Bewerbungs- und Auswahlphase

So intuitiv, wie die Informationsphase war, sollte nun auch die Bewerbungsphase sein. Dazu ist es essenziell, den Bewerbungsprozess so simpel und transparent wie möglich zu gestalten, um in diesem Schritt so wenige Kandidat:innen wie möglich zu verlieren. 58% der Bewerber:innen haben den Online-Bewerbungsprozess schon einmal abgebrochen, obwohl ihnen die Stelle eigentlich zusagte (vgl. Nier/Statista, 2019). Gründe dafür sind vor allem komplizierte und umständliche Bewerbungsverfahren – der Bewerbungsprozess wird aus diesem Grund von jeder zweiten Person abgebrochen. Auch die oft zu lange Reaktionszeit der Unternehmen sowie die fehlende Sympathie gegenüber den Unternehmensvertreter:innen stellen weitere Abbruchgründe dar (vgl. Nier/Statista, 2019).

Das beste, zielgruppengerechteste und erfolgreichste Marketing in den vorherigen Phasen bringt nichts, wenn der Recruitingprozess vollkommen überholt und nicht auf die Zielgruppe abgestimmt ist. Es lohnt sich, traditionelle Recruitingmethoden zu hinterfragen und ggf. gegen modernere auszutauschen. In diesem Zuge lässt sich z. B. darüber diskutieren, ob in Zeiten von ChatGPT noch Anschreiben der Bewerber:innen notwendig sind oder ob man es den Kandidat:innen nicht selbst überlässt, wie sie sich vorstellen möchten. Hier könnten z. B. Bewerbungsvideos einen kreativen Opener darstellen. Was ich damit sagen möchte: Bewerbungsprozesse müssen flexibler werden und an die Bedürfnisse der Zielgruppe angepasst werden. Zusammengefasst sollte der Bewerbungsprozess einfach, schnell und vom Smartphone aus möglich sein.

Aus Arbeitgeberperspektive lohnt es sich, die Interessent:innen ganzheitlich zu betrachten und neben den bereits vorhandenen Qualifikationen vor allem auf das Potenzial der Bewerber:innen zu fokussieren. Klassisch lineare Lebensläufe sind in der Gen Z (und darüber hinaus) kein Standard mehr und sollten nicht über eine Zu- oder Absage entscheiden.

Statt eines rein kognitiven Vorab-Tests können umfangreichere Persönlichkeitstests eingesetzt werden. Diese bieten einen weitaus umfassenderen Einblick in die Stärken der Kandidat:innen und können basierend darauf konkrete Einschätzungen über die Fähigkeiten geben, die für einen Teamfit und somit ein Unternehmensmatch benötigt werden. Außerdem können die Testergebnisse zurück an den:die Bewerber:in gespielt werden, wodurch diese Art der Tests durchaus als Marketinginstrument eingesetzt werden kann. Mit dem Einsatz eines solchen Testverfahrens kann vorab geworben werden, da die Bewerber:innen damit nicht nur einen einfachen Zugang zum Bewerbungsprozess, sondern auch eine detaillierte, kostenlose Möglichkeit zur Selbstreflexion in Form der Testauswertung erhalten.

Die im Anschluss an den Bewerbungsprozess folgende Kommunikation über eine Zu- oder Absage sollte auf Augenhöhe stattfinden und, wenn möglich, konstruktives Feedback beinhalten. Zu lange Wartezeiten im Bewerbungsprozess zeugen für wenig Wertschätzung und sollten vermieden bzw. wenn sie nicht vermeidbar sind, mit regelmäßigen Updates klar kommuniziert werden.

Ab dem Zeitpunkt der Zusage wird die Candidate Experience zu einer Employee Experience.

13.2.4 Preboarding und Onboarding

Bevor das Onboarding der neuen Mitarbeitenden stattfindet, ist schon die vorgelagerte Phase von hoher Bedeutung. Das sog. Preboarding ist entscheidend und wird in der Praxis oftmals vernachlässigt. Hierbei geht es um die Zeitspanne zwischen der Zusage und dem ersten Arbeitstag, die je nach Auswahlprozess mehrere Monate betragen kann.

Preboarding
Mitarbeitende, die in der Phase zwischen Zusage und Arbeitsbeginn regelmäßig vom Unternehmen hören, entwickeln bereits vorab eine stärkere Bindung zum künftigen Arbeitgeber und lehnen seltener das Angebot ab bzw. werden in dieser Zeit seltener von einem anderen Unternehmen abgeworben. Die Gen Z schätzt Authentizität und möchte das Gefühl haben, schon vor dem ersten Arbeitstag Teil des Teams zu sein. Ein Welcome-Paket oder ein Buddy-Programm sind großartige Möglichkeiten, um diese Generation zu erreichen und um eine frühzeitige Bindung aufzubauen. Das Vernetzen mit einem Buddy, bevor der Job offiziell angetreten wird, vermittelt das Gefühl, dass die künftigen Mitarbeitenden erwartet und willkommen geheißen werden.

Onboarding
Wenn der erste Arbeitstag schließlich kommt, soll das Onboarding das positive Gefühl, das während des Pre-Boardings geschaffen wurde, verstärken. Es ist ein weitverbreiteter Irrtum zu glauben, dass das Onboarding mit der Aushändigung des Arbeitsmaterials endet. Für die Gen Z geht es beim Onboarding nicht nur darum, das notwendige Equipment und die Tools zur Verfügung gestellt zu bekommen. Sie sucht nach Orientierung, Weiterbildung und vor allem nach der Integration in die Unternehmenskultur. Die Einbindung in Projekte, regelmäßige Feedback-Gespräche und die Möglichkeit zur Fortbildung sind für sie genauso wichtig wie der eigentliche Arbeitsinhalt. Unternehmen, die dies erkennen und in ihrem Onboarding-Prozess umsetzen, haben eine bessere Chance, die jungen Talente der Gen Z langfristig zu binden.

Insgesamt ist der Prozess des Pre- und Onboardings entscheidend, um die jungen Mitarbeitenden der Generation Z zu integrieren, und die Grundlage, um eine langfristige Bindung aufzubauen. Es geht darum, sie willkommen zu heißen, sie zu unterstützen und ihnen die Tools und Ressourcen zur Verfügung zu stellen, die sie benötigen, um in ihrer Arbeit erfolgreich zu sein.

13.2.5 Bindungsphase

Die Bindungsphase zielt darauf ab, die Werte und Versprechen, die während des Bewerbungs- und Onboarding-Prozesses kommuniziert wurden, in die Realität umzusetzen. Hier wird die Employer Brand erlebbar. Dies gelingt durch ein authentisches Arbeitsumfeld, in dem sich alle Mitarbeitenden wertgeschätzt und zugehörig fühlen.

Im Gegensatz zu den vorherigen Schritten sollte die gesonderte Betrachtung der Gen Z in diesem Schritt aufweichen und ein ganzheitlicher, generationsübergreifender Blick auf die Bindung der eigenen Mitarbeitenden stattfinden. Obwohl die Gen Z ihre eigenen Bedürfnisse und Erwartungen an den Arbeitsplatz hat, sind die Grundlagen der Bindung universell. Vertrauen, offene Kommunikation und gegenseitiger Respekt sind Schlüsselkomponenten, um alle Mitarbeitenden an das Unternehmen zu binden.

Es ist von zentraler Bedeutung, dass innerhalb des Unternehmens miteinander und nicht übereinander gesprochen wird. Ein Umfeld, in dem offene Kommunikation gefördert wird, beseitigt Missverständnisse und stärkt das Teamgefühl. Dies wird durch Initiativen wie (Reverse-)Mentoringprogramme besonders gefördert, bei denen jüngere Mitarbeitende mit erfahreneren Kollegen:innen zusammengebracht werden. Ein solches generationsübergreifendes Arbeiten ermöglicht es, die Neugier und Innovationskraft der jüngeren Generationen mit dem reichen Erfahrungsschatz der älteren Generationen zu kombinieren. Dies führt zu einer synergetischen Arbeitsatmosphäre, in der Wissen und Fähigkeiten auf beiden Seiten geteilt werden.

Insgesamt sollte das Ziel der Bindungsphase darin bestehen, ein integratives Arbeitsumfeld zu schaffen, das die Bedürfnisse aller Generationen berücksichtigt und in dem jeder Einzelne die Möglichkeit hat, zu wachsen und beizutragen.

13.2.6 Offboarding

Zum Schluss sollte auch der Umgang mit dem Offboarding nicht vernachlässigt werden. In Zeiten, in denen Arbeitgeberwechsel zur Normalität gehören und besonders von der Gen Z auch aktiv angestrebt werden, sollte ein professioneller Umgang vorgelebt werden. Ein angemessener und respektvoller Abschied von Mitarbeitenden, die das Unternehmen verlassen, kann die Bindung der verbleibenden Belegschaft stärken. Es zeigt, dass das Unternehmen seine Mitarbeitenden in allen Phasen ihrer Karriere wertschätzt und respektiert. Außerdem besteht die Möglichkeit, den Kontakt zu den Ex-Mitarbeitenden aufrechtzuerhalten, da es im Falle eines wertschätzenden Abgangs durchaus der Fall sein kann, dass die Person sich zu einem späteren Zeitpunkt erneut dazu entscheidet, ins Unternehmen zurückzukommen. Gekränkter und falscher Stolz von Führungskräften oder ähnliches Verhalten ist an dieser Stelle vollkommen deplatziert und schadet dem Unternehmen als Arbeitgeber langfristig.

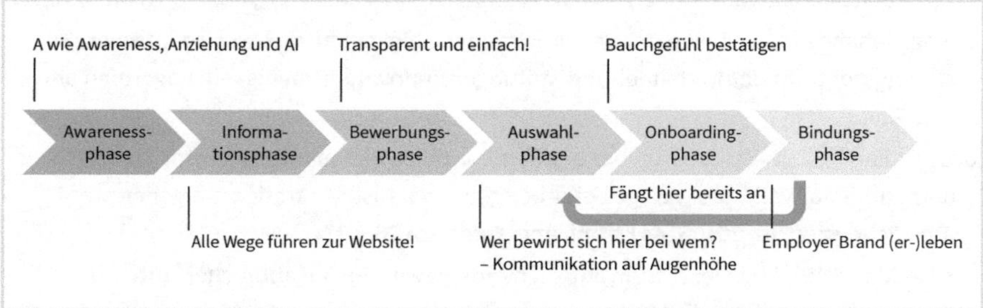

Abb. 19: Zusammenfassung der Candidate Experience (Quelle: eigene Darstellung)

13.3 Fazit

Mit dem Eintritt der Gen Z in den Arbeitsmarkt haben sich die Anforderungen an Arbeitgeber verändert. Die Gen Z legt Wert auf Authentizität und klare Werte, wobei Digitalisierung und Technologie als gegeben betrachtet werden. Sie strebt nach einem ausgewogenen Verhältnis von Arbeit und Privatleben und schätzt die Möglichkeit, flexibel zu arbeiten und dabei fair vergütet zu werden.

Bei der Ansprache sowie dem daran anschließende Rekrutierungsprozess steht die Candidate Experience im Vordergrund. Schnelle Reaktionszeiten, transparente Kommunikation auf Augenhöhe und ein authentisches Employer Branding sind essenziell. Zukünftig (oftmals schon derzeit) könnte der Einsatz von KI und personalisierten Bewerbungserfahrungen eine immer größere Rolle spielen. Effizienzsteigerungen sowie verbesserte Analyseverfahren werden zu entscheidenden Vorteilen. Es besteht jedoch die Gefahr, dass ein rein KI-basierter Bewerbungsprozess von den Kandidat:innen als unpersönlich wahrgenommen wird, wodurch eine gewisse persönliche Nahbarkeit als Arbeitgeber entscheidend sein wird. Schlussendlich ist und bleibt HR ein »People Business«, bei dem eine KI unterstützen, den menschlichen Faktor jedoch nicht vollständig ersetzen kann.

Mit dem Wandel der Zeit und der neuen Generation, die in den Arbeitsmarkt eintritt, müssen sich Arbeitgeber stetig anpassen und innovativ bleiben, um langfristig attraktiv zu sein und den Fachkräftenachwuchs im Unternehmen zu sichern.

13.4 Literatur

Clausen, Sven; Steinharter; Hannah (2021). Die GenZ-Versteher, https://www.manager-magazin.de/unternehmen/die-genz-versteher-wie-eine-generation-zum-geschaeftsmodell-wird-a-eaef7468-dfc1-42f4-9e87-03fea234a63c, abgerufen am 26.9.23.

Ebeling, Johanna (o. J.). Diversität und Innovationsfähigkeit, https://www.deutsches-stiftungszentrum.de/diversitaet-und-stiftungen/innovationsfaehigkeit, abgerufen am 26.9.23.

Focus Online (2023). Was Arbeitgeber der Gen Z wirklich bieten müssen, https://www.focus.de/panorama/welt/studie-zeigt-bei-arbeitgeberwahl-ist-generation-z-eigener-profit-am-wichtigsten_id_204061441.html, abgerufen am 26.9.23.

Nier, Hedda (2019); Statista. Warum Jobsuchende Bewerbungen abbrechen, https://de.statista.com/infografik/18348/warum-jobsuchende-bewerbungen-abbrechen/, abgerufen am 26.9.23.

Onderka, Lena (2021). Gen Z & das Thema Diversität, https://www.personalwirtschaft.de/news/recruiting/diversity-generationz-studie-96717/, abgerufen am 26.9.23.

Onlyfy (by Xing). Diese Phasen durchlaufen Talente beim Recruiting, https://onlyfy.com/de/glossar/candidate-journey/, abgerufen am 26.9.23.

Randstad Arbeitsbarometer (2022), https://www.randstad.de/ueber-randstad/presse/personalmanagement/jahresrueckblick-arbeitsmarkt-2022/, abgerufen am 26.9.23.

Rehbock, Larissa (2019). Was Arbeitgeber an der Gen Z nicht verstehen, https://www.spiegel.de/start/generation-z-faul-und-verwoehnt-stimmen-die-vorurteile-a-e312bb0e-07f6-46db-a34c-ac7a2a2cb174, abgerufen am 26.9.23.

Reintjes, Dominik (2023). Wie die Inflation die Prioritäten der Gen Z verschiebt, https://www.wiwo.de/erfolg/beruf/geld-ist-wichtiger-als-spass-wie-die-inflation-die-prioritaeten-der-generation-z-verschiebt/28821890.html, abgerufen am 26.9.23.

Statista (2020). Gen Z, Millennials und Generation X – Ein Überblick, https://de.statista.com/statistik/studie/id/78414/dokument/gen-z-millennials-und-generation-x-ein-ueberblick/, abgerufen am 26.9.23.

Trendence (o. J.): Wissen wo die Zielgruppe sucht, https://www.trendence.com/reports/arbeitsmarkt/recruiting-karriereplanung, abgerufen am 26.9.23.

VuMA (2021): Generationen nach Geräten der Internetnutzung, Statista 2021, https://de.statista.com/statistik/daten/studie/1137686/umfrage/umfrage-zu-geraeten-zur-internetnutzung-nach-generationen/, abgerufen am 26.9.23.

14 Talent Engagement der Zukunft

Jasmin Kiechle und Svenja König

»Organisationen können nur so gut sein wie die Menschen in ihnen.«
HAUFE.TALENT, 2021, S. 3

Dieses Zitat zeigt auf, welch wichtige Rolle die eigenen Mitarbeitenden für die Organisation einnehmen. Das bringt auch die Aussage Herzogs (2020) zum Ausdruck, nach der die Weiterentwicklung des Personals eine der »intelligentesten Investitionen« ist, die ein Unternehmen tätigen kann. In der heutigen Zeit des stetigen Wandels hat eine entsprechende Weiterentwicklung der Mitarbeitenden und Führungskräfte eine umso wichtigere Bedeutung, um mit den Dynamiken des Arbeitsmarktes und den veränderten Strukturen Schritt halten zu können. Mit den neuen Rollen und Aufgaben der Menschen im Unternehmen, die sich durch diese Veränderung der Strukturen und durch die Etablierung neuer Arbeitsmodelle ergeben, verändern sich auch die benötigten Kompetenzen.

Um auf die nicht planbaren Dynamiken der VUCA-Welt mit der Entwicklung von wichtigen Zukunftskompetenzen bei Mitarbeitenden und Führungskräften zu reagieren, ist es notwendig, den Kern des Talentmanagements grundlegend zu überdenken (Perring, 2020). Eine solche Forderung begründet sich im Fokus des klassischen Talentmanagements auf maximale Prozesseffizienz. Die damit einhergehende Skalierbarkeit, Standardisierbarkeit und konsistente Implementierung von Prozessen erschwert ein flexibles Reagieren auf Veränderungen (HAUFE.TALENT, 2021).

Die Notwendigkeit, das derzeitige Talentmanagement zu überdenken, passt auch zur bereits länger bestehenden Forderung, dass sich Talentmanagement nicht nur um elitäre »High Potentials« bemühen sollte (Silzer/Church, 2010), sondern eine ganzheitlichere Perspektive erfordert. Insbesondere in der Dringlichkeit des Fachkräftemangels im Zusammenhang mit dem Renteneintritt der Babyboomer ist es notwendig, Talent breiter zu definieren. Unternehmen können es sich im Hinblick auf den demografisch bedingten Rückgang des Arbeitskräfteangebots und der gleichzeitig steigenden Anforderungen nicht leisten, nur in eine Minderheit ihrer Mitarbeitenden zu investieren (Hehn, 2016). Im Zuge der zunehmenden Verknappung von Talenten bedeutet es zugleich, mit der Etablierung neuer Ansätze die Entwicklung von Menschen voranzutreiben. Hierbei steht eine ganzheitlichere Perspektive auch in Zusammenhang mit Soft-Skill-Themen wie Problemlösefähigkeiten, die neben den fachlichen Fähigkeiten immer wichtiger werden, damit die Arbeitsfähigkeit in der hybriden Arbeitswelt erhalten bleibt und die Gestaltung der Zukunft möglich ist.

Statt sich auf die Identifikation und Entwicklung von Talenten durch starre und einengende Prozesse zu konzentrieren, gilt es heute umso mehr, ein in den Mitarbeitenden selbst liegendes Potenzial zur eigenen Entwicklung freizusetzen (HAUFE.TALENT, 2021). Der Gedanke einer eigenverantwortlichen Entwicklung der Mitarbeitenden bildet die Grundlage dieses Kapitels – der Neuausrichtung des klassischen Talentmanagements hin zu einem »Talent Engagement«.

14.1 Talentmanagement in Zeiten von Unsicherheit

Trotz der vielen offensichtlichen Herausforderungen innerhalb des Talentmanagements nahm die Bedeutung dieses Gebiets und der Personalarbeit Ergebnissen der BPM-Berufsfeldstudie »People & Organization 2020« zufolge überraschenderweise unter HR-Professionals ab. Vor der Pandemie landete das Thema auf Platz 2, im Jahr 2020 rutschte das Thema auf Rang 8 ab (Herrmann et al., 2020). Dies macht die Bedeutung neuer Ansätze in diesem Gebiet deutlich. Talente international zu gewinnen und zu entwickeln sollte stärker in den Blick genommen werden. Die zunehmend virtuelle Zusammenarbeit ermöglicht eine räumlich unabhängige Einbindung von Talenten und die Erhöhung der geografischen Reichweite für eine Akquirierung von Toptalenten (Berger et al., 2021).

»Talent« wird gern in Verbindung mit anderen Begriffen gebracht, wie z. B. High Potential, Führungsnachwuchskräfte, Hochbegabte, Hochleistungsträger, Top-Performer, A-Player, wobei mit »High Potentials« und »Führungsnachwuchskräften« Personen jüngeren Alters gemeint sind (Ritz/Sinelli, 2018). Diese einseitige begriffliche Vorstellung ist jedoch rein auf überspitzte positive Eigenschaften ausgerichtet. Der Begriff »Talent« ist nach Ritz und Sinelli (2018) so stark positiv besetzt, dass seine Popularität teilweise dazu führt, dass alle Aktivitäten des Human-Resource-Managements oder der Personalentwicklung durch Talentmanagement ersetzt werden (Williams/Reilly, 2000).

Das Talent

Allgemein können Personen als Talente beschrieben werden, deren Fähigkeiten und Begabungen bzw. deren Wissen in Unternehmen kurz-, mittel- und langfristig nützlich sind, um Aufgaben und Tätigkeiten erfolgreich auszufüllen und strategisch zu erweitern.

Folgt man der Argumentation der Personalwirtschaft (2022), ist es auch wichtig, den Begriff »Talent« unter zwei Perspektiven zu betrachten: Zum einen kann damit eine Person gemeint sein, die erkennbare Fähigkeiten und Potenziale in sich trägt, diese aber noch nicht durchgängig in überdurchschnittliche Leistungen transformieren kann und entsprechender Förderung bedarf. Zum anderen kann der Begriff aber auch die Begabung einer Person bezeichnen. Jemand kann also ein Talent sein, aber auch ein Talent haben.

»Talent« hat also mehrere Facetten. Hat ein Unternehmen jedoch definiert, welche Personen als Talente gelten, und dadurch eine Identifikation ermöglicht, stellt sich die Frage nach dem Umgang mit ihnen, sprich dem Management von Talenten (Ritz/Sinelli, 2018). Doch nicht nur die Identifikation von Talenten ist in Unternehmen wichtig, auch deren Bindung.

Mit welchen Herausforderungen Unternehmen bei der langfristigen Bindung der Mitarbeitenden konfrontiert sind, zeigt der Gallup Engagement Index 2020. So steht einem Anteil von 17% der Befragten mit einer hohen emotionalen Bindung zu ihrem Unternehmen ein Anteil von 68% gegenüber, der sich nur wenig an sein Unternehmen gebunden fühlt, sowie ein verbleibender Anteil von 15% der Befragten, der keinerlei Zugehörigkeit empfindet. Die Ergebnisse der Studie offenbaren zugleich eine erhöhte Wechselbereitschaft und sinkende Loyalität der Mitarbeitenden. Während in einer entsprechenden Studie im Jahr 2019 noch 73% der Befragten angaben, auch noch in einem Jahr bei ihrem aktuellen Arbeitgeber beschäftigt sein zu wollen, sank dieser Anteil in der Befragung im Jahr 2020 auf 61% (Wolter, 2021).

Aufgrund des exponentiellen Anstiegs der Nachfrage nach Kandidat:innen im Jahr 2021 und des zunehmenden Fachkräftemangels (Hartenfels, 2022) zeigt sich die Notwendigkeit, sich bewusst auf die Bindung von Mitarbeitenden zu fokussieren, immer stärker. Als ein Faktor, der sich positiv auf die Bindung von Mitarbeitenden auswirkt, kann das Talent Engagement einen wichtigen Beitrag hierzu leisten. Hinzu kommt die allgegenwärtige Notwendigkeit, Mitarbeitende mithilfe von zukunftsrelevanten Kompetenzen auf die Arbeitswelt der Zukunft und das »Neue Normal«, wie die hybride Zusammenarbeit, vorzubereiten (Berger et al., 2021). Dieses bedeutet, Mitarbeitende in einer aktiven Rolle in die Gestaltung der Unternehmensentwicklung einzubeziehen und so durch die Berücksichtigung eines wachsenden Bedürfnisses nach der Entwicklung von Menschen und durch eine Beteiligung für eine höhere Motivation und Identifikation zu sorgen – mit wiederum positiven Wirkungen, die dies auf die Leistung hat. Beim Talent Engagement spielt zugleich die bewusste Ausrichtung auf den Menschen und die Anerkennung der Mündigkeit der Talente eine wichtige Rolle für die langfristige Bindung der Mitarbeitenden (Fastenroth et al., 2020). Durch deren Befähigung zur Verantwortungsübernahme für die eigene Entwicklung zeigen sich neue Perspektiven und Entwicklungsmöglichkeiten auf (Fastenroth et al., 2020).

Talent Engagement führt also – im Gegensatz zum starren Talentmanagement – zu einer flexibleren, individuelleren Weiterentwicklung der Mitarbeitenden bzw. Talente, erweitert deren Perspektive, zeigt neue Möglichkeiten auf und befähigt durch Verantwortungsübertragung.

Talent Engagement

Der Begriff ist ein Anglizismus, der sich aus zwei verschiedenen Teilen zusammensetzt: »Talent« und »Engagement«, also »Beteiligung«. Führt man diesen Gedanken weiter, geht es um die »Beteiligung der Talente« – also darum, die Mitarbeitenden in einer aktiven Rolle in die Gestaltung der Unternehmensentwicklung zu involvieren. So führt ein hohes Level an Talent Engagement zu einer stärkeren Bindung der Talente und vermindert auf diese Weise die Kosten des Unternehmens für teures Recruiting (Fastenroth et al., 2020).

Sollen Mitarbeitende Verantwortung für die eigene Entwicklung übernehmen sowie eine aktive Rolle einnehmen, sollten sie als gleichwertige Partner der weiteren Akteure im Personalentwicklungs- und Talent-Engagement-Prozess wahrgenommen werden. Wie eine solche Partnerschaft gestaltet werden kann, zeigt der Shared-Partnership-Ansatz.

14.2 Mit dem Shared-Partnership-Ansatz zum Talent Engagement

Kompetenzentwicklung und Wachstum ergeben sich – als Mittel zur Leistungssteigerung und zum beruflichen Aufstieg sowie zur Sicherstellung der künftigen Beschäftigungsfähigkeit in einem hybriden Setting – aus der Synthese von Unternehmens- und individuellen Eigenschaften und Investitionen (Dachner et al., 2019). Ausgehend von dieser Denkweise, soll der Shared-Partnership-Ansatz hinsichtlich der gemeinsamen Verantwortung für die Talententwicklung im Zusammenhang mit Talent Engagement genauer betrachtet werden.

Dieser Ansatz stellt die bedeutende Rolle, die Mitarbeitende und Organisation gemeinsam bei der Entwicklung wichtiger Future Skills einnehmen in den Mittelpunkt der Betrachtung, wie in Kapitel 14.3 noch genauer in den Blick genommen wird. Denn eine alleinige Verantwortungsübertragung auf die Mitarbeitenden ist risikobehaftet und sollte deshalb verteilt und von mehreren Parteien (Mitarbeitende, Organisation und Führungskräfte) getragen werden (Dachner et al., 2019). Eine genauere Betrachtung dieser Partnerschaft lässt sich anhand einer Abgrenzung der drei Dimensionen Information, Investition und Entwicklung vornehmen. Dies erfolgt ausführlich in Kapitel 14.2.2. Hierbei zeigt sich in der Beziehung zwischen Mitarbeitenden und Organisation zugleich eine gemeinsame Verantwortung für die Gestaltung eines integrativen Umfeldes (Dachner et al., 2019). Das übergeordnete Ziel bilden Kompetenzerwerb und Entwicklung (Dachner et al., 2019).

14.2.1 Veränderte Rollen in der Entwicklung von Talenten

HR wird im klassischen Talentmanagement als bestimmende Triebkraft betrachtet, während im Talent Engagement der Mensch und die Organisation als Prozesstreiber in den Mittelpunkt rücken (Perring, 2020). Diese Schwerpunktverschiebung führt zugleich zu veränderten Rollen, die die drei Akteure Führungskraft, HR und Mitarbeiter im Talent Engagement einnehmen (Fastenroth et al., 2020).

Die Rolle von HR – Träger der Organisation
HR kommt beim Talent Engagement die Rolle zu, eine Basis für Talentkultur zu schaffen und unter Berücksichtigung quantitativer Bedarfe den Begriff des Talents einschließlich relevanter Potenzialkriterien zu definieren. Ebenso als bedeutsam gilt die zielgruppenspezifische Gestaltung von Instrumenten, Prozessen und Angeboten. Das HRM trägt zudem die Verantwortung für die Messung des Talent Engagements sowie die Identifikation spezifischer Treiber des Engagements (Fastenroth et al., 2020).

Um diesem Anspruch gerecht werden zu können, ist es notwendig, die Talente in das Talent Engagement einzubeziehen und eine Vielfalt an Möglichkeiten zu schaffen, aus denen die Talente nach dem Pull-Prinzip die für sie passenden Optionen auswählen können (Dreilich, 2022). Eine weitere wichtige Aufgabe von HR besteht darin, Transparenz über Vakanzen und Projektbedarfe sowie über vorhandene Fähigkeiten herzustellen (Fastenroth et al., 2020).

Zur erfolgreichen Bewältigung all dieser neuen Aufgaben bedarf es einer Veränderung in der Grundhaltung – des Mindsets –, welche durch ein Verständnis der Arbeit der Personalentwicklung als kokreativer Prozess gekennzeichnet ist. Für die Personalentwicklung bedeutet das, selbst agil und zu einem agilen Rollenvorbild zu werden sowie sich der wichtigen Rolle bewusst zu sein, die ihr mit ihren Einflussmöglichkeiten auf die unternehmerische (Lern-)Kultur als Ausgangspunkt bei der Steuerung des Wandels zukommt. Dies erfordert von den Personalverantwortlichen Mut, eine gewisse Risikobereitschaft und den Willen, die eigenen Prozesse und Haltungen zu überdenken und konsequent infrage zu stellen (Dreilich, 2022).

Die Rolle der Führungskraft – hauptverantwortlich für Talent Engagement
Eine wesentliche Verantwortung der Führungskraft liegt im Vorleben dieser Talentkultur sowie im Vorleben der Werte des Unternehmens und bestimmender Verhaltensweisen. So gilt es, zugleich Orientierung zu schaffen und Talenten Entwicklungswege aufzuzeigen. Hierbei wird die eigenverantwortliche Entwicklung der Talente durch die Gestaltung realer Lernsituationen unterstützt, in denen sie von der Führungskraft gefordert und gefördert werden. Dabei sind ein aktives Feedback und eine klare Kommunikation der Erwartungen an die Talente notwendig. Eine zentrale Aufgabe der

Führungskraft besteht außerdem darin, für die Sichtbarkeit der Talente innerhalb der Organisation Sorge zu tragen. (Fastenroth et al., 2020)

Die Rolle der Mitarbeitenden – hauptverantwortlich für die eigene Entwicklung
Die Rolle des Talents selbst ist durch seine Hauptverantwortlichkeit für die eigene (Weiter-)Entwicklung bestimmt. Dabei hat es die wichtige Aufgabe, die eigenen Stärken und Entwicklungsfelder zu reflektieren und daraus Maßnahmen abzuleiten, die dazu beitragen, die (eigenständig) festgelegten Entwicklungsziele zu erreichen. Außerdem sollten Bedürfnisse und Erwartungen bezüglich der eigenen Entwicklung klar kommuniziert werden. Talente sollten Lern- und Entwicklungschancen aktiv suchen, erfragen und einfordern. Diese aktive Rolle schließt das Einholen von Feedback bei Führungskräften oder Peers ein sowie ein Mitwirken bei der Gestaltung der Entwicklungsangebote, wenn die Möglichkeit dafür gegeben ist. (Fastenroth et al., 2020)

Agieren der drei Akteure als gleichwertige und gleich verantwortliche Partner
Ein hybrides Arbeitsumfeld erfordert eigenverantwortliches und selbstgesteuertes Arbeiten (Winkler et al., 2022). Das gelingende Zusammenspiel von Mitarbeitenden, Führungskraft und HR ist der Grundstein dafür, dass Mitarbeitende eigenverantwortlich – mit der Unterstützung entsprechender organisationaler Rahmenbedingungen – zukunftsrelevante Kompetenzen entwickeln und ausbauen können (Fastenroth et al., 2020). Das selbstgesteuerte, eigenverantwortliche und flexible Handeln spiegelt sich zudem in den aktuellen Erwartungen und Wünschen von Arbeitnehmenden an das Arbeitsumfeld und die Organisation wider (Pawlowska/Scherer, 2021; Kleiminger/Wortmann, 2021). Wird der dafür notwendige Kompetenzaufbau durch Maßnahmen des Talent Engagements und in entsprechender Rollenverteilung gefördert, kommt auch dies den Erwartungen der Mitarbeitenden entgegen.

Die geteilte Verantwortung und entsprechende Veränderung der Rollenbilder wirkt sich folglich positiv auf die Beschäftigungsfähigkeit in einem hybriden Arbeitsumfeld aus und beeinflusst durch die Berücksichtigung der Erwartungen und Wünsche der Mitarbeitenden deren Motivation und Zufriedenheit positiv. Motivierte, für die Zukunft gut aufgestellte Mitarbeitende leisten wiederum einen wichtigen Beitrag zur Sicherung der Wettbewerbsfähigkeit und zum Erfolg des gesamten Unternehmens (Jacobs et al., 2018; Jansen-Preilowski et al., 2020).

14.2.2 Der Shared-Partnership-Ansatz

Die Rollen der verschiedenen Akteure des Shared-Partnership-Ansatzes werden in der nachfolgenden Abbildung um Kontext und Umfeld sowie Verantwortlichkeiten ergänzt, dargestellt und anschließend ausgeführt.

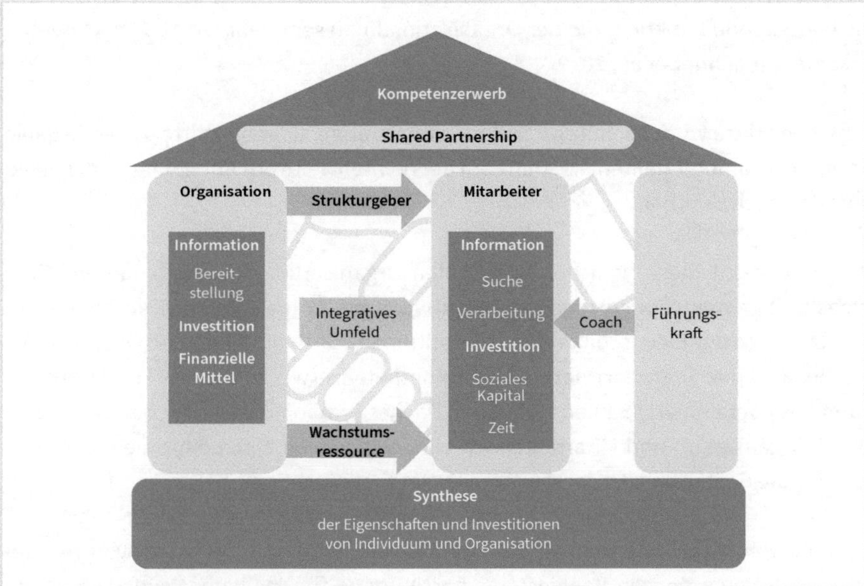

Abb. 20: Der Shared-Partnership-Ansatz

Eine **erste Dimension** wird durch die **Information** abgebildet. Innerhalb dieser kommt der Organisation die Aufgabe der Bereitstellung von Informationen und des Teilens unternehmensinterner Informationen über zu erwartende Änderungen in der Arbeitsgestaltung oder -struktur zu (Dachner et al., 2019). Die Bedeutung der Dimension »Information« nimmt im virtuellen bzw. hybriden Kontext noch weiter zu. Die relevanten Informationen daraufhin zu suchen und zu verarbeiten liegt in der Verantwortung der Mitarbeitenden. Sie stehen in ihrer Verantwortlichkeit für die eigene Entwicklung im Zentrum der Abbildung (Dachner et al., 2019).

Im Hinblick auf eine geteilte Kostenlast lässt sich eine **zweite Dimension** in der **Investition** bestimmen. Hierbei liegt die Investition der Organisation in der Übernahme der anfallenden finanziellen Kosten, während Mitarbeitende Investitionen in Form von Zeit, sozialem Kapital und anderen persönlichen Ressourcen in diese Partnerschaft einbringen (Dachner et al., 2019).

Bei der **dritten Dimension, der Entwicklung,** leistet die Organisation einen wesentlichen Beitrag als Partner bei der Identifikation von Entwicklungsaktivitäten. Vonseiten der Mitarbeitenden ist komplettierend dazu eine entsprechende Bereitschaft und ein Wille zur Weiterentwicklung erforderlich. So lässt sich mit der Unterstützung bei der Diagnostizierung des jeweiligen Qualifikationsbedarfs und bei der Identifikation geeigneter Angebote, um diesen Bedarf zu decken, eine wichtige Funktion der Organisation als Wachstumsressource für alle Mitarbeitenden bestimmen. Diese Beziehung wird mit einem die beiden Säulen verbindenden Pfeil dargestellt, ebenso wie die bedeutende Funktion, die der Organisation in diesem Rahmen als Strukturgeber zukommt. (Dachner et al., 2019)

Ergänzend dazu wird die Rolle der Führungskraft, abgebildet als dritte tragende Säule der gemeinsamen Talententwicklung auf der rechten Seite der Abbildung, in der Funktion als Coach sichtbar.

Das Fundament dieser von den drei Säulen Organisation, Mitarbeitende und Führungskraft **gemeinsam getragenen Verantwortung** für die Talententwicklung bildet eine Synthese der Eigenschaften und Investitionen von Individuum und Organisation. Hierbei wird das **übergeordnete Ziel** des Kompetenzerwerbs und der Entwicklung in Form des über den drei Säulen stehenden Daches symbolisiert. In der Beziehung zwischen Organisation und Mitarbeitenden wird zugleich eine gemeinsame Verantwortung für die Gestaltung des integrativen Umfelds als wichtiges Ziel verdeutlicht.

Die **Rolle der Mitarbeitenden als Selbstentwickler** wird darüber hinaus von vier wesentlichen Kompetenzen flankiert, die bestimmend für das lebenslange Lernen am Arbeitsplatz sind. Diese vier Bausteine werden in der nachstehenden Abbildung, ausgehend vom »Lebenslangen Lernen am Arbeitsplatz« im Zentrum der Darstellung, in Form von vier Quadranten verdeutlicht (Winkler/Fink, 2022, S. 64 f.).

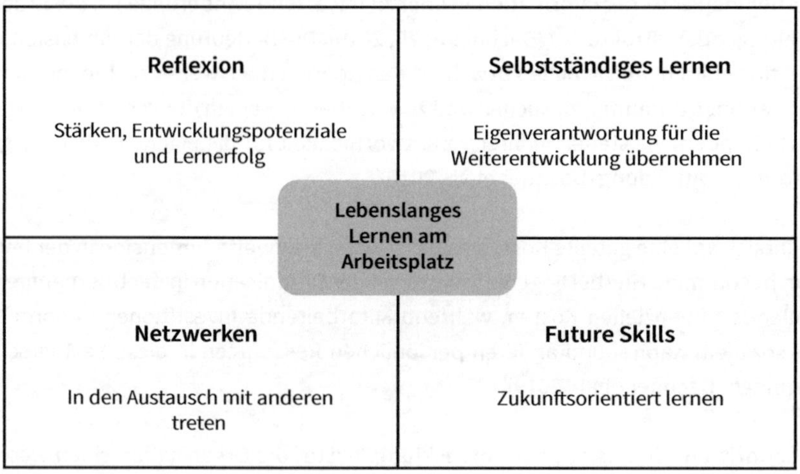

Abb. 21: Lebenslanges Lernen am Arbeitsplatz

Die Aufgaben der drei Akteure Talent, Führungskraft und HR in ihrer gemeinsamen Verantwortung für die Talententwicklung sollen anknüpfend an die vorherige Betrachtung des Shared-Partnership-Ansatzes schließlich noch einmal durch eine entsprechende Rollenverteilung, wie sie in der Kienbaum Talentmanagement Studie

2020 (Fastenroth et al., 2020) vorgenommen wird, sichtbar gemacht werden. Dazu verdeutlicht die nachfolgende Abbildung die dort für jeden der drei Akteure bestimmte zentrale Funktion und die mit ihr verknüpften Aufgaben.

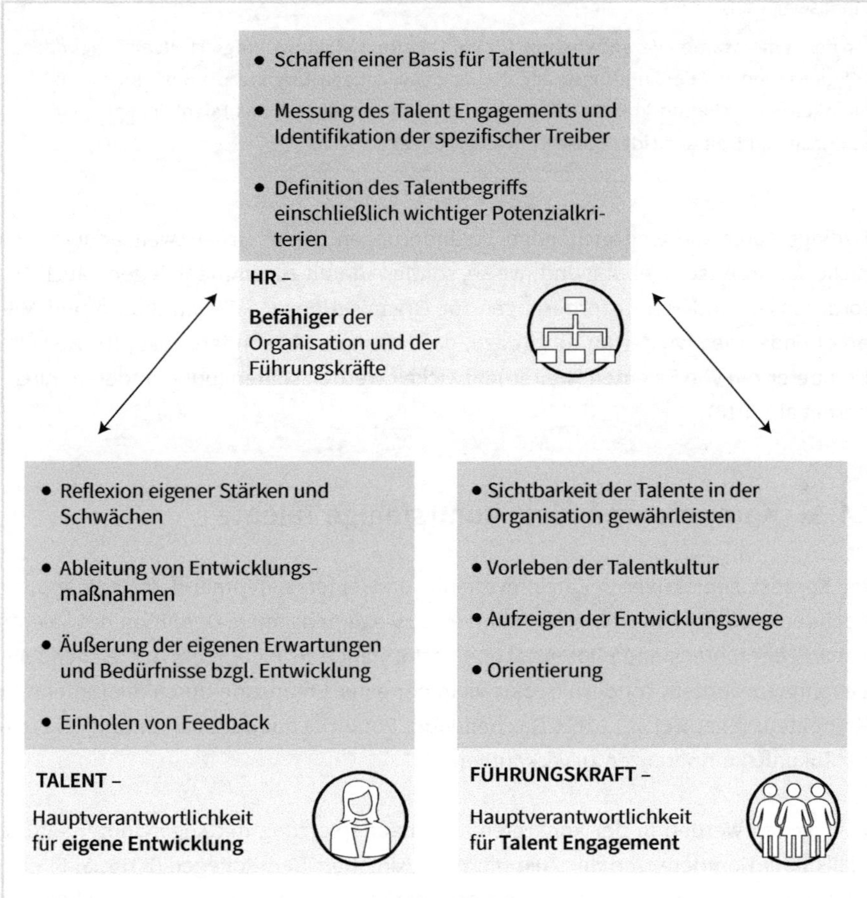

Abb. 22: Rollenverantwortlichkeiten von Talent, Führungskraft und HR

Hier noch einmal zusammenfassend die Kerngedanken des Shared-Partnership-Ansatzes:

Der Shared-Partnership-Ansatz

Im Shared-Partnership-Ansatz wird dem Talent die Hauptverantwortung für die eigene Entwicklung zugeschrieben – entsprechend dem Kerngedanken des Talent Engagements. Wichtige Aufgaben, die dem Talent in dieser Verantwortung zukommen, sind die Reflexion der eigenen Stärken und Entwicklungsfelder, die Ableitung entsprechender Maßnahmen sowie die klare Äußerung von Bedürfnissen und Erwartungen.

Während das Talent die Hauptverantwortung für die eigene Entwicklung trägt, wird die **Hauptverantwortung für das Talent Engagement der Führungskraft** zugeordnet. Wesentliche Aufgaben dieser Rolle sind, für Sichtbarkeit der Talente innerhalb der Organisation zu sorgen und durch das Vorleben der Talentkultur Orientierung zu schaffen sowie Entwicklungswege aufzuzeigen.

In der **gemeinsamen Verantwortung für die Talententwicklung fungiert HR als Träger** der Organisation und der Führungskräfte. Neben der wichtigen Aufgabe, die Basis für eine Talentkultur zu schaffen, kommt HR ebenso die Verantwortung zu, das Talent Engagement zu messen und Treiber zu identifizieren (Fastenroth et al., 2020).

Bedingt durch die weitreichenden Veränderungen in der Arbeitswelt ändern sich nicht nur Arbeitsumgebung und -weise, sondern damit zusammenhängend auch Anforderungen und Herausforderungen für Organisationen, Führungskräfte und Mitarbeitende. Dies wiederum führt dazu, dass vermehrt besonders zukunftsrelevante Kompetenzen von Talenten (weiter-)entwickelt werden sollten (unter anderem Kirchherr et al., 2018).

14.3 Kompetenzen für zukunftsfähige Talente

Im Kontext subjektiverer Karriereverläufe und einer zunehmenden Verknappung hochqualifizierter Mitarbeitender kann eine zweidimensionale Definition des Talents anhand der Dimensionen Potenzial und Performance als nicht mehr ausreichend angenommen werden, sondern bedarf vielmehr einer Ergänzung durch die Dimension Kompetenz (Enaux et al., 2011). Das bedeutet, Potenzial mit der Bestimmung relevanter Zukunftskompetenzen zu verknüpfen.

Fähigkeiten werden in der konkreten Auseinandersetzung mit sogenannten Future Skills oder Kompetenzen der Zukunft, nach Kirchherr und Kollegen (2018, S. 5) eine »wichtige Teilmenge aller in Zukunft erforderlichen Fähigkeiten«, in den folgenden drei Kategorien betrachtet: technologische Fähigkeiten, digitale Grundfähigkeiten und klassische Fähigkeiten. In einer weiteren Kategorisierung des Institute for the Future in Zusammenarbeit mit der ACT Foundation und The Joyce Foundation werden ergänzend dazu Fähigkeiten in den vier Bereichen »Personal Skills«, »People Skills«, »Applied Knowledge« und »Workplace Skills« betrachtet (Fidler, 2016).

Diese (und viele weitere) Einordnungen werden dennoch nur bedingt der Anforderung an ein pragmatisches und zukunftsfähiges Modell gerecht, das ebenso mit der Möglichkeit zur Ableitung konkreter Handlungsansätze verknüpft und eingängig für die Vermittlung auf unterschiedlichen Ebenen ist. Aus diesem Grund sollen die wesentlichen Kompetenzen des zukünftigen Talents nachfolgend im Modell der 8 Ts des Talents der Zukunft zusammengefasst und betrachtet werden: Fähigkeit zur Teilhabe, transdisziplinäres Verständnis, transformatives Denken, Toleranz, Teamfähigkeit, Tatkraft, technologische Fähigkeiten sowie tiefgründige Reflexion. Diese zentralen Fähigkeiten des zukünftigen Talents stellt die folgende Abbildung zusammenfassend dar.

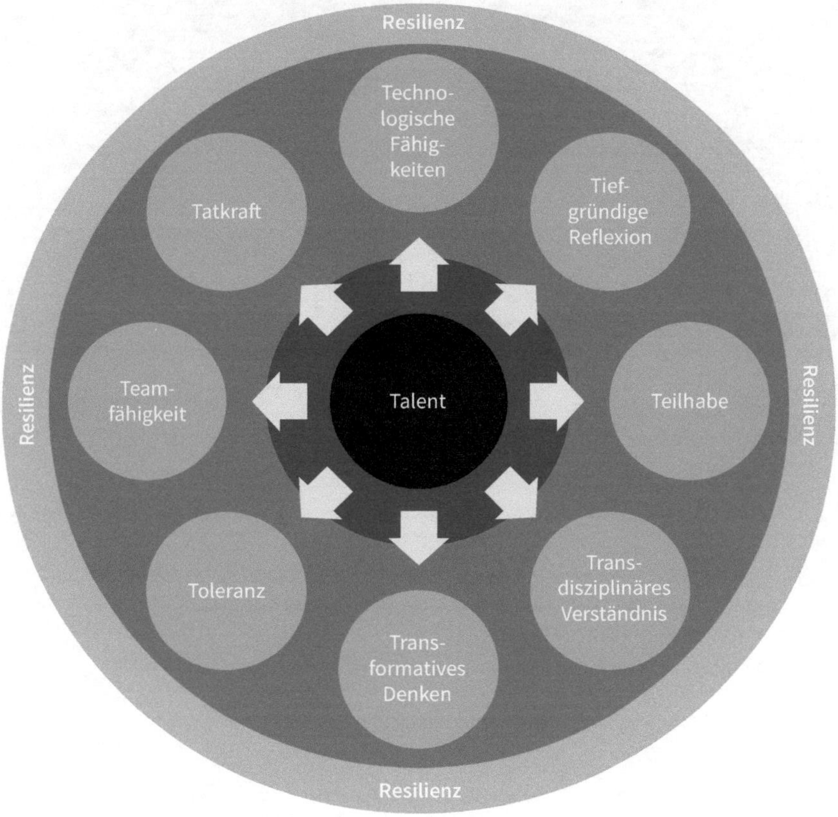

Abb. 23: Die 8 Ts des Talents der Zukunft

Bezogen auf den hybriden Arbeitskontext sind spezielle Kompetenzen und Fähigkeiten relevant, über die ein Teammitglied verfügen sollte. Denn die hybride Zusammenarbeit bringt spezifische Herausforderungen mit sich, die zu erweiterten Anforderungen an die Mitglieder und an die Führung der Teams führen (Leitner/Tuppinger, 2004; Bernardy et al., 2021). Die spezifischen Kompetenzanforderungen an die Mitglieder hybrider Teams stellt die folgende Abbildung im Überblick dar.

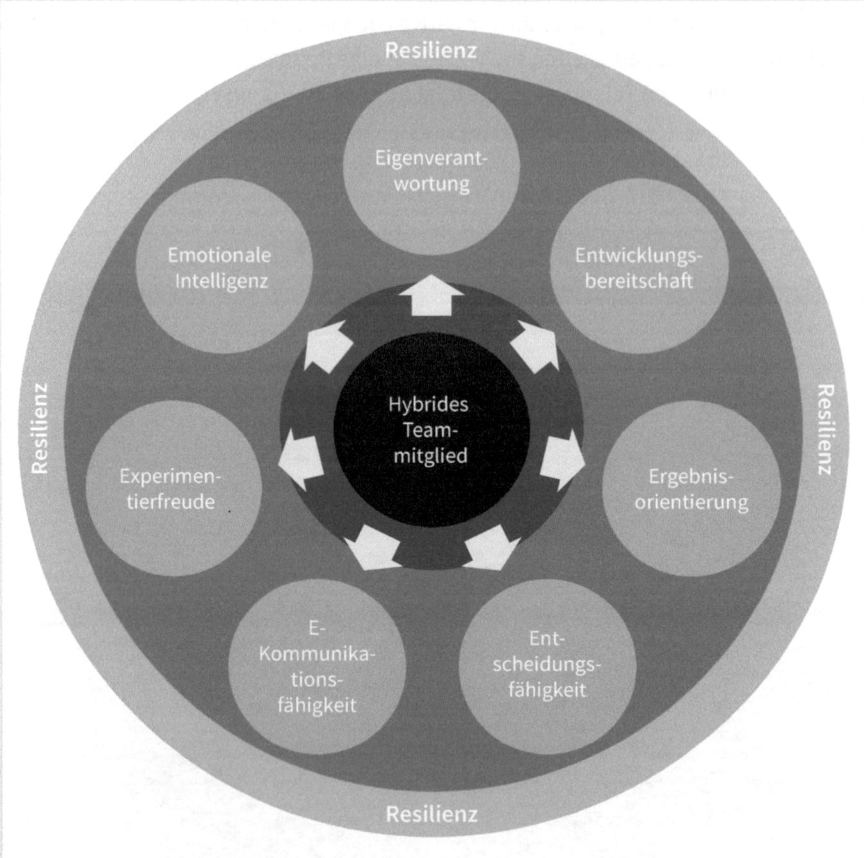

Abb. 24: Die 7 Es – Kompetenzanforderungen an das hybride Teammitglied

14.4 Talent Engagement – Talente befähigen und inspirieren, statt nur zu managen

Die genannten Herausforderungen der heutigen volatilen Unternehmenswelt erfordern es, klassische Ansätze des Talentmanagements zu überdenken. Für wissensbasierte Unternehmen sowie eine sich unter dem Einfluss der Digitalisierung schnell ändernde Wirtschaft, in welcher der Erfolg des Unternehmens im Wesentlichen durch die Performance der Mitarbeitenden bestimmt wird, sind viele der klassischen Talentmanagement-Praktiken durch ihre Entwicklung in der Zeit der Industrieproduktion nur noch bedingt geeignet (Gartside et al., 2013).

14.4.1 Unterschiede und Zusammenhänge von Talent Engagement und Talentmanagement

Talent Engagement ist dadurch gekennzeichnet, dass es gegenüber einer Konzentration auf maximale Prozesseffizienz den Fokus auf die Mitarbeitenden richtet und die Menschen ins Zentrum stellt. Dabei geht es nicht darum, die Mitarbeitenden in eine bestimmte Richtung zu lenken, sondern diese vielmehr in ihrer Selbstwirksamkeit zu fördern und zu befähigen, sodass sie selbstverantwortlich die Kontrolle über die eigene Entwicklung übernehmen können (HAUFE.TALENT, 2021).

Demgegenüber kann der Ansatz des klassischen Talentmanagements durch Prozesse innerhalb des Unternehmens beschrieben werden. Klassische Ansätze des Talentmanagements sind dadurch gekennzeichnet, dass sie dem Anspruch maximaler Prozesseffizienz folgen und auf die Skalierbarkeit, Standardisierbarkeit und konsistente Implementierung dieser Prozesse fokussieren (HAUFE.TALENT, 2021). Dabei sind sie sehr stark davon geprägt, den Menschen in eine bestimmte Richtung bewegen zu wollen (HAUFE.TALENT, 2021). Dies wird durch den Begriff »Management« in seiner Verknüpfung mit Aspekten der Kontrolle und Führung reflektiert (HAUFE.TALENT, 2021). Als wesentliche Treiber der Talententwicklung fungieren in einer solchen Ausrichtung des Talentmanagements HR und Prozesse (Perring, 2020). Das Bild des Treibers führt gleichermaßen zu einem passiven Bild der Mitarbeitenden. In der nachfolgenden Tabelle wird das klassische Talentmanagement dem Talent Engagement zusammenfassend gegenübergestellt.

	Klassisches Talentmanagement	**Talent Engagement**
Fokus	• Prozesseffizienz • Skalierbarkeit • Standardisierbarkeit	Mensch
Treiber der Talententwicklung	• Prozesse • HR	• Mensch (Mitarbeitende, Talent) • Führung(skraft) • Organisation (HRM)
Menschenbild (nach McGregor)	X-Theorie: Menschen sind grundsätzlich faul und bedürfen der Kontrolle.	Y-Theorie: Menschen wollen leisten.
Input	Unternehmensstrategie	Organisationaler Rahmen
Output	Geschäftserfolg	People-driven success
Talentdefinition	Perfomance und Potenzial	Performance, Potenzial und Kompetenz

Gegenüberstellung Talentmanagement und Talent Engagement

Nach der vorherigen Bestimmung von HR und Prozessen als wesentliche Treiber der Talententwicklung in einer klassischen Ausrichtung des Talentmanagements verdeutlicht die Tabelle als zentrale Treiber im Verständnis des Talent Engagements den Menschen und die Organisation (Perring, 2020). Die nachfolgende Abbildung zeigt diese Zusammenhänge sowie die wesentlichen Treiber im Talent Engagement und Management auf.

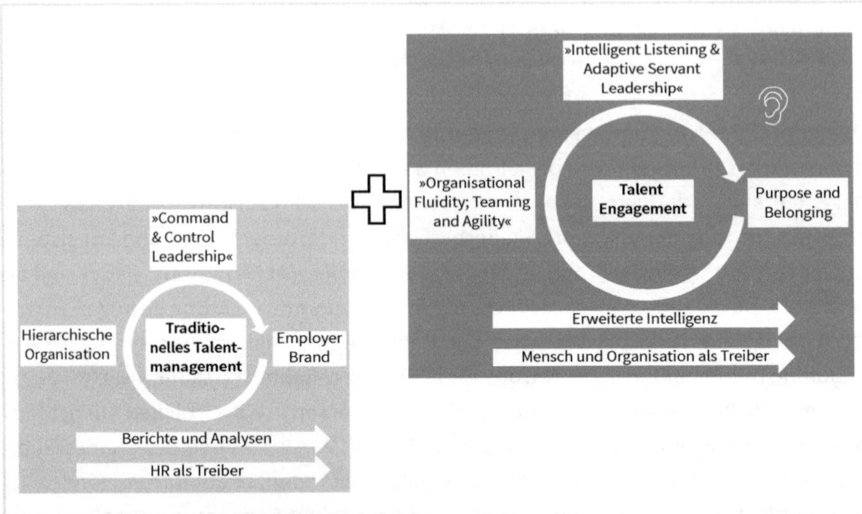

Abb. 25: Der Talent-Engagement-Ansatz als Erweiterung des Talentmanagements

Der Ansatz des Talent Engagements wird von einem anderen Menschenbild der Führungskraft getragen, das von der Annahme geprägt ist, dass die Arbeit an sich zur Motivation und Begeisterung von Menschen führen kann. Diese Führungskräfte gehen davon aus, dass Menschen zur Identifikation mit Zielen und deren selbstständiger Verfolgung in der Lage sind. So sind Merkmale der inneren Haltung dieser Führungskräfte tendenziell von Vertrauen, Teamgeist, Respekt und emotionaler Anteilnahme gekennzeichnet. (Becker, 2015)

Das Ziel des Talent Engagements liegt darin, die Mitarbeitenden zu befähigen, ihr volles Potenzial in den Dienst des Unternehmens zu stellen. Verknüpft ist dies mit einer von Respekt und Vertrauen geprägten inneren Haltung der Führungskraft. Mitarbeitende sollen in Zeiten höchster Unsicherheit und nicht planbarer Marktdynamiken in die Lage versetzt werden, schnell die richtigen Entscheidungen zu treffen. (HAUFE. TALENT, 2021)

Eine vertrauensvolle Beziehung ist zudem eine wichtige Grundlage für eine gelingende hybride Teamarbeit, denn sie hilft, die physische Distanz zu überbrücken (Bernardy et al., 2021). Ein positives Menschenbild und der Wille, die Mitarbeitenden zu fördern, kann diese Distanz ebenfalls reduzieren (Leitner/Tuppinger, 2004). Talent Engagement kann folglich als Erfolgsfaktor hybriden Arbeitens bezeichnet werden.

Eine erfolgreiche Selbstentwicklung der Mitarbeitenden ist jedoch nur innerhalb geeigneter Rahmenbedingungen möglich. Als Organisation ergibt sich die Aufgabe, mit der Gestaltung individueller Entwicklungsmöglichkeiten außerhalb starrer Karrierepfade und der Etablierung einer lernenden Organisation mit kontextuellen Lernerfahrungen on the job für wesentliche Eckpfeiler Sorge zu tragen. Solche Rahmenbedingungen ebnen den Weg für eine Weiterentwicklung, die es sowohl den Mitarbeitenden als auch dem Unternehmen ermöglicht, das jeweils Beste zu erreichen. (HAUFE.TALENT, 2021)

14.4.2 Talent Engagement – ein Rahmenmodell

Das Rahmenkonzept zum Talentmanagement von Hehn (2016) wird von den drei Säulen Strategie, Kultur und Personalpraktiken getragen. Dieses Modell soll als Rahmen bestehen bleiben und hinsichtlich des Talent Engagements erweitert werden. Die entsprechende Neuausrichtung, die neuen Ziele und die jeweiligen Maßnahmen für die Integration werden ebenfalls dargestellt.

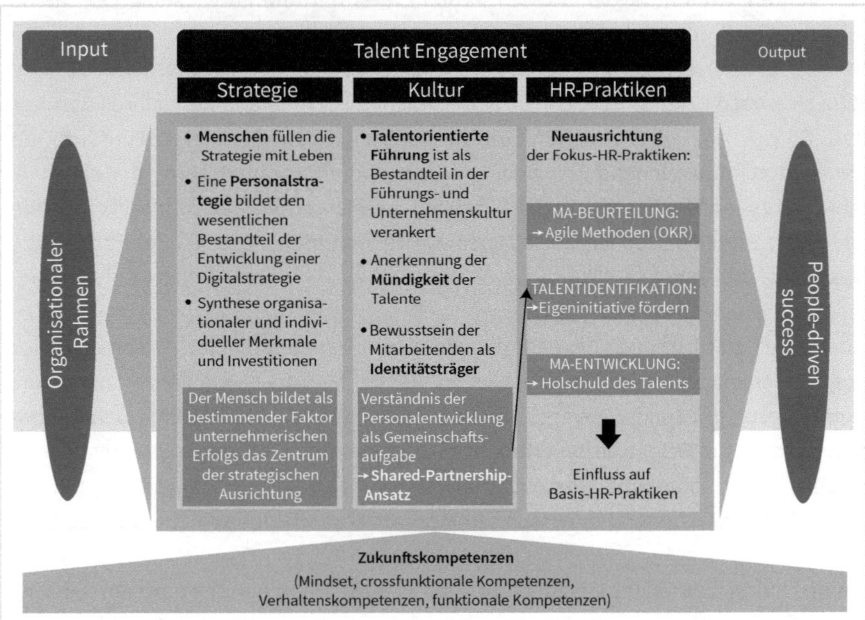

Abb. 26: Talent-Engagement-Rahmenmodell

Strategie

Ebenso wie im klassischen Talentmanagement bildet die Unternehmensstrategie eine wichtige Basis der Talent-Engagement-Strategie. Diese Strategie dient wiederum dazu, den langfristigen Unternehmenserfolg sicherzustellen. Mit ihr wird die Richtung vorgegeben. Sie beinhaltet dafür wesentliche Elemente in der

- Zielbildung mit Situationsanalyse,
- Planung der Aktivitäten mit Terminierung sowie Klärung der Rollen und Verantwortlichkeiten,
- Festlegung der Erfolgskriterien und Indikatoren, um die Aktivitäten zu bewerten, sowie
- Bereitstellung der grundlegenden Instrumente und Verfahren.

Dieses Vorgehen unterscheidet sich operativ kaum von der Talentmanagement-Strategie, die inhaltliche Ausrichtung ändert sich jedoch beim Talent Engagement und stellt entsprechend den Menschen in den Fokus.

Kultur

Die zentrale Rolle der Führungskraft in der aktiven Förderung von Potenzialträgern bleibt im Ansatz des Talent Engagements umso entscheidender. Die Führungskraft kann das Engagement der Mitarbeitenden positiv beeinflussen, indem sie Freiräume für Talente gestaltet, zugleich Orientierung bietet und die Entwicklung der Talente aktiv mit Feedback begleitet. Die Ergebnisse der Kienbaum Talentmanagement-Studie 2020 unterstreichen dies durch einen sich dort zeigenden Wunsch von 92% der Befragten nach Unterstützung in ihrer beruflichen Entwicklung durch ihre Führungskraft. So wird einhergehend damit die Verankerung talentorientierter Führung – bestimmt durch ausreichend Zeit und Bedeutung, die der Entwicklung der einzelnen Personen zugeordnet wird – in der Führungs- und Unternehmenskultur als zentraler Faktor der Fähigkeit von Organisationen wahrgenommen, Talente effektiv zu entwickeln. (Fastenroth et al., 2020)

Dafür ist eine Kultur grundlegend, die von einem Verständnis der Personalentwicklung als Gemeinschaftsleistung geprägt ist, bei der Mitarbeitende die Verantwortung für die eigene Entwicklung tragen und als Mitgestaltende des Systems wahrgenommen werden. Die Organisation ermöglicht dies in einem kulturellen Rahmen, der zugleich von Wertschätzung für das Lernen bestimmt ist und in dem es akzeptiert ist, dass sich die Mitarbeitenden Wissen selbstorganisiert erschließen. (Dreilich, 2022).

In einer Kultur des Talent Engagements gilt es außerdem, ein Bewusstsein dafür widerzuspiegeln, wie sich mit dem Wandel der heutigen Arbeitswelt die Aufgabe des arbeitenden Menschen von der Herstellung von Produkten hin zu einer Rolle als Identitätsträger und Identitätsmanager verändert. In dieser Funktion werden sie für andere Menschen zu Beratern und Begleitern, wobei sie als Produkte nicht länger Autos oder Häuser, sondern Anerkennung und Zugehörigkeit herstellen: »[…] Menschen verlieren nahezu alle ihre Jobs in der Herstellung von Produkten. Aber sie gewinnen massenhaft neue Jobs in der Herstellung von Identitäten.« (Jánszky/Gábor, 2018, S. 22).

HR-Praktiken

Neben den beiden Säulen der Strategie als Richtungsweiser sowie der Kultur als Nährboden sind HR-Praktiken die dritte Säule. Sie bilden wesentliche Prozesse und Techniken zur Umsetzung der Talentmanagement-Strategie ab (Hehn, 2016). Für jede der drei Fokus-HR-Praktiken – MA-Beurteilung, Talentidentifikation und MA-Entwicklung – soll nun detailliert aufgezeigt werden, wie sich unter dem Einfluss der aktuellen Herausforderungen und einer Orientierung auf das Talent Engagement Schwerpunktsetzungen und Kernthemen in den jeweiligen HR-Praktiken verlagern und neu bestimmen. Die nachfolgende Tabelle zeigt die für das Talent Engagement elementaren Fokus-HR-Praktiken auf.

Fokus-HR-Praktik	Besonderheiten im Kontext des Talent Engagements
Beurteilung von Mitarbeitenden	Anstelle einer Konzentration der jährlichen Überprüfung auf finanzielle Belohnung und der Rechenschaftspflicht der Mitarbeitenden für das, was sie im vergangenen Jahr getan haben, sollte der Fokus auf die Verbesserung der aktuellen Leistung und die Förderung von Talenten für die Zukunft gerichtet werden. Im Zuge der zunehmenden Verknappung von Talenten gilt es, mit der Etablierung neuer Ansätze dem wachsenden Bedürfnis nach der Entwicklung von Menschen zu entsprechen. Dies bedeutet regelmäßiges Feedback sowie informelle Check-ins (Capelli/Tavis, 2016).
Talentidentifikation	Es gilt, Möglichkeiten für die Mitarbeitenden zu schaffen, sich selbst als Talente für Entwicklungsprogramme und Nachfolgeplanungen zu nominieren (Fastenroth et al., 2020).
Entwicklung der Mitarbeitenden	Um Raum für neue, subjektive Maßstäbe für beruflichen Erfolg zu schaffen und alternative Karrierewege zu stärken, gilt es, »starre Denkmuster in Bezug auf das allenfalls vorherrschende Karriereverständnis von ›Aufstieg‹ aufzubrechen« (Kels et al., 2015, S. 43). Entwicklung und Wissen werden zur Holschuld des Talents. Mitarbeitende wählen selbstbestimmt Lerninhalte aus und transformieren diese auf die von ihnen identifizierten Lernziele und Aufgaben (Dreilich, 2022).

Fokus-HR-Praktiken im Talent Engagement

Zwischen den einzelnen Personalpraktiken, die eng miteinander verknüpft sind (Hehn, 2016), nehmen die hier betrachteten Ansätze für eine Neuausrichtung der Fokus-HR-Praktiken – MA-Beurteilung, Talentidentifikation und MA-Entwicklung – zugleich Einfluss auf die ergänzenden HR-Praktiken der Mitarbeiterbindung, Mitarbeiterrekrutierung und Nachfolgeplanung.

Das Talentmanagement-System von Hehn (2016) soll als Rahmen für das Talent Engagement erhalten bleiben, jedoch innerhalb der neuen Schwerpunkte für die drei Säulen Strategie, Kultur und HR-Praktiken und um die ergänzende Perspektive des Talent Engagements erweitert werden. Damit wird verdeutlicht, wie der Gedanke des Talent Engagements als notwendige Anpassung an die Dynamik der heutigen Arbeitswelt auf dem Talentmanagement gründet und dass er keinen davon losgelösten Ansatz darstellt.

14.5 Fazit und Ausblick

Um durch ein Zusammendenken von Organisationsentwicklung und zukunftsorientiertem Talent Engagement die Veränderungskraft von Mitarbeitenden als Treiber der notwendigen Transformationsprozesse zu nutzen, sollte Talentmanagement neu gedacht und zu einem Talent Engagement weiterentwickelt werden (HAUFE.TALENT, 2021).

Denn **Talente** sind Personen, deren Fähigkeiten und Begabungen bzw. deren Wissen in Unternehmen kurz-, mittel- und langfristig nützlich sind, um Aufgaben und Tätigkeiten erfolgreich auszufüllen und strategisch zu erweitern. Zum einen kann damit eine Person gemeint sein, die erkennbare Fähigkeiten und Potenziale in sich trägt, diese aber noch nicht durchgängig in überdurchschnittliche Leistungen transformieren kann und entsprechender Förderung bedarf. Der Begriff kann aber auch die Begabung einer Person bezeichnen. Jemand kann also ein Talent sein, aber auch ein Talent haben (Personalwirtschaft, 2022). Folglich sind die Mitarbeitenden eines Unternehmens als Talente verantwortlich für dessen Erfolg und wichtige Treiber auf dem Weg in die Zukunft.

Im **Shared-Partnership-Ansatz** wird dem Talent die Hauptverantwortung für die eigene Entwicklung zugeschrieben, um eine zukunftsorientierte, individuelle und flexible Weiterentwicklung zu gewährleisten. Wichtige Aufgaben für die Mitarbeitenden sind dabei die Reflexion der eigenen Stärken und Entwicklungsfelder, die Ableitung entsprechender Maßnahmen sowie die klare Äußerung von Bedürfnissen und Erwartungen. Während das Talent die Hauptverantwortung für die eigene Entwicklung trägt, wird die Hauptverantwortung für das Talent Engagement der Führungskraft zugeordnet. Wesentliche Aufgaben dieser Rolle sind, für Sichtbarkeit der Talente innerhalb der Organisation zu sorgen und durch das Vorleben der Talentkultur Orientierung zu schaffen sowie Entwicklungswege aufzuzeigen. Neben der wichtigen Aufgabe, die Basis für eine Talentkultur zu schaffen, kommt HR die Verantwortung für die Messung des Talent Engagements und der Identifikation von Treibern zu (Fastenroth et al., 2020).

Dieses veränderte Rollenverständnis, mit den entsprechenden Auswirkungen wird möglich durch den Übergang des Talentmanagements zum **Talent Engagement**. Kern ist die »Beteiligung der Talente«, also die Mitarbeitenden in einer aktiven Rolle in die Gestaltung der Unternehmensentwicklung sowie der individuellen Entwicklung zu involvieren. Dies führt zu einer stärkeren Bindung der Talente und kann so beispielsweise Recruitingkosten für das Unternehmen reduzieren (Fastenroth et al., 2020).

Das Rahmenkonzept zum Talentmanagement von Hehn (2016) wird von den drei Säulen Strategie, Kultur und Personalpraktiken getragen. Diese dienen dazu, eine Ausrichtung des Talentmanagement-Systems auf die optimale strategiekonforme Nutzung des Potenzials für gegenwärtige und zukünftige Herausforderungen sicherzustellen (Hehn, 2016). Dieses Modell soll auf das Talent Engagement übertragen und damit erweitert werden. Zwischen den einzelnen Personalpraktiken, die eng miteinander verknüpft sind (Hehn, 2016), führt die Ausrichtung auf Talent Engagement zu einer Neuausrichtung der Fokus-HR-Praktiken MA-Beurteilung, Talentidentifikation und MA-Entwicklung. Zugleich nehmen diese Fokus-HR-Praktiken Einfluss auf die ergänzenden HR-Praktiken der Mitarbeiterbindung, Mitarbeiterrekrutierung und Nachfolgeplanung, die nach wie vor grundlegend notwendig sind.

Innerhalb der neuen Schwerpunkte für die drei Säulen Strategie, Kultur und HR-Praktiken, welche die erweiterte und ergänzende Perspektive des Talent Engagements reflektieren, bleibt das Talentmanagement-System von Hehn (2016) als Rahmen erhalten. Damit wird verdeutlicht, wie der Gedanke des Talent Engagements als notwendige Anpassung an die Dynamik der heutigen Arbeitswelt auf dem Talentmanagement gründet und keinen von diesem losgelösten Ansatz darstellt.

Besonders in einem hybriden Arbeitskontext kann der Einsatz von Talent Engagement dabei helfen, die soziale und physische Distanz zu überbrücken. Durch die für das Talent Engagement notwendige vertrauensvolle und positive Grundhaltung wird ein Beziehungsaufbau auch im hybriden und virtuellen Raum ermöglicht (Leitner/Tuppinger, 2004; Bernardy et al., 2021). Die eigenverantwortliche Grundhaltung dieses Ansatzes – mit der Rollenverteilung der Akteure als gleichberechtigte und gleichermaßen verantwortliche Partner – fördert zudem die für das hybride Arbeiten wichtigen (Zukunfts-)Kompetenzen der Eigenverantwortung, der Selbststeuerung und des Selbstmanagements (Leitner/Tuppinger, 2004; Bernardy et al., 2021) sowie lebenslanges Lernen (Winkler/Fink, 2022).

14.6 Literatur

Becker, Florian (2015): Psychologie der Mitarbeiterführung. Wiesbaden: Springer Fachmedien.

Berger, Stefan; Weber, Falk; Buser, Anja (2021): Hybrid Work Compass: Navigating the future of how we work, https://www.researchgate.net/publication/356840730_Hybrid_Work_

Compass_Navigating_the_future_of_how_we_work/citation/download, abgerufen am 16.6.2022.

Dachner, Alison M.; Ellingson, Jill E.; Noe, Raymond A.; Saxton, Brian M. (2019): The future of employee development. In: Human Resource Management Review 31 (2). DOI: 10.1016/j.hrmr.2019.100732.

Enaux, Claudius; Henrich, Fabian; Meifert, Matthias T. (2011): Strategisches Talent-Management: Talente systematisch finden, entwickeln und binden. Freiburg: Haufe.

Fastenroth, Lukas M.; Hübbe, Eberhard; Quante, Lena; Rohmer, Dominique; Weber, Jessica (2020): Engaging Talent – Potenzialträger binden und entwickeln. Die Kienbaum Talent-Management-Studie 2020. Kienbaum Consultants International GmbH, https://media.kienbaum.com/wp-content/uploads/sites/13/2020/12/Engaging-Talent_Talent-Management-Studie_2020.pdf, abgerufen am 16.6.2022.

Fidler, Devin (2016): FUTURE SKILLS. Update and Literature Review. Institute for the Future, https://www.iftf.org/fileadmin/user_upload/downloads/wfi/ACTF_IFTF_FutureSkills-report.pdf, abgerufen am 16.6.2022.

Gartside, David; Sloman, Colin; Simmons, Janice; M. Cantrell, Susan (2013): Trends Reshaping the Future of HR. Talent Management Meets the Science of Human Behavior. Accenture Institute for High Performance, https://de.de1lib.org/book/3289492/1e1109, abgerufen am 27.6.2022.

Hartenfels, Thomas (2022): Mangel an digitalen Talenten in allen Fachbereichen. In: HR Journal, 2022, https://www.hrjournal.de/mangel-an-digitalen-talenten/, abgerufen am 26.6.2022.

HAUFE.TALENT (2021): Talent Empowerment. Selbstwirksamkeit fördern – Organisationsentwicklung gestalten, https://images.aktuell.haufe.com/Web/HaufeLexwareGmbHCoKG/%7B2fc687d9-8e61-40a4-a662-67cc58c5d69b%7D_2021-11_-_Haufe_Talent_-_Talent_Empowerment.pdf?emos_sid=AYEouAMuZt6lyNPk7UxSeQ9T2uaouFv4&emos_vid=AYCyMX0zGwbGAQ9nyBd70tSNHnNtEHg0, abgerufen am 3.6.2022.

Hehn, Svea von (2016): Systematisches Talent Management. Kompetenzen strategisch einsetzen. 2. überarbeitete Auflage. Stuttgart: Schäffer-Poeschel.

Herrmann, Katharina; Ritter, Jörg K.; Baier, Melanie; Sadowski, René (2020): BPM Berufsfeldstudie »People & Organization 2020«. BPM – Bundesverband der Personalmanager, https://www.dgfp.de/fileadmin/user_upload/DGFP_e.V/Medien/Publikationen/2020/DGFP_BFS-PeopleOrganization2020_PMK.pdf, abgerufen am 3.6.2022.

Herzog, Julia (2020): Soft Skills sind keine Option – sie sind ein Muss. HAUFE.TALENT, https://www.umantis.com/personalentwicklung/soft-skills-sind-keine-option-sie-sind-ein-muss?akttyp=organische%20suche&med=google&aktnr=84834&wnr=04393672, abgerufen am 3.6.2022.

Jacobs, Joh. Christian; Kagermann, E. h. Henning; Sattelberger, Thomas; Lange, Thomas; Depiereux, Philipp; van Alphen, Christian; Greve, Andreas; Lohmann, Till; Bruckner, Laura; Werther, Simon (2018). Aktuelle Studien zur Zukunft der Arbeit. In S. Werther und L. Bruckner (Hrsg.): Arbeit 4.0 aktiv gestalten (S. 23–45). Berlin/Heidelberg: Springer, https://doi.org/10.1007/978-3-662-53885-2_2

Jansen-Preilowski; Virgilia V.; Paruzel, Agnieszka; Maier, Günter W. (2020). Arbeitszeitgestaltung in der digitalisierten Arbeitswelt: Ein systematisches Literatur Review zur Wirkung von Arbeitszeitverkürzung in Bezug auf die psychische Gesundheit. Gruppe. Interaktion. Organisation. Zeitschrift für Angewandte Organisationspsychologie (GIO), 51(3), S. 331–343, https://doi.org/10.1007/s11612-020-00530-0

Jánszky, Sven Gábor (2018): Arbeitswelten 2040 – Nehmen uns Computer die Arbeit weg? In: Harald R. Fortmann und Barbara Kolocek (Hrsg.): Arbeitswelt der Zukunft. Wiesbaden: Springer Fachmedien, S. 15–26.

Kels, Peter; Clerc, Isabelle; Artho, Simone (2015): Karrieremanagement in wissensbasierten Unternehmen. Wiesbaden: Springer Fachmedien.

Kirchherr, Julian; Klier, Julia; Lehmann-Brauns, Cornels; Winde, Mathias (2018): FUTURE SKILLS: WELCHE KOMPETENZEN IN DEUTSCHLAND FEHLEN. Hrsg. v. Stifterverband für die Deutsche Wissenschaft e. V., https://www.future-skills.net/analysen/future-skills-welche-kompetenzen-in-deutschland-fehlen, abgerufen am 8.6.2022.

Kirchherr, Julian; Klier, Julia; Meyer-Guckel, Volker; Winde, Mathias (2021): FUTURE SKILLS: DIE ZUKUNFT DER QUALIFIZIERUNG IN UNTERNEHMEN NACH CORONA. Vom Krisenmodus zum Aufbau relevanter Future Skills. Hrsg. v. Stifterverband für die Deutsche Wissenschaft e. V., https://www.stifterverband.org/medien/die-zukunft-der-qualifizierung-in-unternehmen-nach-corona#:~:text=Nach%20Einsch%C3%A4tzung%20der%20Unternehmen%20werden,M%C3%A4rz%20um%2075%20Prozent%20gestiegen, abgerufen am 16.7.2022.

Kleiminger, Harriet; Wortmann, Achim (2021). Homeoffice vor und während der Corona Maßnahmen. Eine Bestandsaufnahme, https://www.researchgate.net/publication/350486699_Homeoffice_vor_und_wahrend_der_Corona-Massnahmen_Eine_Bestandsaufnahme, abgerufen am 1.6.2021.

Klier, Julia; Kirchherr, Julian; Suessenbach, Felix; Winde, Mathias (2021): TECH-SPEZIALISTEN GESUCHT! Bedarf an Personal mit technologischen Kompetenzen wächst. Hrsg. v. Stifterverband für die Deutsche Wissenschaft e. V., https://www.stifterverband.org/medien/tech-spezialisten-gesucht, abgerufen am 16.7.2022.

Mangelsdorf, Martina (2015): Von Babyboomer bis Generation Z. Der richtige Umgang mit unterschiedlichen Generationen im Unternehmen. Offenbach: Gabal.

Pawlowska, Agnieszka; Scherer, Benedikt (2021). IT-Sicherheit im Home-Office unter besonderer Berücksichtigung der COVID-19 Situation: Ergebniskurzbericht einer repräsentativen Umfrage des Bundesamtes für Sicherheit in der Informationstechnik (BSI), https://www.bsi.bund.de/SharedDocs/Downloads/DE/BSI/Publikationen/Lageberichte/Umfrage-Home-Office/umfrage_home-office-2020.pdf?__blob=publicationFile&v=3, abgerufen am 1.6.2021

Perring, David (2020): Rethinking Talent Management, https://www.linkedin.com/pulse/rethinking-talent-management-david-perring-flpi/, abgerufen am 3.6.2022.

Personalwirtschaft (2022): Talent, https://www.personalwirtschaft.de/themen/talent/, abgerufen am 21.7.2022.

Ritz, Adrian; Sinelli, Peter (2018): Talent Management – Überblick und konzeptionelle Grundlagen. In: Adrian Ritz und Norbert Thom (Hrsg.): Talent Management. Wiesbaden: Springer Fachmedien, S. 3–31.

Silzer, Rob; Church, Allan H. (2010). Identifying and assessing high-potential talent. Strategy-driven talent management: A leadership imperative, 28, S. 213–280.

Williams, A. Mark; Reilly, Triston (2000): Talent identification and development in soccer. In: Journal of sports sciences 18 (9), S. 657–667. DOI: 10.1080/02640410050120041.

Winkler, Katrin; Fink, Jasmin (2022): Personalentwicklung in der digitalisierten Arbeitswelt – Das individuelle, lebenslange Lernen im Mittelpunkt. In: Alexandra Cloots (Hrsg.): Hybride Arbeitsgestaltung. Wiesbaden: Springer Fachmedien, S. 61–85.

Winkler, Katrin; König, Svenja; Heß, Claudia (2022). Management und Führung hybrider Teams, https://www.econstor.eu/handle/10419/251054, abgerufen am 26.6.2022.

Wolter, Ute (2021): Gallup Engagement Index: Zwischen Bindungsgefühl und Abwanderungsgedanken. In: Personalwirtschaft, 2021, https://www.personalwirtschaft.de/news/personalentwicklung/wie-steht-es-um-die-mitarbeiterbindung-in-der-pandemie-96969/, abgerufen am 26.6.2022.

15 Potenziale nutzen – wie cross-funktionale, altersdiverse Teams im hybriden Arbeitsmodell erfolgreich sind

Irène Kilubi

Laut einer Umfrage des Handelsblatts (2021) und Studien der Topmanagement-Beratung McKinsey (2021) werden zukünftig über 90 % der Unternehmen hybrid arbeiten. Dabei geht der Trend immer häufiger zur Cross-Funktionalität: Teams arbeiten interdisziplinär und nicht nur fachspezifisch zusammen und sind dadurch in der Lage, agil und selbstorganisiert ihre Ziele zu erreichen. Der Harvard Business Manager (2022) stellt heraus, dass eine hohe Altersdiversität im Team zu besonderem Erfolg führt. Warum also nicht die Qualitäten der unterschiedlichen Modelle miteinander kombinieren? Das Ergebnis ist ein cross-funktionales, altersdiverses Team im hybriden Arbeitsmodell: flexibel, produktiv und kreativ, mit der Fähigkeit, eigenständig Entscheidungen zu treffen und voneinander zu lernen. Wie man ein solches Team aufbaut und erfolgreich macht, erklären wir hier.

15.1 Die Vorteile funktionsübergreifender Teams in hybriden Arbeitsmodellen

In der heutigen Geschäftswelt wechseln immer mehr Organisationen zu hybriden Arbeitsmodellen. Dies bedeutet, dass die Mitarbeitenden entscheiden dürfen, ob sie im Büro oder von zu Hause aus arbeiten. Einer der Vorteile dieser Art von Anordnung besteht darin, dass Teams besser auch funktionsübergreifend zusammenarbeiten können. Falls beispielsweise ein Marketingteam an einem Projekt arbeitet, kann es problemlos mit dem Vertriebsteam zusammenarbeiten, um dessen Input zu erhalten. Diese Art der Zusammenarbeit ist schwerer möglich, wenn Mitarbeitende an verschiedenen Standorten arbeiten.

Ein weiterer Vorteil von funktionsübergreifenden Teams besteht darin, dass sie dazu beitragen können, die Kommunikation innerhalb einer Organisation zu verbessern.

Wie setzt man funktionsübergreifende Teams optimal zusammen?
Entscheidend für den Erfolg eines Projekts oder der längerfristigen Zusammenarbeit in Unternehmen ist die Zusammensetzung des Teams. Um eine hohe Effizienz zu gewährleisten, sollten Personaler:innen ein paar wesentliche Aspekte beachten, die hierbei eine Rolle spielen.

Um die optimale Teamzusammensetzung zu ermitteln, sollte zu Beginn definiert werden, welche Funktionen die Mitarbeitenden übernehmen sollen.

- Was ist das übergeordnete Ziel?
- Welche Kompetenzen und Fähigkeiten werden benötigt, um dieses Ziel zu erreichen?
- Welche Fachbereiche sind heute schon in Prozesse oder Projekte involviert, die für die Zielerreichung nützlich sein können?

Solche Fragen sollte man für sich beantworten und daraus ein Aufgabenportfolio zusammenzustellen. Steht das fest, kann man sich auf die Suche nach den richtigen Leuten machen. An dieser Stelle ist es gut, sich – sofern vorhanden – schon einmal von alters- oder generationsbezogenen Stereotypen zu lösen, denn in Kombination funktioniert die Zusammenarbeit zwischen älteren und jüngeren Teammitgliedern anders. Das ist ein entscheidender Erfolgsfaktor.

15.2 Mit Cross-Funktionalität über den Tellerrand schauen

Ein cross-funktionales Team braucht eine gute Mischung aus Expert:innen und Generalist:innen. Ein breites Spektrum an Wissen und Fähigkeiten sowie die unterschiedlichen Herangehensweisen erlauben es, effizienter zusammenzuarbeiten. Gleichzeitig entstehen neue Kontakte bzw. Verknüpfungen zwischen Mitarbeitenden, die sonst nicht zusammenarbeiten würden. Das heißt, es findet eine starke Vernetzung unabhängig von Alter, Funktion und Rolle statt. Diese stärken die Performance und Resilienz eines Teams.

Möglicherweise gibt es in bestehenden Teams bereits genau die richtigen Personen, die diese Funktionen erfüllen können. Vorhandene Potenziale sollten immer genutzt werden. Je nach Aufgabe können die Mitarbeitenden aus bestehenden Teams gemeinsam ein gänzlich neues Team bilden – oder sie werden nur für einen festgelegten Zeitraum für eine beratende oder unterstützende Tätigkeit herangezogen. Durch das zuvor erstellte Aufgabencluster können Lücken schnell aufgedeckt werden und man erkennt, wofür noch zusätzliche Leute eingestellt werden müssen. Konkret:

- Welche Kompetenzen fehlen noch im Team?
- Was wird gesucht: Generalist:innen oder Expert:innen?

In einem cross-funktionalen Team ist weniger mehr. Damit sich die Themen nicht überschlagen, sollte eine Teamgröße von maximal zehn Mitgliedern angestrebt werden.

15.3 Spezialist:innen und Generalist:innen aus den verschiedensten Abteilungen

Darüber hinaus sollten Mitglieder aus den verschiedensten Bereichen des Unternehmens in das Team integriert werden. Dabei ist es wichtig, dass diese Teammitglieder nicht nur fundierte Kenntnisse aus den speziellen Bereichen mitbringen, sondern auch in Bezug auf die organisatorische Struktur des gesamten Unternehmens. Gerade bei einer effektiven Zusammensetzung des Teams kommt es nicht nur auf die verschiedensten Standpunkte, das Spezialwissen und die Erfahrung der integrierten Mitglieder an, sondern auch auf die überfachlichen Kompetenzen, die durch vielfältige Teammitglieder mitgebracht werden können. Fachliche Qualifikationen und langjährige Erfahrung sind nur einige Aspekte, denn auch diese können nicht langfristig zum Erfolg führen, wenn wichtige kommunikative und empathische Fähigkeiten fehlen, die für die zwischenmenschliche Basis dringend benötigt werden.

15.4 Auf Diversität innerhalb des Teams achten: Stärken aus allen Generationen

Ein Aspekt soll noch einmal besondere Beachtung finden: Die generationsübergreifende Zusammensetzung von Teams, denn diese hat entscheidende Vorteile. Auch auf dieser Grundlage sollte ein Team entsprechend zusammengestellt werden. Wie bereits weiter oben ausgeführt, ist die Diversität ein Schlüsselfaktor bei cross-funktionalen Zusammensetzungen. Unterschiedliche Altersgruppen prägen dabei das Team nachhaltig, wodurch wesentliche Erfolge erzielt werden können.

Ältere Arbeitnehmende bringen nicht nur weitreichende Kenntnisse mit und können auf eine lange Erfahrung zurückgreifen – und punkten somit mit fundiertem Knowhow, das sie über Jahre erworben haben –, sondern sie bereichern das Team auch durch herausragende soziale Kompetenzen (Vodafone Stiftung, 2016). Nicht vergessen werden darf dabei, dass sie sich auch organisatorisch oft sehr gut auskennen. Jüngere Arbeitnehmende hingegen sind sehr dynamisch und bringen neue Impulse mit. Sie zeigen sich offen gegenüber neuen Wegen und brechen gern mit alten Strukturen. Dadurch zeigen sie älteren Mitarbeitenden, welches Potenzial in neuen Wegen liegen kann. Aber sie schlagen nicht nur selbst neue Wege ein, sondern sind auch offen für zahlreiche Verbesserungsvorschläge. Nicht zu vergessen ist, dass junge Mitarbeitende technisch sehr versiert sind, sich Problemen stellen, um diese zu lösen, und jede noch so große Herausforderung gern annehmen.

Werden Teams generationsübergreifend zusammengestellt, können damit Schwächen ausgeglichen werden, gleichzeitig können Stärken optimal eingesetzt werden.

15.5 Ältere und jüngere Mitarbeitende

In der Generationenforschung werden jeder Altersgruppe bestimmte Stärken und Schwächen zugeschrieben (absolventa, 2021). Eine im Mai 2022 veröffentlichte Studie für die L&R Sozialforschung GmbH, die im Auftrag des österreichischen Bundesministeriums für Arbeit durchgeführt wurde, trägt den Titel »Login statt Logout: Ältere Beschäftigte und Digitalisierung im Fokus« und hebt einerseits die Stärken von älteren Mitarbeitenden im Bereich der sozialen Kompetenzen hervor und diejenigen von jüngeren im Bereich der Anpassungsfähigkeit – insbesondere, was digitale Arbeitstechniken betrifft.

Die Stärken älterer Mitarbeitender werden häufig unterschätzt, während man bei jungen Absolventen oft die fehlende Erfahrung thematisiert. Um von den Vorzügen Berufstätiger aller Altersklassen profitieren zu können, erarbeiteten vor allem in den Jahren 2011 bis 2016 nationale und internationale Universitäten, Unternehmen, Institute, Verbände sowie Ministerien verschiedene Studien zu diesem Thema. Sie alle kamen zu Ergebnissen, die sowohl für jüngere als auch für ältere Mitarbeitende sprechen. Während junge Berufseinsteiger:innen in ihrer Ausbildung mit den modernsten Kenntnissen ausgestattet wurden und darauf brennen, Erlerntes in der Praxis anzuwenden, können Ältere Situationen sehr gut einschätzen und sind überraschend flexibel. So besagt eine von Vodafone und der Jacobs University Bremen durchgeführte Studie, dass die Bereitschaft, sich zu verändern, in der Altersgruppe der 36- bis 50-Jährigen höher ist als bei den 18- bis 35-Jährigen. Zudem sind die sozialen Kompetenzen, auf die Unternehmen laut der Staufenbiel Jobtrends-Studie aus dem Jahr 2009 besonderen Wert legen, bei der älteren Generation oft sehr gut ausgeprägt. Weitere Studien zu den Kompetenzen jüngerer und älterer Arbeitnehmender wurden von Psycholog:innen der Westfälischen Wilhelms-Universität Münster, vom Max-Planck-Institut und vom deutschen Bundesministerium für Familie, Frauen, Jugend und Senioren veröffentlicht.

Um das Potenzial eines altersdiversen Teams vollständig auszuschöpfen, sollte gezielt eine Vielfalt an Mitarbeitenden aus unterschiedlichen Altersgruppen angestrebt werden. Den größten Teil der arbeitenden Bevölkerung machen derzeit

- die Generation Y (geboren zwischen 1981 und 1995) mit 15,88%,
- die Generation X (geboren zwischen 1961 und 1980) mit 16,53% und
- die sogenannten Baby Boomer (geboren zwischen 1945 und 1960) mit 12,53%

aus. Die Generation Z (nach 1995 geboren) ist die jüngste Generation, die auf dem Arbeitsmarkt unterwegs ist (Aigiconsult, 2022). Damit jede Generation das Beste aus sich herausholen kann, braucht es »von allem etwas«: Junge Absolvent:innen bringen den neuesten Wissensstand und aktuelle Methoden aus der Uni mit und sind besonders IT-affin (DIHK, 2022). Eine von der DIHK-Gesellschaft für berufliche Bildung und der Organisation zur Förderung der IHK-Weiterbildung gGmbH publizierte Studie aus dem Jahr 2022 mit dem Titel »Digitale Kompetenzen – Wahrnehmung und Anspruch« zeigt, dass jüngere Angestellte offener auf das Thema »Digitalisierung am Arbeitsplatz« reagieren. Deckt man diese Altersgruppe ab, sichert man sich ein hohes Maß an Motivation und frischen Wind, denn die Absolvent:innen brennen dafür, ihr erlerntes Know-how in der Praxis zum Einsatz zu bringen und neue Ideen voranzutreiben. Genauso braucht es aber auch ältere Berufserfahrene, die in ihrer Arbeit routiniert sind und schon vieles mitgemacht haben. Aus ihrer Erfahrung haben sie über die Jahre ein generalistisches oder spezialisiertes Wissen aufgebaut, das sie ins Team einbringen. Sie dabei können gut abschätzen, wie umsetzbar neue Ideen sind.

15.6 Wie können cross-funktionale Teams erhalten und gefördert werden?

Was können Personaler:innen unternehmen, um die Teams zu fördern? Jedes Team ist individuell und macht einzigartige Erfahrungen im Austausch mit den anderen Mitgliedern. Hier ist es wichtig, aus den jeweiligen Erfahrungen und von den Herausforderungen anderer zu lernen. Auf diese Weise können Teams wachsen – und in Zukunft können diese erfolgreicher zusammengestellt werden und produktiver arbeiten.

Ein erster wichtiger Punkt ist die Zusammensetzung aus den verschiedensten Fachrichtungen. Hier werden am Anfang vielleicht einige Fehler gemacht, die noch nicht absehbar waren. Im weiteren Verlauf des Projekts wird schnell ersichtlich, ob ein Team gut zusammengestellt wurde oder ob es unüberwindbare Hindernisse gibt. Kommt es häufig zu Konflikten oder fühlen sich die Mitglieder im Team nicht wohl, können diese Erkenntnisse dabei helfen, Teams in Zukunft besser zusammenzustellen.

Auch der umgekehrte Fall sollte bedacht werden: Ist ein Team besonders produktiv, sollten diese Erfahrungen genutzt werden, um dies auf zukünftige Teams zu übertragen.

Um die richtigen Schlüsse und Erkenntnisse aus dem Verlauf eines Projekts zu ziehen, sollten die Vorgesetzten den Prozess immer im Auge behalten. Bei Schwächen und besonderen Herausforderungen muss genau überlegt werden, welche Ursachen diesen Entwicklungen zugrunde liegen. Diese sollten in Zukunft vermieden werden. Auf der anderen Seite sollten Stärken aufgebaut und gefördert werden. Durch diese Erkenntnisse und Erfahrungen können zukünftig sehr produktive Teams zusammenstellt werden, die einen wesentlichen Erfolgsfaktor für das Unternehmen darstellen.

Sinnvoll kann es außerdem sein, dass neue Teams von in der Vergangenheit erfolgreichen Teams geschult werden. Die »Neuen« lernen damit aus erster Hand, auf welche Aspekte es bei einem Projekt besonders ankommt. Dabei können Konfliktfähigkeit sowie kommunikative oder empathische Fähigkeiten im Vordergrund stehen. Aber auch auf inhaltliche Aspekte und organisatorische Bereiche können sich diese Schulungen positiv auswirken.

15.7 Wissen teilen und offen sein

Offenheit und Toleranz sind die Schlüsselwörter bei der Zusammensetzung eines cross-funktionalen, altersdiversen Teams. Alle Teammitglieder müssen Bereitschaft zur gegenseitigen Unterstützung zeigen und Wissen und Kompetenzen auch teilen wollen, damit die Zusammenarbeit funktioniert. Insbesondere in hybriden Teams ist dies von zentraler Bedeutung, da neben den fachlichen Kompetenzen auch die Erfahrung mit dem technischen Equipment innerhalb des Teams variieren kann. Bevor das Team loslegen kann, müssen die technischen Voraussetzungen geschaffen werden, damit die Kolleg:innen arbeitsfähig sind. Dabei sind die Präferenzen und der Umgang mit den verschiedenen Technologien der jeweiligen Generationen zu berücksichtigen. Gegenseitiges Verständnis und Unterstützung sind dabei wichtige Grundvoraussetzungen für eine erfolgreiche Zusammenarbeit. Bei Bedarf sollten Schulungen eingeplant werden, damit Wissenslücken geschlossen werden können. Generell muss darauf geachtet werden, dass immer genügend Zeit für die Einarbeitung und den gegenseitigen Austausch verfügbar ist, denn davon lebt die Cross-Funktionalität. Starker Zeit- oder Leistungsdruck können Kreativität und gute Ergebnisse beim Brainstorming leicht blockieren und die Effektivität mindern.

15.8 Rituale als Schlüssel für erfolgreiche Teamkommunikation

Für die Arbeit im hybriden Modell werden besondere Anforderungen an die sozialen Kompetenzen des Teams gestellt. Um dabei erfolgreich zu sein, ist Kommunikation das A und O. Vor allem, wenn die Kolleg:innen sich nicht täglich im Büro begegnen, sind regelmäßige Abstimmungstermine besonders wichtig, damit niemand auf der Strecke bleibt. Dazu eignen sich zum Beispiel festgelegte Termine, wie Dailies oder Jours fixes, in denen alle auf den neuesten Stand gebracht, Aufgaben besprochen oder auch besondere Herausforderungen thematisiert werden können. Werden solche Termine immer für die gleiche Zeit eingeplant, können sich alle im Team darauf einstellen und darüber hinaus die eigene Arbeit frei einteilen. Video-Calls sind eine gute Alternative zum Gespräch im Büro und ein persönlicherer Weg als Anrufe oder E-Mails. Dieses Tool sollten genutzt werden, damit man sich im wahrsten Sinne des Wortes nicht aus den Augen verliert.

Der Vorteil im hybriden Arbeitsmodell gegenüber der Remote-Arbeit ist, dass man immer noch regelmäßig den persönlichen Austausch pflegen kann, beispielsweise indem sich das Team an einem festgelegten Tag – vielleicht einmal im Monat – gesammelt im Büro trifft. Auch Treffen an Off-Sites außerhalb der Büroräumlichkeiten sind eine Möglichkeit, um das Zusammengehörigkeitsgefühl im Team zu stärken. Das kann in Form einer Teamentwicklung sein, die die Förderung bestimmter Kompetenzen zum direkten Ziel hat, oder auch einfach ein gemeinsames Event, bei dem das Team persönlich zusammenkommt. Es muss nicht immer eine große Veranstaltung sein. Für kleinere Teams ist Pizza zum Mittagessen manchmal mehr wert als ein riesiges Sommerfest.

15.9 Der Community-Gedanke – mehr als nur ein Team

Hybride Teams zeichnen sich durch einen ausgeprägten Community-Gedanken aus. Die Teammitglieder bringen nicht nur ein Projekt aufgrund ihrer Erfahrungen, Fachkenntnisse und Persönlichkeiten zu Ende, sondern sie zeichnen sich durch gemeinsame Interessen und Ziele aus. Über die eigentliche Teamarbeit hinaus werden Erfahrungen ausgetauscht und Beziehungen zueinander aufgebaut. Es kommt zu einer intensiven Interaktion zwischen den einzelnen Teammitgliedern. Damit eine Community wachsen kann, muss sie gefördert und weiterentwickelt werden. Ausgehend von der Organisationsstruktur muss abgewogen werden, ob Entscheidungen zentral oder mit allen Mitgliedern getroffen werden sollen. Gemeinsame Entscheidungen stärken das Vertrauen untereinander, während zentrale Entscheidungen wesentlich effizienter und konsistenter sind. Eine Mischform und damit einhergehend eine Definition darüber, welche Fragen zentral oder dezentral adressiert werden, bildet eine gute Balance.

Eine Community verfolgt dabei nicht nur ein gemeinsames Ziel, sondern zu den weiteren Merkmalen zählen auch eine gemeinsame Identität, ein starkes Zusammengehörigkeitsgefühl, eine tiefe Verbundenheit und eine intensive Interaktion unter den einzelnen Teammitgliedern. Zudem wird gemeinsam an einer Vision gearbeitet und sowohl die Kultur als auch die Werte werden geteilt. Die Zielformulierung einer Community sagt in erster Linie etwas darüber aus, warum die Community existiert. Dies können sowohl implizite Ziele wie reiner Wissensaustausch oder explizite Ziele mit Fokus auf Veränderung der Welt außerhalb der Community sein. Die Ziele sollten beinhalten, was die Community erreichen möchte, welchen Einfluss sie auf ihre Umgebung hat, welche Folgen eine Auflösung der Community hätte und inwieweit sie das Leben ihrer Mitglieder beeinflusst.

Die Werte einer Community spiegeln in kraftvoller Weise die Handlungen und Interaktionen einer Community wider. Sie sind nicht nur richtungsweisend für das Verhalten untereinander, sondern tragen auch zur Zielerreichung bei und repräsentieren die Community nach außen.

Es ist wichtig, den Teamgeist aufrechtzuerhalten, auch wenn das Team remote arbeitet. Remote-Arbeit ist auf dem Vormarsch, und es ist kein Wunder, warum. Es spart Arbeitgebern Geld, sorgt für eine bessere Work-Life-Balance für Mitarbeitende und ermöglicht es Teammitgliedern, dort zu leben, wo sie leben möchten. Aber wie erhält man diesen Teamgeist ohne regelmäßige gemeinsame Mittagessen und lange Kaffeegespräche? Man kann versuchen, Mitarbeitende mit Belohnungen zu überraschen wie Geschenkkarten oder etwas, das sie schon seit einiger Zeit gern haben möchten. Nicht zu vergessen: Es ist wichtig, Erfolge des Teams zu feiern. Das stärkt nicht nur den Zusammenhalt, sondern fördert auch die Motivation. Durch die Bildung einer Community werden Menschen zusammengebracht und es wird ihnen das Gefühl gegeben dazuzugehören.

Mithilfe der folgenden Best Practices kann das Team in einem hybriden Arbeitsmodell auf Erfolgskurs gebracht werden.

15.10 Fünf Tipps aus der Arbeitspraxis von cross-funktionalen, altersgemischten Teams in hybriden Arbeitsmodellen

1. Moderne Führungskultur

In Teams, die cross-funktional und generationsübergreifend sind sowie hybride Arbeitsmodelle anwenden, wird eine moderne Führungskultur benötigt.

Den Mitarbeitenden sollte die Freiheit gegeben werden, Risiken einzugehen. Gleichzeitig sollte man sicherstellen, dass die Erwartungen des Unternehmens erfüllt werden. Vertrauen und Empathie sind die Grundlagen des gemeinsamen Erfolgs. Die Diversität des Teams ist Ausgangspunkt für Innovation und Fortschritt, denn jede Person mit ihren Qualitäten ist wichtig. Genau das kann durch einen modernen Führungsstil gelebt werden, denn Authentizität und Leidenschaft erlauben es, »unbossing« umzusetzen und zum Unternehmenserfolg beizutragen.

Agilität, Veränderung, Diversität und Vertrauen sind die Grundlage für eine moderne Führungskultur, die dringend notwendig ist, um ein modernes Team leiten zu können. Die Implementierung einer modernen Führungskultur beginnt damit, die Bedürfnisse der Mitarbeitenden und des Unternehmens als Ganzes zu sehen. Das heißt, es ist die Aufgabe des Vorgesetzten, mit anderen Personen in der Organisation zusammenzuarbeiten, um eine erfolgreiche Umsetzung der Führungskultur zu erreichen.

Es sollte versucht werden, gemeinsam mit dem Team Strategien und Methoden zu entwickeln, worauf in der Zusammenarbeit geachtet werden sollte. Jede einzelne Person sollte Zeit und Raum haben, um eigene Ideen und Vorstellungen zu präsentieren. Im Anschluss wird gemeinsam und im Konsens entschieden, was davon umgesetzt wird. In der Anfangsphase sollte die Führungskraft dem Team kommunizieren, welche Vorstellungen von Führung sie hat und was wichtig ist. Ohne Verständnis und Zustimmung kann Führung nicht umgesetzt werden.

Eine klare und konsistente Führung und Struktur im Team können dazu beitragen, dass alle wissen, was passiert, und sich entsprechend einbringen. Dies ermöglicht auch eine bessere Kommunikation und Zusammenarbeit zwischen Teammitgliedern, was zu einer effizienteren Arbeitsumgebung führen kann. In einem stark diversen Team, das zum Teil vom Büro und zum Teil von anderen Standorten aus arbeitet, funktionsübergreifend ist und verschiedene Altersgruppe umfasst, ist eine klare Struktur besonders wichtig, sodass effizient, professionell und als Team gearbeitet werden kann.

2. Rollenbasierte Systeme zur Verwaltung unterschiedlicher Verantwortlichkeiten und Rollen innerhalb des Teams

Ein Team, das unterschiedliche Kompetenzen, Erfahrungswerte und Altersgruppen umfasst und gleichzeitig nicht immer an einem Ort zusammenarbeitet, läuft Gefahr, dass die Verantwortlichkeiten einzelner Personen unklar sind und die Arbeitsproduktivität und -effizienz an Qualität verliert. Das heißt, es ist wichtig, ein rollenbasiertes System mit dem Team zu erarbeiten, sodass deutlich ist, wer für welche Aufgaben zuständig ist.

Indem im Team jedem Mitglied eine Rolle zugewiesen wird, kann man ein System schaffen, in dem jede:r für eine bestimmte Aufgabe oder ein bestimmtes Ziel verantwortlich ist. Dies kann dazu beitragen sicherzustellen, dass alle auf dasselbe Ziel hinarbeiten, und Verwirrung oder Konflikte zu vermeiden.

Es gibt verschiedene Möglichkeiten, rollenbasierte Systeme zu erstellen. Eine Möglichkeit ist, Checklisten oder Datenbanken zu verwenden, um die Aufgabenliste zu organisieren. Eine andere Möglichkeit besteht darin, schematische Diagramme zu nutzen, um die Verantwortlichkeiten und Rollen jedes Mitglieds im Team deutlich zu machen.

Rollenbasierte Systeme bieten zum einen eine klare Verantwortungsstruktur und zum anderen auch Sicherheit für jede einzelne Person.

3. Effektive und regelmäßige Kommunikation

Effektive Kommunikationssysteme für funktionsübergreifende Teams sind wichtig, um sicherzustellen, dass alle in einem Team sich der Bemühungen des Teams bewusst sind und effektiv etwas dazu beitragen können. Systeme, die Tools zum Verfolgen von Gesprächen, Verteilen von Aufgaben und Nachrichten sowie zum Aufzeichnen von Teaminteraktionen enthalten, können zur Verbesserung der Teamproduktivität beitragen.

Tools, die im Team beispielsweise verwendet werden können, sind Chats oder Chat-Clients, um Aufgaben und Nachrichten einfach auszutauschen. Manche Unternehmen nutzen beispielsweise auch (Online-Diskussions-)Foren, die allen im Team helfen, ein gemeinsames Ziel zu erreichen. Wichtig ist, dass man sich auf ein System einigt, mit dem alle einverstanden sind, und dass auch alle mit der Anwendung umgehen können. Sprich, ausführliche Schulungen für das ganze Team sollten in den Vordergrund gestellt werden.

Neben der digitalen Kommunikation, die besonders in hybriden Arbeitsmodellen eine Rolle spielt, müssen natürlich auch grundsätzliche Kommunikationsmedien, -formate und -ansätze geklärt werden (Face-to-Face-Kommunikation). Nicht abgestimmte, unterschiedliche Kommunikationssysteme sollten vermieden werden, denn sie führen schnell zu Missverständnissen, zum Ausschluss einzelner Mitarbeitender und zu einer höheren Fehlerquote.

4. Agile Teamarbeit

Agile Teamarbeit ist ein Konzept, das hilft, Mitarbeitende effektiv miteinzubeziehen. Es gibt verschiedene Arten von Teamarbeit wie Expertengruppen und funktionsübergreifende Gruppen. Für die agile Teamarbeit ist die Umsetzung aller Formen wichtig. Sprich, in manchen Situationen empfiehlt es sich, die funktionsübergreifenden, altersgemischten Teams in Expertenteams aufzuteilen und in einem »neuen« Arbeitskontext zusammenzuarbeiten. Nicht in allen Situationen ist eine komplett gemischte Gruppe die beste Konstellation für die Lösung eines Falls. Es muss grundlegend geklärt sein, wer welche Stärken, welche Fähigkeiten und welches Wissen hat. Mit der Erstellung eines Teamplans und einer Übersicht zu den verschiedenen »Unterteams« kann beispielsweise eine Grundlage geschaffen werden, die die flexible und effiziente Zusammenarbeit verschiedener Mitarbeitender zu jeder Zeit ermöglicht.

5. Projektmanagement-Tools, um alle auf Kurs zu halten

Um in einem hybriden Modell effizient arbeiten zu können, sollte ein Projektmanagement-Tool genutzt werden. Es ermöglicht, funktionsübergreifend zusammenzuarbeiten. Es gibt verschiedene Online-Aufgabenverwaltungsanwendungen. Viele Projektmanagement-Tools haben umfangreiche Möglichkeiten, auf einer Plattform gemeinsam zu arbeiten, Informationen abzurufen, Probleme zu lösen und mit Kolleg:innen zu kommunizieren.

Auch hier ist es wichtig, dass alle Mitarbeitenden eine umfangreiche Schulung erhalten, denn nicht für alle sind solche Tools selbsterklärend.

15.11 Fazit

Mit diesen Praxistipps ist man optimal auf den Aufbau, den Erhalt und die Förderung des Teams vorbereitet, egal, ob in einem kleinen Unternehmen oder einem großen Konzern. Mit einem durchdachten Konzept, dem richtigen Mix und einem offenen Austausch werden cross-funktionale, altersdiverse Team im hybriden Arbeiten erfolgreich sein.

15.12 Literatur

Absolventa (2021): Generation XYZ – die komplette Generationen Übersicht, https://www.absolventa.de/karriereguide/berufseinsteiger-wissen/xyz-generationen-arbeitsmarkt-ueberblick, abgerufen am 16.5.2022.

Agiconsult (2022): Generation Silent, Baby Boomer, X, Y (Me, Millennials), Z oder Alpha, https://www.adigiconsult.ch/glossar/generation-silent-baby-boomer-x-y-me-millennials-z-alpha/, abgerufen am 16.5.2022.

Alexander, Andrea; Cracknell, Rich; De Smet, Aaron; Langstaff, Meredith; Mysore, Mihir; Ravid, Dan (2021): What executives are saying about the future of hybrid work, McKinsey & Company, https://www.mckinsey.com/capabilities/people-and-organizational-performance/our-insights/what-executives-are-saying-about-the-future-of-hybrid-work, abgerufen am 21.10.2022.

Audi AG (2020): How to unboss: 3 Thesen zu moderner Führungskultur, https://www.audi.com/de/career/working-world/how-to-unboss-agile-leadership.html

Backovic, Lazar (2021): Zeitkiller hybride Meetings – sieben Tipps, wie die Zusammenarbeit zwischen Office und Homeoffice besser gelingt, Handelsblatt, https://www.handelsblatt.com/karriere/new-work/new-work-zeitkiller-hybride-meetings-sieben-tipps-wie-die-zusammenarbeit-zwischen-office-und-homeoffice-besser-gelingt/27621812.html, abgerufen am 21.10.2022.

Bergmann, Nadja; Hosner, Daniela; Pretterhofer, Nicolas (2022): Login statt Logout: Ältere Beschäftigte und Digitalisierung im Fokus. L&R Sozialforschung GmbH, https://www.esf.at/wp-content/uploads/2022/06/Endbericht_LoginLogout_Mai2022_LR.pdf, abgerufen am 3.1.2023.

DIHK-Gesellschaft für berufliche Bildung und der Organisation zur Förderung der IHK-Weiterbildung gGmbH (2022): Digitale Kompetenzen – Wahrnehmung und Anspruch, https://www.ihk-digitalkompetenz.de/wp-content/uploads/2022/02/Digitalkompetenz_Check_Studie.pdf, abgerufen am 3.1.2023.

Golden, Susan Wilner (2022): Der richtige Altersmix im Team: Wie jung und alt gut zusammenarbeiten, Harvard Business Manager, https://www.manager-magazin.de/harvard/

fuehrung/altersmix-im-team-wie-jung-und-alt-gut-zusammenarbeiten-a-666da98f-7278-41e8-b3b8-6fba6504b3d6, abgerufen am 21.10.2022.

Graf, Nele; Gramß, Denise; Heister, Michael (2016): Gebrauchsanweisung fürs lebenslange Lernen, nach LEKAF, 2022 zitiert, Lernen in der digitalen Arbeitswelt – Wollen und Können der Generationen, Vodafone Stiftung, http://lekaf.de/wp-content/uploads/2017/03/Gebrauchsanweisung-f%C3%BCrs-lebenslange-Lernen-1.pdf, abgerufen am 3.1.2023.

Grötzinger, Martin (2014): Strukturen schaffen und einhalten, http://p223071.mittwaldserver.info/html/wp-content/uploads/Organisation-und-Kommunikation-Teil-1.pdf, abgerufen am 3.1.2023.

HDI Berufe (2022). Ältere sind neuen Arbeitsmodellen gegenüber genauso aufgeschlossen wie jüngere, https://www.nordic-market.de/hdi-berufe-studie-2022-was-berufstaetige-wirklich-wollen, abgerufen am 3.1.2023.

Hunkler, Christian (2018). Economics of Aging, Munich Center for the Economics of Aging (MEA), https://www.mpg.de/12192524/produktivitaet-im-alter, abgerufen am 3.1.2023.

International Center for Well-Being (2020): Projektmanagement Methoden & Tools – Waterfall, Scrum, Kanban – Vorteile & Nachteile, https://icwb.com/at/projektmanagement-methoden, abgerufen am 5.1.2023.

Moser, Michaela; Führmann, Bettina (2019): Kommunikation in altersgemischten Teams, Heidelberg: Springer.

Organ, Christine; Bottorff, Cassie (2022): What Are Cross-Functional Teams? Everything You Need To Know, Forbes ADVISOR, https://www.forbes.com/advisor/business/cross-functional-teams/, abgerufen am 5.1.2023.

Techniker Krankenkasse (2022): Gesundheitsreport – Arbeitsunfähigkeiten, https://www.tk.de/resource/blob/2125010/c9d3ed46b77de98c4918b97d6892b207/gesundheitsreport-au-2022-data.pdf, abgerufen am 3.1.2023.

Thamm, Patrizia (2022): Ältere fühlen sich nicht so gestresst wie jüngere Berufstätige, Pronova BKK, https://www.pronovabkk.de/unternehmen/presse/studien/arbeiten-2022.html, abgerufen am 3.1.2023.

Wöhrnschimmel, Harald (2008): Wiederherstellung einer homogenen Information Security Policy aus proprietär gewachsenen Berechtigungsverwaltungen in einer großen öffentlichen Institution, https://core.ac.uk/download/pdf/11584214.pdf, abgerufen am 3.1.2023.

Schlusswort

Johanna Bath

Ein bisschen schwindelig, ein bisschen motiviert und vielleicht auch bisschen überfordert? So fühlt sich der Leser oder die Leserin vielleicht nach diesem Buch. Denn fast kein Bereich typischer HR-Arbeit bleibt unberührt vom hybriden Arbeiten. Und genau darin liegt die Chance: Gehör für HR-Themen auf der Management-Agenda zu bekommen. Nun gilt es, eine für das Unternehmen individuell passende Roadmap zu definieren, dafür zu sorgen, dass sich das Topmanagement dazu committet, und mit der Arbeit zu beginnen. Schritt für Schritt – denn in einem Early-Adopter-Szenario kann und wird nicht alles ab Tag eins reibungslos laufen und Bug Fixes sind Teil des Prozesses. Umso wichtiger ist es, in der Kommunikation mit der Zielgruppe – den Mitarbeitenden und Führungskräften – im Unternehmen zu sein (und zu bleiben); sich nicht hinter Konzepte und Prozesse zurückzuziehen, sondern den aktiven Dialog zu gestalten (und vielleicht an der einen oder anderen Stelle auch auszuhalten).

Wir hoffen, Ihnen in diesem Buch genügend Anregungen gegeben zu haben, an welchen Stellen und zu welchen Themen sich dieser Dialog lohnt.

Stichwortverzeichnis

Die Herausgeberinnen

Als Professorin an der ESB Business School forscht **Prof. Dr. Johanna Bath** seit Jahren zu Trends in der Arbeitswelt und ist eine der gefragtesten Expertinnen für die Themen »Hybrid Work« und »Hybride Führung« in Deutschland. Nach knapp 15 Jahren in verantwortungsvollen Positionen in Beratung und Industrie gründete sie talentista now. Das Ziel dabei war und ist, unsere Arbeitswelt ein Stück besser zu machen. Hybrides Arbeiten mit talentista now bedeutet, dass Human Centricity und Performance keine Gegensätze bilden. Im Gegenteil, sie können sogar nur miteinander gelingen. Diese Philosophie spiegelt sich im Beratungsansatz »Roadmap to Hybrid« wider. In zahlreichen Podcast-Interviews, Paneldiskussionen und Medienberichten legt Johanna Bath ihre Ideen zu hybrider Arbeit dar und prägt die Diskussion über die Zukunft der Arbeit in Deutschland.

Prof. Dr. Katrin Winkler lehrt an der Hochschule für angewandte Wissenschaften Kempten Personalführung, Personalmanagement, Talentmanagement, Wissens- und Changemanagement. Sie verbindet ihre Forschungs- und Lehrtätigkeit mit zahlreichen Beratungs- und Praxisprojekten im Bereich der Digitalisierung und Führung. Zudem leitet sie das Institut für digitale Transformation in Arbeit, Bildung und Gesellschaft sowie den Arbeitsbereich »Zusammenarbeit und Führung in einer sich verändernden Welt« der Hochschule Kempten.

Die Autor:innen

Prof. Dr.-Ing. Manfred Estler ist seit 2003 Professor für die Gestaltung von Geschäftsprozessen an der ESB Business School der Hochschule Reutlingen. Zuvor sammelte er über viele Jahre Berufserfahrung in der chemischen Industrie in den Bereichen Prozessführungsstrategien und Data Mining. Seine aktuellen Tätigkeits- und Forschungsschwerpunkte liegen auf den Gebieten der Methoden des Qualitätsmanagements sowie der Operational Excellence.

Prof. Dr. Edda Feisel ist Professorin für Unternehmensführung, Personal und Corporate Governance an der Hochschule Konstanz HTWG. Von 2018 bis 2022 leitete sie die deutsche HR Practice bei Russell Reynolds Associates, einer international führenden Beratung für Executive Search und besetzte HR-Positionen auf Vorstands- und N-1-Ebene für namhafte Unternehmen. Prof. Dr. Edda Feisel verfügt über mehr als 15 Jahre internationale Erfahrung. Sie leitete bei der Europäischen Zentralbank den Bereich Talent & Leadership Development und verantwortete beim Europäischen Patentamt das Recruitment & Talent Management. Zuvor war sie bei Airbus in Frankreich im Bereich Ethics & Compliance und als Stabschefin der Strategieabteilung der Airbus-Gruppe tätig. Sie begann ihre berufliche Laufbahn bei Siemens in Deutschland und Singapur. Edda Feisel studierte BWL in Deutschland, Frankreich und Spanien und promovierte an der EBS-Universität für Wirtschaft und Recht.

Prof. Dr. Joachim Gschwinder hat in Freiburg, Tübingen, Aix-en-Provence und Wien Rechtswissenschaft studiert. Nach seiner Tätigkeit als Rechtsanwalt in einer großen internationalen Kanzlei übernahm er eine Professur an der Hochschule Reutlingen – ESB Business School, an der er heute Arbeits- und Wirtschaftsrecht lehrt. Darüber hinaus ist er als Of Counsel in einer arbeitsrechtlich ausgerichteten Anwaltskanzlei sowie als Referent in der Fort- und Weiterbildung von Führungskräften tätig.

Prof. Dr.-Ing. Stephan Höfer ist seit 1998 Professor an der Hochschule Reutlingen. Der Fokus seiner Lehr- und Forschungsaktivitäten an der ESB Business School liegen im Bereich der Optimierung von ganzheitlichen Geschäfts- und Produktionsprozessen sowie der operativen Gestaltung der zugehörigen Veränderungsprozesse. Lean Enterprise Management, im Besonderen Lean Manufacturing und Lean Administration, Change Management sowie im Speziellen der Einsatz des Wertstromdesigns stellen seine inhaltlichen Schwerpunkte dar. Seit 2002 ist Stephan Höfer zudem Mitgesellschafter der EzE GbR. 2012 gründete Stephan Höfer das I/L/M (Institut of Lean Enterprise Management) an der Knowledge Foundation der Hochschule Reutlingen.

Prof. Dr. Markus Jüster ist Coach, Autor und Keynote Speaker. Als Leiter des Masterstudiengangs »Beratung, Organisationsentwicklung und Coaching« bringt er seine umfangreiche Expertise in die akademische Welt ein. Seine Arbeitsschwerpunkte liegen insbesondere in der Bewältigung von Herausforderungen in disruptiven Kontexten, wobei er Unternehmen und Einzelpersonen dabei unterstützt, erfolgreich in sich wandelnden Umgebungen zu agieren. Mit zahlreichen Veröffentlichungen und inspirierenden Vorträgen hat Markus Jüster sich einen Platz als Experte in diesem Bereich erarbeitet und inspiriert Menschen und Organisationen zu nachhaltigem Erfolg.

Jasmin Kiechle ist Wirtschaftspsychologin (M. A.) und wissenschaftliche Mitarbeiterin am Institut für digitale Transformation in Arbeit, Bildung und Gesellschaft (IDT) der Hochschule für angewandte Wissenschaften Kempten und lehrt zu Themen des Changemanagements und des Personalmanagements. Sie leitet Projekte im Bereich Digitalisierung in Hochschulen und Unternehmen. Sie begleitet Studierende, schult Lehrende und unterstützt die HS Kempten sowie Externe in allen Fragen rund um das digitale Lehren und Lernen. Des Weiteren unterstützt sie die Kempten Business School in ihren Digitalisierungsbestrebungen.

Dr. Irène Kilubi ist promovierte Wirtschaftsingenieurin und Unternehmensberaterin und hat für namhafte Unternehmen wie BMW, Deloitte, Siemens und Amazon gearbeitet. Nach vielen beruflichen Stationen folgt sie jetzt ihrer ganz persönlichen Leidenschaft und widmet sich den Themen Joint Generations, Community Building und Corporate-Influencer-Strategie. Darüber hinaus ist sie als Expert Advisor für den European Innovation Council Accelerator der Europäischen Kommission tätig. Irène Kilubi ist Universitätsdozentin für digitales Marketing und Entrepreneurship, Beirätin, Bestsellerautorin und eine gefragte Keynote-Speakerin und Moderatorin auf Konferenzen und Veranstaltungen. Sie wurde mehrfach für ihr Engagement ausgezeichnet u.a. als Zukunftsmacherin Deutschland 2023 vom Business Insider. Irène Kilubi wurde während der Kampagne »Innovationsland Deutschland« vom Bundesministerium für Bildung und Forschung als »Die Frau, die Changemaker zusammenbringt« betitelt.

Vanessa Kolodziej ist Masterstudentin an der ESB Business School des Studiengangs »International Business Development« (M. Sc.) und arbeitet als Werkstudentin bei talentista now. Dabei beschäftigt sie sich intensiv mit der Arbeitswelt der Zukunft. Durch zahlreiche Praktika erhielt sie bereits wertvolle Einblicke in unterschiedliche Industriebranchen sowie in die Beratung. Diese Erfahrungen haben ihr verdeutlicht, wie wichtig eine Neuausrichtung der Arbeitsorganisationen für die Zukunft ist – insbesondere in Richtung hybrides Arbeiten. Um dies voranzutreiben, ist Vanessa Teil von talentista now, wo sie vor allem im Projektmanagement tätig ist und dabei vielseitige Aufgaben übernimmt.

Svenja König ist Wirtschaftspsychologin (M. A.) und wissenschaftliche Mitarbeiterin am Institut für digitale Transformation in Arbeit, Bildung und Gesellschaft an der Hochschule Kempten. Eines ihrer Aufgabengebiete umfasst dort die inhaltliche und didaktische Konzeption von Online-Trainings sowie die Projektleitung des Onboarding-Konzepts an der Fakultät Betriebswirtschaft der Hochschule. Inhaltliche Schwerpunkte ihrer Arbeit, die auch mit der Mitarbeit an entsprechenden Publikationen einhergeht, sind Themen der Zusammenarbeit in hybriden Teams und der Entwicklung zukünftiger Talente im Zusammenhang mit dem Thema Future Skills sowie Themen der Teamgesundheit.

Prof. Dr. Sandra Niedermeier lehrt an der Hochschule für angewandte Wissenschaften Kempten. Sie ist Studiendekanin der Fakultät BW, Studiengangsleitung des berufsbegleitenden Master Wirtschaftspsychologie und E-Learning-Beauftragte der Hochschule. Zudem leitet sie den Arbeitsbereich »Digitalisierung in Bildung und Gesellschaft« am Institut für digitale Transformation in Arbeit, Bildung und Gesellschaft der Hochschule Kempten. Zu ihren Schwerpunkten gehören die Beratung zur didaktischen Konzeption und Durchführung von Online-Lerninhalten sowie Trainertätigkeiten zu Themen der Digitalisierung.

Prof. Dr. Julia A. M. Reif ist Professorin für Wirtschafts- und Organisationspsychologie an der Fakultät für Betriebswirtschaft der Universität der Bundeswehr München. Sie promovierte und habilitierte an der Ludwig-Maximilians-Universität München. Sie forscht, lehrt und publiziert unter anderem zu Gesundheit und Stress am Arbeitsplatz, Genderunterschieden in Verhandlungen sowie organisationaler Akkulturation. Als freiberufliche Beraterin arbeitet sie mit nationalen und internationalen Unternehmen in den Bereichen Organisationsdiagnostik und Organisationsentwicklung zusammen.

Prof. Dr. Stefan Remhof ist Professor für Internationales Management an der IU Internationale Hochschule, Standort München, sowie Managing Partner der People Mobility Alliance.

Prof. Dr. Nicole Richter ist seit September 2020 Professorin für allgemeine BWL, insbesondere Unternehmensführung, -organisation und Personalmanagement an der Hochschule Düsseldorf. Hier ist sie unter anderem als Co-Studiengangsleiterin für den Masterstudiengang »Kommunikations-, Multimedia- und Marktmanagement« tätig. Zuvor war sie fast neun Jahre Professorin im dualen Studium der IU Internationale Hochschule. Nach ihrer Promotion zum Thema »Interne Kommunikation im Krisenmanagement« arbeitete Nicole Richter mehrere Jahre im internationalen HR-Management bei der METRO Group in Düsseldorf.

Gina Schreiber ist Managerin und Teamlead im HR-Transformation-Consulting-Bereich und ehemalige HRlerin. Mit ihrem technischen Studienhintergrund und den praktischen Kenntnissen aus dem Alltag einer HR-Abteilung bringt sie Erfahrungen aus beiden Welten zusammen. Projektmanagement in HR-Digitalisierungsprojekten ist ihr Steckenpferd, wie sie schon in vielen Branchen der deutschen Wirtschaft erfolgreich gezeigt hat, u. A. Automotive, Pharma & Life Science sowie Insurance.

Selina Schröter ist Gen-Z-Expertin, ehemals Recruiterin und LinkedIn Top Voice »Next Generation«. Als Vertreterin der jungen Generation weiß sie, worauf es im beruflichen Kontext für die jungen Talente ankommt. Ihre Expertise hat sie in den letzten acht Jahren bei Siemens aufgebaut, von denen sie die letzten vier Jahre nutzte, um das junge Employer Branding für Siemens zu gestalten und parallel als Recruiterin tätig zu sein. Inzwischen setzt sie ihr Wissen als Head of Business Development & Communication im Start-up-Umfeld ein und ist parallel als selbstständige Speakerin und Gen-Z-Beraterin unterwegs.

Dr. Ralf Seier hat in Tübingen studiert, ist seit 1987 Rechtsanwalt sowie Fachanwalt für Arbeitsrecht und war im Jahr 2003 Gründer der SLP Anwaltskanzlei. Zuvor war er Geschäftsführer einer großen Steuer- und Wirtschaftsprüfungsgesellschaft, bei der er für das Personal zuständig war und die verbundene Anwaltskanzlei leitete. Ralf Seier berät Unternehmen und Führungskräfte in allen arbeitsrechtlichen Belangen, daneben auch Vorstände und Geschäftsführer. Er ist zudem Lehrbeauftragter an der Hochschule Reutlingen – ESB Business School.

Jörg Staff ist Vorstand der deutschen Gesellschaft für Personalführung (DGFP), Aufsichtsrat, renommierter Autor und Speaker, Investor und Executive Advisor. Er ist seit über 20 Jahren sehr erfolgreich in Top-Executive-Positionen tätig. Zahlreiche Auszeichnungen begleiten seinen beruflichen Lebensweg; u.a. den Top 200 Biggest Voices Award in Leadership 2022 von leadersHum, den Titel CHRO des Jahres 2021 sowie die Ehrung als einer der Top 40 HR Heads 2021/22. Weitere Erfolge sind der Gewinn des Deutschen Personalmanagementpreises 2022, mehrere Great Place to Work Awards in verschiedenen Ländern und der Diversity Award der Financial Times. Mit seinem erfolgreichen Blog im Human Resources Manager Magazin stellt er seine umfassende HR-Expertise unter Beweis und erreichte bisher über 50.000 Lesende.

Vassilios Vlachos hat mehr als 25 Jahre Erfahrung in Transformationen, Beratung und Einführung von neuen Technologien. Dabei sah er den Menschen immer im Mittelpunkt – mit seinem Willen zur Veränderung und zum Erlernen neuer Arbeitsweisen sowie mit seinem Umgang mit Technologie.

Prof. Dr. Simon Werther ist Professor für Leadership an der Hochschule München. Er ist Initiator und Mitglied der Forschungsgruppe New Work, die im Rahmen der Hightech-Agenda Bayern genehmigt wurde. Davor war er Professor für Innovationsmanagement an der Hochschule der Medien Stuttgart. Vor seiner akademischen Laufbahn hat er das erfolgreiche Start-up HRinstruments mitgegründet, das agile Feedbacktools für mittelständische Unternehmen bis zu Großkonzernen entwickelt. Er ist Vorsitzender der Jury des HR Innovation Award und Initiator der HR Innovation Roadshow, die seit 2016 durch Deutschland tourt. 2017 wurde er vom Personalmagazin als einer der 40 führenden HR-Köpfe im deutschsprachigen Raum ausgezeichnet. Er hat zahlreiche Bücher und über 50 Zeitschriftenbeiträge zu Agilität, New Work, Leadership und angrenzenden Themenfeldern veröffentlicht und ist als Keynote Speaker sowie Senior-Berater aktiv.

Daniel Zinner ist internationaler HR-Berater mit über 20 Jahren Erfahrung im Bereich Global People Mobility. Ihn beschäftigt, wie man Menschen und Gesellschaften dabei unterstützen kann, sich weiterzuentwickeln und zusammenzuarbeiten.

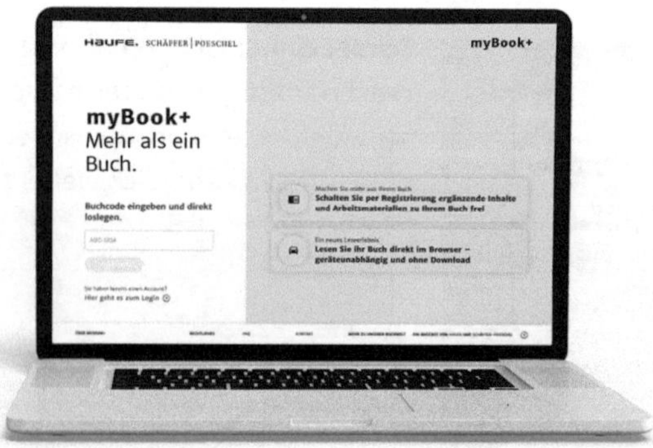

Ihre Online-Inhalte zum Buch: Exklusiv für Buchkäuferinnen und Buchkäufer!

▶ https://mybookplus.de

▶ Buchcode: IVA-48153

PI11530655
8323585